高等职业教育新形态一体化教材

BIM 技术应用

主　编　张学钢　高晶晶
副主编　金　娟
主　审　焦胜军　张建奇

高等教育出版社·北京

内容提要

根据高等职业院校人才教育培养目标和就业岗位群的特点，本书介绍了 BIM 技术应用的基础知识，重点对单体建筑土建模型、水暖电模型以及桥梁、隧道等特殊结构物模型的创建方法及步骤进行了全面的介绍和阐述，并配套有丰富的数字资源可供学习者使用。本书共分 7 个模块，模块一 BIM 和 Revit 软件基础知识，模块二房屋建筑建模实例，模块三水暖电设备建模实例，模块四构件创建与编辑，模块五创建概念体量，模块六 BIM 成果发布，模块七 BIM 模型扩展应用。

本书既能作为高等职业院校土木建筑类相关专业学生的教材，又能作为"1+X"建筑信息模型（BIM）职业技能等级初级证书考试的参考教材，还能为 BIM 技术从业人员提供参考。

图书在版编目（CIP）数据

BIM 技术应用 / 张学钢，高晶晶主编 . --北京：高等教育出版社，2021.11
　　ISBN 978-7-04-057331-2

Ⅰ．①B… Ⅱ．①张… ②高… Ⅲ．①建筑设计-计算机辅助设计-应用软件-高等职业教育-教材 Ⅳ．①TU201.4

中国版本图书馆 CIP 数据核字（2021）第 228821 号

BIM 技术应用
BIM JISHU YINGYONG

策划编辑	温鹏飞	责任编辑	温鹏飞	特约编辑	李　立	封面设计	于　博
版式设计	杨　树	插图绘制	于　博	责任校对	刘娟娟	责任印制	存　怡

出版发行	高等教育出版社	网　址	http://www.hep.edu.cn
社　址	北京市西城区德外大街 4 号		http://www.hep.com.cn
邮政编码	100120	网上订购	http://www.hepmall.com.cn
印　刷	中煤（北京）印务有限公司		http://www.hepmall.com
开　本	787 mm×1092 mm　1/16		http://www.hepmall.cn
印　张	23.25		
字　数	510 千字	版　次	2021 年 11 月第 1 版
购书热线	010-58581118	印　次	2021 年 11 月第 1 次印刷
咨询电话	400-810-0598	定　价	49.80 元

"智慧职教" 服务指南

"智慧职教"是由高等教育出版社建设和运营的职业教育数字教学资源共建共享平台和在线课程教学服务平台，包括职业教育数字化学习中心平台（www. icve. com. cn）、职教云平台（zjy2. icve. com. cn）和云课堂智慧职教 App。用户在以下任一平台注册账号，均可登录并使用各个平台。

● 职业教育数字化学习中心平台（www. icve. com. cn）：为学习者提供本教材配套课程及资源的浏览服务。

登录中心平台，在首页搜索框中搜索"BIM 技术应用"，找到对应作者主持的课程，加入课程参加学习，即可浏览课程资源。

● 职教云（zjy2. icve. com. cn）：帮助任课教师对本教材配套课程进行引用、修改，再发布为个性化课程（SPOC）。

1. 登录职教云，在首页单击"申请教材配套课程服务"按钮，在弹出的申请页面填写相关真实信息，申请开通教材配套课程的调用权限。

2. 开通权限后，单击"新增课程"按钮，根据提示设置要构建的个性化课程的基本信息。

3. 进入个性化课程编辑页面，在"课程设计"中"导入"教材配套课程，并根据教学需要进行修改，再发布为个性化课程。

● 云课堂智慧职教 App：帮助任课教师和学生基于新构建的个性化课程开展线上线下混合式、智能化教与学。

1. 在安卓或苹果应用市场，搜索"云课堂智慧职教"App，下载安装。

2. 登录 App，任课教师指导学生加入个性化课程，并利用 App 提供的各类功能，开展课前、课中、课后的教学互动，构建智慧课堂。

"智慧职教"使用帮助及常见问题解答请访问 help. icve. com. cn。

前 言

BIM 技术的推广应用是我国建筑信息化的基础，同时也是推动建筑业数字化转型的重要支撑。目前，被认为是继 CAD 之后建筑业第二次"科技革命"的 BIM 技术在我国建造阶段的应用水平已逐步与世界接轨，其价值呈现日渐明显，被认为是提升工程项目精细化管理的核心竞争力。

本书结合当前高等职业教育特点，贯彻落实《国家职业教育改革实施方案》《教育部 财政部关于实施中国特色高水平高职学校和专业建设计划的意见》等文件要求，在进行模块化课程改革探索的基础上，对照"1+X"建筑信息模型（BIM）职业技能等级初级证书考核标准及内容，以 BIM 技术的最新、最常用技术为重点内容进行编写。

根据高等职业院校人才教育培养目标和就业岗位群的特点，本书介绍了 BIM 技术应用的基础知识，重点对单体建筑土建模型、水暖电模型以及桥梁、隧道等特殊结构物模型的创建方法及步骤进行了全面的介绍和阐述，并配套有丰富的数字资源供学习者使用。

本书共分 7 个模块，模块一 BIM 和 Revit 软件基础知识，模块二房屋建筑建模实例，模块三水暖电设备建模实例，模块四构件创建与编辑，模块五创建概念体量，模块六 BIM 成果发布，模块七 BIM 模型扩展应用。

本书编写分工为：陕西铁路工程职业技术学院张学钢编写模块一中项目一，高晶晶编写模块一中项目二，宋佳宁编写模块二中项目二及模块三中项目三，金娟编写模块三中项目二及模块四中项目一，杨炎炎编写模块四中项目三，田庆编写模块五中项目一和项目二，杨宫印编写模块五中项目三，宁波编写项目六，王晗编写项目七；中铁七局集团有限公司齐志斌编写模块二中项目一；上海鲁班软件股份有限公司张洪军与郭喆龙编写模块三中项目一；中国铁建华南区域总部汪金明编写模块四中项目二。全书由张学钢、高晶晶任主编，金娟任副主编，高晶晶、金娟统稿。

本书由陕西铁路工程职业技术学院焦胜军、中国建筑科学研究院有限公司张建奇主审。

在本书编写的过程中，编者参考和引用了参考文献中的相关内容，在此谨向参考文献的作者们表示深深的谢意。

由于编者水平有限，书中难免存在错误和不妥之处，敬请读者批评指正。

编者

2021 年 7 月

目 录

BIM 和 Revit 软件基础知识

■ 能力目标

1. 能够叙述 BIM 的概念、特点、优势和价值、应用软件分类。
2. 熟知 BIM 建模精度等级、相关标准及技术政策。
3. 能够进行 Revit 软硬件环境设置。
4. 具备参数化设计的基础能力——清楚其概念与方法。
5. 能进行 Revit 软件建模流程设计。

■ 知识目标

1. 掌握 BIM 的概念、特点、优势和价值、应用软件分类。
2. 了解 BIM 建模精度等级、相关标准及技术政策。
3. 掌握进行 Revit 软硬件环境设置的方法。
4. 掌握参数化设计的概念与方法。
5. 了解 Revit 软件建模流程。

■ 案例导入

随着 BIM 技术相关政策、标准的推广与完善及 BIM 技术的不断进步和应用实践的逐渐深入，BIM 技术越来越多地同其他数字化技术集成应用，在我国建筑业中展现了全新的面貌。经过我们走访、调研数十位行业专家学者、优秀企业高管及 1 000 余位从业者发现，他们对行业现状的看法已经呈现出一种共性，即社会已经迈进数字时代，建筑业也在从传统的发展模式快速向数字化方向转型，BIM 技术应用的直观价值得到广泛的认可，BIM 技术的协调性得到从施工现场到项目部再到企业乃至建设方的全链条应用。

■ 思政点拨

2020 年注定是不平凡的一年，新冠疫情肆虐，严重影响全球的经济生产活动，任何行业都无法独善其身，属于劳动密集型产业的建筑业也难以例外，本就亟待变革的行业正处于一个充满挑战和不确定性的时代。

可喜的是，经过疫情和行业发展的双重考验，建筑业似乎更明晰地发现了以 BIM 为核心的数字化技术为行业带来的无限可能。雷神山、火神山等一系列抗疫"战地"医院的迅速落成，为抗击疫情做出了贡献，也向全行业展示了 BIM 技术为行业破解困局、降低不确定性带来的巨大能量。

项目一　BIM 基础知识

任务 1　BIM 的概念、特点、优势与价值、应用软件分类

一、工作任务

BIM 技术的推广应用是我国建筑信息化的基础，同时也是推动建筑业数字化转型的重要支撑。目前，被认为是继 CAD 之后建筑业第二次"科技革命"的 BIM 技术在我国建造阶段的应用水平已逐步与世界接轨，价值呈现日渐明显，BIM 技术也被认为是提升工程项目精细化管理的核心竞争力。本任务主要了解 BIM 的概念、特点、优势与价值、应用软件分类。

二、相关配套知识

1. BIM 的概念

微课

什么是 BIM 技术？

BIM 全称为 Building Information Modeling，意为"建筑信息模型"，由 Autodesk 公司最早提出此概念。BIM 是以三维数字技术为基础，集成了建筑工程项目各种相关信息的工程数据模型，可以为设计和施工提供相协调的、内部保持一致的并可进行运算的信息。BIM 是在传统的三维几何模型基础上构建面向建设工程全生命周期的工程信息模型，并支持工程信息的交换、共享和管理，以实现"建筑全生命周期管理"。

目前，建筑信息模型的概念已经在学术界和软件开发商中得到共识，Autodesk 公司的 Revit Architecture，Bentley 公司的 Bentley Architecture 等建筑设计软件系统，都在不同程度上应用了建筑信息模型技术，并在不同层次上支持建筑工程全生命周期的集成应用。

2. BIM 的特点

在项目中引入 BIM，在诸多方面，相对于采用传统的 CAD 手段，BIM 具有更大的应用优势：

① 支持设计者以更自然的设计交互模式工作。

② 工程数据与构件模型高度集成。

③ 单一建筑模型使得项目修改高度智能及自动化。

④ 支持工程文档创建、发布、管理整个过程应用。

⑤ 平台的集成及协同特性。

⑥ 基于 BIM 模型的建筑性能分析。

3. BIM 的优势和价值

（1）可视化

可视化，即"所见即所得"。传统模式下，我们拿到的施工图纸是各个构件的

信息在图纸上以二维线条形式绘制表达，而 BIM 提供了可视化的思路，将以往的线条形式的构件转换为一种三维的立体实物图形展示在人们的面前，真实形象。可视化具体包括：

① 设计可视化。

② 施工可视化。

③ 设备可操作性可视化。

④ 机电管线碰撞检查可视化。

（2）一体化

一体化指的是 BIM 技术可进行从设计到施工再到运营，贯穿工程项目的全生命周期的一体化管理。

（3）参数化

参数化建模指的是通过参数（变量）而不是数字建立和分析模型，简单地改变模型中的参数值就能建立和分析新的模型。

（4）仿真性

① 建筑物性能分析仿真。

② 施工仿真。

③ 施工进度模拟。

④ 运维仿真。

（5）协调性

协调性主要体现在以下方面：设计协调，整体进度规划协调，成本预算、工程量估算协调，运维协调。

（6）优化性

基于 BIM 的优化，可以完成对项目方案的优化和对特殊项目的设计优化这两项任务。

（7）可出图性

运用 BIM 技术，除能够进行建筑平、立、剖及详图的输出外，还可以输出碰撞报告及构件加工图等。

① 施工图纸输出、碰撞报告输出等。碰撞包含以下 4 项：

a. 建筑与结构专业的碰撞。主要包括建筑与结构图纸中的标高、柱、剪力墙等的位置是否一致。

b. 设备内部各专业碰撞。主要是检测各专业与管线的冲突情况。

c. 建筑、结构专业与设备专业碰撞。如设备与室内装修碰撞。

d. 解决管线空间布局。基于 BIM 模型可调整解决管线空间布局问题，如机房过道狭小、各管线交叉等问题。

② 构件加工指导。如出构件加工图、构件生产指导、实现预制构件的数字化制造等。

（8）信息完备性

信息完备性体现在 BIM 技术可对工程对象进行 3D 几何信息和拓扑关系的描述以及完整的工程信息描述，如对象名称、结构类型、建筑材料、工程性能等设计信息，施工工序、进度、成本、质量以及人力、机械、材料资源等施工信息，工程安全性能、材料耐久性能等维护信息，对象之间的工程逻辑关系等。

三、应用软件分类

BIM 技术是实现建筑业企业生产管理标准化、信息化及产业化的重要技术基础之一，而 BIM 软件作为这项技术的承载与应用工具更是备受关注。随着近几年 BIM 技术的不断发展，软件产品也在迎合市场需求的浪潮中不断更新、迭代。

BIM 软件分类及优缺点

1. 常用 BIM 软件

（1）国产软件

国内 BIM 软件还处于发展的起步阶段，如鲁班、广联达、品茗、鸿业、理正、PKPM、橄榄山等，国内软件各有其特点。

（2）国外软件

目前，我国常用的国外软件分别是 Autodesk 公司的系列 BIM 软件、Bentley 公司的系列 BIM 软件、Trimble 公司的系列 BIM 软件、Dassault 公司的系列 BIM 软件。

Autodesk 公司在建筑工程领域的主要 BIM 软件包括 Revit、Navisworks、Civil3D、Infraworks、Advance Steel、Robot 等，涵盖建筑全专业的 BIM 应用功能，且支持多软件之间数据无缝传输。

Bentley 公司是致力于基础设施设计、施工和运营的全球领先综合软件和数字孪生模型云服务提供商。MicroStation 是 Bentley 公司在建筑、土木工程、交通运输、加工工厂、离散制造业、政府部门、公用事业和电信网络等领域解决方案的基础平台。

Trimble 公司是 GPS 技术开发和实际应用行业的领先企业，BIM 软件侧重于与测量工具相结合，拥有全生命周期解决方案 Trimble Building。其中，Tekla 完整深化设计囊括了各个细部设计专业所用的模块。用户可以创建钢结构和混凝土结构的三维模型，然后生成制造和架设阶段使用的输出数据。

Dassault 公司是全球高端的机械设计制造软件公司，在航空、航天、汽车等领域具有接近垄断的市场地位。SolidWorks、CATIA、Digital Project 应用到工程建设行业，无论是对复杂形体还是超大规模建筑，其建模能力、表现能力和信息管理能力，相比于传统的建筑类软件有明显优势。

2. BIM 软件发展热点与趋势

目前，建筑业已普遍认同 BIM 是未来的趋势，BIM 技术的普及成熟，对整个建筑行业的影响将是革命性的。现阶段，BIM 软件发展热点与趋势主要有以下四个方面：

① 标准的形成与统一，将为 BIM 的发展带来更广阔的空间。

② 具有专业特征的 BIM 软件将迎来发展机会。

③ BIM 软件在运维阶段的市场前景广阔。

④ "小前端、大后台"将成为趋势。

3. BIM 集成管理类软件

BIM 集成管理类软件可以有效实现工程建设全生命周期中数字化、可视化、信息化要求，通过标准、组织、平台实现更高层次的 BIM 应用，也是 BIM 技术应用的最佳体现。相比以往传统模式，应用 BIM 集成管理类软件可以使团队之间通过交流与信息共享，大幅提升工程的整合效率，避免各专业之间出现冲突，提升工程的质量，避免不同专业之间所出现的差异化结果。目前，常用的 BIM 技术集成管理类软件有鲁班 BIM 系统平台、广联达 BIM5D、云建信 4DBIM、Autodesk Vault、BIM360、Aconex 平台、品茗 CCBIM、译筑 Every BIM 等，也有企业使用自主研发的 BIM 集成管理类软件。

任务 2 BIM 建模精度等级、相关技术政策及标准

一、工作任务

不同的建筑企业自身的管理模式和管理水平有所不同，引入 BIM 技术时间不同，各阶段对 BIM 的需求也不尽相同。不同的企业如何选择合适的 BIM 应用路径，如何制定在具体应用、推进速度、应用效果等方面的目标有很大的差异。面对 BIM 这项技术革新，各企业在应用过程中照搬别人的做法是不现实的，只能结合自身特点在应用实践中以规定的 BIM 建模精度等级、相关技术政策与标准不断总结出适合自己的落地方法。本任务主要介绍 BIM 建模精度等级、相关技术政策及标准。

二、相关配套知识

1. BIM 建模精度等级

在各类 BIM 标准中，必然涉及对信息模型的工作深度和表达细度的控制和管理。对信息模型的精细度管控是 BIM 标准中最核心的内容，不仅规范了行业中从业者的工作标准，同时还影响着行业本身的发展趋势。在国际上现行的多数 BIM 标准中，对信息模型的精细度都采用"分级管控"的方法，当前分级的指标在不同标准中有着不同的称谓：如美国标准中直译成"发展等级"（Level of Development），我国广东省编写的《广东省建筑信息模型应用统一标准》（DBJT 15—142—2018）以及台湾大学编写的《BIM 模型发展程度规范（2017 版）》都直接沿用了这一术语提法。

其中，美国标准中"Level of Development"的完整含义宜译作"发展精细度等级"，简称"LOD"，是目前被沿用最多的关于信息模型精细度的管控系统。美国的 LOD 标准有着目前国际上最全面的系统性和完整性，与多数其他国家和地区标准中将模型精细度等级标准嵌入 BIM 统一标准作为某一个章节或者附录的做法不同，当前的美国 LOD 标准是由美国建筑师学会（American Institute of Architects, AIA）提出的，它相对独立于《美国国家 BIM 标准》（NBIMS）。

BIM 建模精度等级

2019 年 6 月施行的《建筑信息模型设计交付标准》（GB/T 51301—2018），是我们研究国内 BIM 模型精细度管控规则的核心文本。标准中明确了作为模型细度分级管控指标的术语提法为"模型精细度"，其英文缩略术语为"LOD"（Level of Model Definition，与英国标准中的术语提法类似）。

本标准在分级梯度上所做的工作是很突出的亮点。模型单元根据精细度一共被分成 4 级，分级标准的定义非常清晰——"项目级"（LOD1.0）、"功能级"（LOD2.0）、"构件级"（LOD3.0）和"零件级"（LOD4.0），如表 1.1.1 所示。

表 1.1.1　《建筑信息模型设计交付标准》中的"模型精细度基本等级划分"列表

等　级	英　文　名	代　号	包含的最小模型单元
1.0级模型精细度	Level of Model Definition 1.0	LOD1.0	项目级模型单元
2.0级模型精细度	Level of Model Definition 2.0	LOD2.0	功能级模型单元
3.0级模型精细度	Level of Model Definition 3.0	LOD3.0	构件级模型单元
4.0级模型精细度	Level of Model Definition 4.0	LOD4.0	零件级模型单元

表 1.1.1 中前两级适用于尚处于初级阶段的项目标准及团队水准，这类项目往往并不苛求 BIM 工作对项目提供太尖端的帮助，通常只要求"用到"；而后两级则适用于对 BIM 技术有高阶掌握甚至有创新能力的团队所完成的对 BIM 应用有明确和深度要求的项目。在行业实操过程中，对 BIM 实施计划的编制、技术条款拟定及合同计价等，都可以通过国标 LOD 标准的分级得到更准确的评估；而在分级"断层"的两端，恰恰平衡着对行业下限的保护以及对行业上限的指引。

2. BIM 相关技术政策

一般 BIM 技术政策可分为三个层次：最高层次是国家和行业性 BIM 技术政策，给出推动行业整体 BIM 应用水平的目标、任务和保障措施；其次是地方性 BIM 技术政策，结合地方的特色和需求，给出 BIM 进步的激励机制；而企业层面的 BIM 技术政策更加落地，往往与企业制度与组织形式相对应，BIM 应用的奖惩政策更加明确。

（1）国家和行业性 BIM 技术政策

我国国家层面最早的一项 BIM 技术政策是《2011—2015 年建筑业信息化发展纲要》，此后又陆续发布了一系列 BIM 技术政策和标准编制计划。具体情况见表 1.1.2。

微课

BIM 相关标准
及技术政策

表 1.1.2　中国国家和行业主要 BIM 技术政策

序号	技术政策名称	发布单位和时间	主　要　内　容
1	《2011—2015 年建筑业信息化发展纲要》（建质函〔2011〕67 号）	住房和城乡建设部，2011 年 5 月	加快 BIM、基于网络的协同工作等新技术在工程中的应用
2	《关于推进建筑信息模型应用的指导意见》（建质函〔2015〕159 号）	住房和城乡建设部，2015 年 6 月	到 2020 年末，建筑行业甲级勘察、设计单位以及特级、一级房屋建筑工程施工企业应掌握并实现 BIM 与企业管理系统和其他信息技术的一体化集成应用。 到 2020 年末，以下新立项项目勘察设计、施工、运营维护中，集成应用 BIM 的项目比率达到 90%：以国有资金投资为主的大中型建筑；申报绿色建筑的公共建筑和绿色生态示范小区
3	《2016—2020 建筑业信息化发展纲要》（建质函〔2016〕183 号）	住房和城乡建设部，2016 年 8 月	着力增强 BIM、大数据、智能化、移动通讯、云计算、物联网等信息技术集成应用能力，建筑业数字化、网络化、智能化取得突破性进展
4	《关于促进建筑业持续健康发展的意见》（国办发〔2017〕19 号）	国务院办公厅，2017 年 2 月	加快推进 BIM 技术在规划、勘察、设计、施工和运营维护全过程的集成应用，实现工程建设项目全生命周期数据共享和信息化管理

续表

序号	技术政策名称	发布单位和时间	主要内容
5	《推进智慧交通发展行动计划》（交办规划〔2017〕11号）	交通运输部，2017年2月	深化BIM技术在公路、水运领域应用。在公路领域选取国家高速公路、特大型桥梁、特长隧道等重大基础设施项目，在水运领域选取大型港口码头、航道、船闸等重大基础设施项目，鼓励企业在设计、建设、运维等阶段开展BIM技术应用
6	《关于推进公路水运工程BIM技术应用的指导意见》（交办公路〔2017〕205号）	交通运输部，2018年3月	围绕BIM技术发展和行业发展，有序推进公路水运工程BIM技术应用，在条件成熟的领域和专业优先应用BIM技术，逐步实现BIM技术在公路水运工程广泛应用

（2）地方性BIM技术政策

受国家与行业推动BIM应用相关技术政策的影响，以及建筑行业改革发展的整体需求，多个省和直辖市地方政府先后推出相关BIM标准和技术政策。这些地方BIM技术政策，大多参考住房和城乡建设部2015年6月16日发布的《关于推进建筑信息模型应用的指导意见》（建质函〔2015〕159号），结合地方发展需求，从指导思想、工作目标、实施范围、重点任务及保障措施等多角度，给出推动BIM应用的方法和策略。表1.1.3列出了部分地方政府推出的BIM相关技术政策。

表1.1.3　中国各地方政府推出的BIM技术政策（部分）

序号	政策名称（文号）	发布机构	发布时间
1	《关于开展建筑信息模型BIM技术推广应用工作的通知》（粤建科函〔2014〕1652号）	广东省住房和城乡建设厅	2014年9月
2	《关于在本市推进建筑信息模型技术应用的指导意见》（沪府办发〔2014〕58号）	上海市住房和城乡建设管理委员会	2014年10月
3	《关于印发广西推进建筑信息模型应用的工作实施方案的通知》（桂建标〔2016〕2号）	广西壮族自治区住房和城乡建设厅	2016年1月
4	《关于开展建筑信息模型应用工作的指导意见》（湘政办发〔2016〕7号）	湖南省人民政府办公厅	2016年1月
4	《关于在建设领域全面应用BIM技术的通知》（湘建设〔2016〕146号）	湖南省住房和城乡建设厅	2016年8月
5	《关于推进我省建筑信息模型应用的指导意见》（黑建设〔2016〕1号）	黑龙江省住房和城乡建设厅	2016年3月
5	《关于印发〈黑龙江省建筑信息模型（BIM）技术设计应用导则（试行）〉的通知》（黑建设〔2017〕2号）	黑龙江省住房和城乡建设厅	2017年1月

续表

序号	政策名称（文号）	发布机构	发布时间
6	《关于加快推进建筑信息模型（BIM）技术应用的意见》（渝建发〔2016〕28号）	重庆市城乡建设委员会	2016年4月
	《关于下达重庆市建筑信息模型（BIM）应用技术体系建设任务的通知》（渝建发〔2016〕284号）		2016年7月
7	《关于印发〈浙江省建筑信息模型（BIM）技术应用导则〉的通知》（建设发〔2016〕163号）	浙江省住房和城乡建设厅	2016年4月
8	《关于推进建筑信息模型技术应用的实施意见》（云建设〔2016〕298号）	云南省住房和城乡建设厅	2016年5月
9	《关于发布〈天津市民用建筑信息模型（BIM）设计技术导则〉的通知》（津建科〔2016〕290号）	天津市住房和城乡建设委员会	2016年6月
10	《关于发布江苏省工程建设标准〈江苏省民用建筑信息模型设计应用标准〉的公告》（江苏省住房和城乡建设厅公告第30号）	江苏省住房和城乡建设厅	2016年9月
11	《关于发布安徽省工程建设地方标准〈民用建筑设计信息模型（D-BIM）交付标准〉的公告》（安徽省住房和城乡建设厅公告第61号）	安徽省住房和城乡建设厅	2016年12月
	《关于印发〈安徽省勘察设计企业BIM建设指南〉的通知》（建标函〔2017〕1300号）		2017年6月
12	《关于推进建筑信息模型（BIM）技术应用的指导意见》（黔建设通〔2017〕100号）	贵州省住房和城乡建设厅	2017年3月
13	《关于加快推进全省建筑信息模型应用的指导意见》（吉建设〔2017〕7号）	吉林省住房和城乡建设厅	2017年6月
14	《关于印发〈江西省推进建筑信息模型（BIM）技术应用工作的指导意见〉的通知》	江西省住房和城乡建设厅	2017年6月
15	《关于印发推进建筑信息模型（BIM）技术应用工作的指导意见的通知》（豫建设标〔2017〕44号）	河南省住房和城乡建设厅	2017年7月
16	《关于推进建筑信息模型（BIM）技术应用工作的通知》（武城建规〔2017〕7号）	武汉市住房和城乡建设委员会	2017年9月
17	《关于进一步加快应用建筑信息模型（BIM）技术的通知》（渝建发〔2018〕19号）	重庆市住房和城乡建设委员会	2018年4月
18	《关于促进公路水运工程BIM技术应用的实施意见》（桂建管发〔2018〕74号）	广西壮族自治区交通运输厅	2018年5月
19	《关于进一步加快推进我市建筑信息模型（BIM）技术应用的通知》（穗建CIM〔2019〕3号）	广州市住房和城乡建设局	2019年12月
20	《关于进一步推进建筑信息模型（BIM）技术应用的通知》（晋建科字〔2020〕91号）	山西省住房和城乡建设厅	2020年6月
21	《关于试行建筑工程三维（BIM）规划电子报批辅助审查工作的通知》	广州市规划和自然资源局	2020年7月
22	《北京市推进建筑信息模型应用工作的指导意见》（征求意见稿）	待定	征求意见中，待发布
23	《关于开展全省房屋建筑工程施工图BIM审查工作的通知（试行）》（征求意见稿）	湖南省住房和城乡建设厅	征求意见中，待发布

（3）全球 BIM 应用典型性国家 BIM 政策

在全球典型性国家中，美国和英国的 BIM 政策最具有代表性，全球大部分国家的 BIM 政策都可以参考美、英两国。

美国作为 BIM 技术的发源地，"BIM"这个名词便是由美国多个软件商提出，并经过相应的行业机构、企业、院校进行整合，形成了现在的 BIM 技术。目前，BIM 技术中主要的理论体系均来自美国，所以美国 BIM 技术的推广多是市场自发的行为，与中国、英国等国家不同的是，在公开范围内可查阅的资料里，美国国家层面并没有出台任何与 BIM 技术相关的政策。

英国的 BIM 技术更多是由政府层面直接牵头及推动的。其中，最著名的便是英国内阁办公室在 2011 年 5 月发布的 *Government Construction Strategy* 2011（《政府建设战略（2011）》），其中首次提到了发展 BIM 技术。《政府建设战略（2011）》是英国第一个政府层面提到 BIM 的政策文件。在这个战略计划中，英国政府大篇幅介绍了 BIM 技术，并要求到 2016 年，政府投资的建设项目全面应用 3DBIM，并且将通过信息化管理所有建设过程中产生的文件与数据。

3. BIM 相关标准

根据一般的标准体系划分原则，BIM 标准大致可分为三类。第一类是基础标准，如信息分类和编码标准 IFD、数据交换标准 IFC 等，这些标准往往是指导 BIM 软件产品研发的基础标准。第二类是通用标准，如 ISO 29481 "*Information Delivery Manual*" 标准、美国的 BIM 国家标准及中国的《建筑信息模型应用统一标准》（GB/T 51212—2016）等，这些标准给出 BIM 应用的一般性规则和方法。第三类是专用标准，如中国的《建筑信息模型施工应用标准》（GB/T 51235—2017），这些标准直接面向工程技术人员，指导具体的工程应用。

（1）国家和行业性 BIM 标准规范

住房和城乡建设部在 2012 年 1 月 17 日《关于印发 2012 年工程建设标准规范制订修订计划的通知》（建标〔2012〕5 号）和 2013 年 1 月 14 日《关于印发 2013 年工程建设标准规范制订修订计划的通知》（建标〔2013〕6 号）两个通知中，共发布了 6 项 BIM 国家标准制订项目（表 1.1.4）。

表 1.1.4　中国国家 BIM 标准

序号	标准名称	标准编制状态	主要内容
1	《建筑信息模型应用统一标准》（GB/T 51212—2016）	自 2017 年 7 月 1 日起实施	提出了建筑信息模型应用的基本要求
2	《建筑信息模型存储标准》	正在编制	提出适用于建筑工程全生命周期（包括规划勘察、设计、施工和运行维护各阶段）模型数据的存储要求，是建筑信息模型应用的基础标准
3	《建筑信息模型分类和编码标准》（GB/T 51269—2017）	自 2018 年 5 月 1 日起实施	提出适用于建筑工程模型数据的分类和编码的基本原则、格式要求，是建筑信息模型应用的基础标准
4	《建筑信息模型设计交付标准》（GB/T 51301—2018）	自 2019 年 6 月 1 日起实施	提出建筑工程设计模型数据交付的基本原则、格式要求、流程等

续表

序号	标 准 名 称	标准编制状态	主 要 内 容
5	《制造工业工程设计信息模型应用标准》（GB/T 51362—2019）	自 2019 年 10 月 1 日起实施	提出适用于制造工业工程工艺设计和公用设施设计信息模型应用及交付过程
6	《建筑信息模型施工应用标准》（GB/T 51235—2017）	自 2018 年 1 月 1 日起实施	提出施工阶段建筑信息模型应用的创建使用和管理要求

（2）地方性 BIM 标准规范

在国家层面发布的政策和标准基础上，大部分省、直辖市发布了地方 BIM 标准。国家 BIM 标准在编制时从整体框架上考虑到了标准未来扩展的可能性，这些地方 BIM 标准，大多数是结合地方发展需求，在国家标准的基础上所做的拓展和衍生。

部分地方标准填补了国家标准中的空白，一般地方标准的要求会高于国家标准。在项目实施时，如同时参考地方标准与国家标准，在地方标准和国家标准对同一项内容要求不一致时，一般要求按照其中更严格的来执行。目前主要的地方 BIM 标准如表 1.1.5 所示。由于地方性 BIM 标准数量较多，此处仅列出直辖市及广东省、广州市的部分 BIM 标准。详细的地方 BIM 标准可在各地方政府网站进行查阅，此处不一一罗列。

表 1.1.5　中国部分地方主要 BIM 标准（部分）

序号	政策名称（文号）	发 布 机 构	发 布 时 间
1	《民用建筑信息模型设计标准》（DB11/T 1069—2014）	北京市规划委员会、北京市质量技术监督局	2014 年 9 月
2	《民用建筑信息模型深化设计建模细度标准》（DB11/T 1610—2018）	北京市住房和城乡建设委员会、北京市市场监督管理局	2019 年 4 月
3	《上海市保障性住房项目 BIM 技术应用验收评审标准》（沪建建管〔2018〕299 号）	上海市住房和城乡建设管理委员会	2018 年 5 月
4	《天津市民用建筑信息模型（BIM）设计技术导则》（津建科〔2016〕290 号）	天津市城乡建设委员会	2016 年 5 月
5	《天津市城市轨道交通管线综合 BIM 设计标准》（DB/T 29-268—2019）	天津市住房和城乡建设委员会	2019 年 9 月
6	《重庆市工程勘察信息模型实施指南》《重庆市建筑工程信息模型实施指南》《重庆市市政工程信息模型实施指南》（渝建〔2017〕752 号）	重庆市城乡建设委员会	2017 年 12 月
7	《重庆市建筑工程信息模型交付技术导则》（渝建〔2017〕753 号）	重庆市城乡建设委员会	2017 年 12 月

续表

序号	政策名称（文号）	发 布 机 构	发 布 时 间
8	《重庆市建设工程信息模型设计审查要点》（渝建〔2017〕754 号）	重庆市城乡建设委员会	2017 年 12 月
9	《重庆市建设工程信息模型技术深度规定》（渝建〔2017〕755 号）	重庆市城乡建设委员会	2017 年 12 月
10	《广东省建筑信息模型应用统一标准》（DBJ/T 15-142—2018）	广东省住房和城乡建设厅	2018 年 7 月
11	《城市轨道交通基于建筑信息模型（BIM）的设备设施管理编码规范》（DBJ/T 15-161—2019）	广东省住房和城乡建设厅	2019 年 8 月
12	《城市轨道交通建筑信息模型（BIM）建模与交付标准》（DBJ/T 15-160—2019）	广东省住房和城乡建设厅	2019 年 8 月
13	《民用建筑信息模型（BIM）设计技术规范》（DB4401/T 9—2018）	广州市质量技术监督局、广州市住房和城乡建设委员会	2018 年 8 月
14	《建筑信息模型（BIM）施工应用技术规范》（DB4401/T 25—2019）	广州市市场监督管理局、广州市住房和城乡建设局	2019 年 8 月

（3）全球 BIM 应用典型性国家 BIM 标准规范

与 BIM 政策相近，在全球 BIM 应用典型性国家中，美国和英国的 BIM 标准最具有代表性，同时也是全球被引用最为广泛的国家标准。目前国内施工企业在海外"一带一路"工程中，所涉及的大部分国家的标准都是直接引用的英国标准和美国标准。新加坡、中国香港、中国台湾、印度、欧盟（非洲采用欧盟标准的国家较多）等国家和地区虽然有自发标准，但借鉴英国 BIM Level2 的思路较多。而中东国家、部分东南亚国家、美洲国家等借鉴或直接使用美国 BIM 标准较多。

除此之外，BIM 的基础标准，如信息分类和编码标准 IFD、数据交换标准 IFC 等，目前主要由中立化、国际性的非营利组织 buildingSMART 牵头制定。

项目二　Revit 软件基础知识

任务 1　Revit 软硬件环境设置

一、工作任务

Revit 最早是由美国一家名为 Revit Technology 的公司于 1997 年开发的三维参数化建筑设计软件。Revit 的原意为 Revise immediately，意为"所见即所得"。2002 年，美国 Autodesk 公司以 2 亿美元收购了 Revit Technology，经过近十年的开发和发展，Revit 成为建筑、结构、机电多专业全方位的 BIM 工具，成为全球知名的三维参数化 BIM 设计平台，也是国内应用最为广泛的 BIM 数据创建平台。

Revit 是专为建筑行业开发的模型和信息管理平台，它支持建筑项目所需的模型、设计、图纸和明细表，并可以在模型中记录材料的数量、施工阶段、造价等工程信息。在 Revit 项目中，所有图纸、二维视图、三维视图、明细表都是同一个基本建筑模型数据库的信息表现形式。Revit 的参数化修改引擎可自动协调在任何位置（模型视图、图纸、明细表、剖面和平面中）进行的修改。本任务主要介绍 Revit 软硬件环境设置。

二、相关配套知识

1. 初识 Revit

（1）Revit 的界面

Revit2020 的应用界面如图 1.2.1 所示，主要包含项目和族两大区域，分别用于打开或创建项目及打开或创建族。在 Revit2020 中，整合了包括建筑、结构、机电各专业的功能，因此，在项目区域中，提供了建筑、结构、机械等项目创建的快捷方式。单击不同类型的项目创建快捷方式，将采用各项目默认的项目样板进入新项目创建模式。

项目样板是 Revit 工作的基础。在项目样板中预设了新建的项目所有默认设置，包括长度单位、标高轴网样式、墙体类型等。项目样板仅为项目提供默认预设工作环境，在项目创建过程中，Revit 允许用户在项目中自定义和修改这些默认设置。

如图 1.2.2 所示，在【选项】对话框中，切换至【文件位置】选项卡，可以查看 Revit 中各类项目所采用的样板设置。在该对话框中，还允许用户添加新的样板快捷方式，浏览指定所采用的项目样板。

（2）使用帮助与信息中心

Revit 提供了完善的帮助文件系统，以方便用户在使用中遇到困难时查阅。可以随时单击【帮助与信息中心】栏中的【Help】按钮或按 F1 键，打开帮助文档进行查阅。

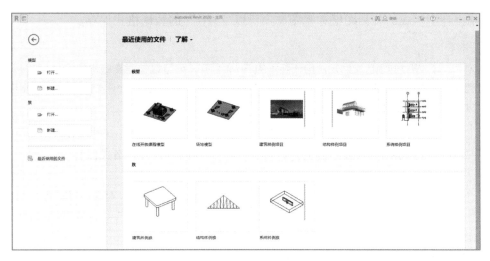

图 1.2.1　Revit 的应用界面（最近使用的文件界面）

图 1.2.2　【选项】对话框（【文件位置】选项卡）

帮助文件是以在线的方式存在的，因此必须连接 Internet 才能正常查看帮助文档。

2. Revit 基本术语

（1）项目

在 Revit 中，可以简单地将项目理解为 Revit 的默认存档格式文件，该文件中包含了工程中所有的模型信息和其他工程信息，如材质、造价、数量等，还可以包括设计中生成的各种图纸和视图。项目以".rvt"的数据格式保存。

".rvt"格式的项目文件无法用低版本的 Revit 打开，但可以被更高版本的 Revit 打开。使用高版本的软件打开数据后，当在高版本软件中再次保存数据时，Revit 将升级项目数据格式为当前新版本数据格式。

前面提到，项目样板是创建项目的基础。事实上，在 Revit 中创建任何项目时，均会采用默认的项目样板文件。项目样板文件以".rte"格式保存。

（2）族

Revit 的项目是由墙、门、窗、楼板、楼梯等一系列基本对象"堆积"而成的，这些基本的对象称为图元。除三维图元外，包括文字、尺寸标注等在内的单个对象也称为图元。

族是 Revit 项目的基础。Revit 的任何单一图元都由某一个特定族产生。例如，一扇门、一面墙、一个尺寸标注、一个图框。

在 Revit 中，族分为三种：

① 可载入族。

可载入族是指单独保存为族".rfa"格式的独立族文件，是可以随时载入项目中的族。

② 系统族。

系统族仅能利用系统提供的默认参数进行定义，不能作为单个族文件载入或创建。

③ 内建族。

由用户在项目中直接创建的族称为内建族。内建族仅能在本项目中使用，既不能保存为单独的".rfa"格式的族文件，也不能通过"项目传递"功能将其传递给其他项目加以应用。

④ 各术语之间的关系。

在 Revit 中，各类术语之间的对象关系如图 1.2.3 所示。

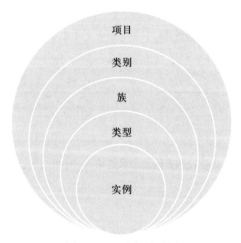

图 1.2.3　对象关系图

可这样理解 Revit 的项目：Revit 的项目由无数个不同的族实例（图元）相互堆砌而成，而 Revit 通过族和族类别来管理这些实例，用于控制和区分不同的实例。在项目中 Revit 通过对象类别来管理这些族。

3. 文件格式

（1）四种基本文件格式

①.rte 格式：项目样板文件格式。

②.rvt 格式：项目文件格式。

③.rft 格式：可载入族的样板文件格式。

④.rfa 格式：可载入族的文件格式。

（2）支持的其他文件格式

在项目设计、管理时，用户经常会使用多种设计、管理工具来实现自己的意图，为了实现多软件环境的协同工作，Revit 提供了"导入""链接""导出"工具，可以支持 CAD、FBX、IFC、gbXML 等多种文件格式。用户可以根据需要进行有选择地导入和导出，如图 1.2.4 所示。

4. Revit 操作基础

（1）用户界面

Revit 使用 Ribbon 界面，用户可以根据自己的需要修改界面布局。图 1.2.5 所示为在项目编辑模式下 Revit 的界面形式。

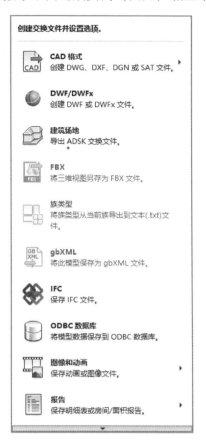

图 1.2.4　文件交换

图 1.2.5　Revit 工作界面

① 功能区。

功能区提供了在创建项目或族时所需要的全部工具。在创建项目文件时，功能区显示如图 1.2.6 所示。功能区主要由选项卡、工具面板和工具组成。

图 1.2.6 功能区

② 快速访问工具栏。

除可以在功能区域内单击工具或命令外，Revit 还提供了快速访问工具栏，用于执行最常使用的命令。可以根据需要自定义快速访问工具栏中的工具内容，根据自己的需要重新排列顺序。例如，要在快速访问工具栏中创建墙工具，可使用鼠标右键单击功能区【墙】工具，在弹出的快捷菜单中选择【添加到快速访问工具栏】，即可将墙及附加工具同时添加至快速访问工具栏中，如图 1.2.7 所示。

图 1.2.7 添加到快速访问工具栏

③ 选项栏。

选项栏默认位于功能区下方。用于设置当前正在执行的操作的细节设置。可以根据需要将选项栏移动到 Revit 窗口的底部，在选项栏上使用鼠标右键单击，然后选择【固定在底部】选项即可。

④ 项目浏览器。

项目浏览器用于组织和管理当前项目中包括的所有信息，例如项目中所有视图、明细表、图纸、族、组、链接的 Revit 模型等项目资源。

⑤【属性】面板。

【属性】面板可以查看和修改用来定义 Revit 中图元实例属性的参数。

在任何情况下，按 "Ctrl+1" 快捷键，均可打开或关闭【属性】面板，或在绘图区域中使用鼠标右键单击，在弹出的快捷菜单中选择【属性】选项将其打开。可以将【属性】面板固定到 Revit 窗口的任意一侧，也可以将其拖拽到绘图区域的任意位置成为浮动面板。

⑥ 绘图区域。

Revit 窗口中的绘图区域显示当前项目的楼层平面视图和图纸及明细表视图。在 Revit 中每当切换至新视图时，都会在绘图区域创建新的视图窗口，且保留所有已打开的视图窗口。默认情况下，绘图区域的背景颜色为白色。

⑦ 视图控制栏。

在楼层平面视图和三维视图中，绘图区域各视图窗口底部均会出现视图控制栏，如图 1.2.8 所示。

图 1.2.8 视图控制栏

通过视图控制栏，可以快速访问影响当前视图的 12 个功能：比例、详细程度、视觉样式、打开/关闭日光路径、打开/关闭阴影、显示/隐藏渲染对话框、裁剪视图、显示/隐藏裁剪区域、解锁/锁定三维视图、临时隔离/隐藏、显示隐藏的图元、分析模型的可见性。

（2）视图控制

Revit 视图有很多种形式，每种视图类型都有各自的特点和用途，视图不同于 CAD 绘制的图纸，它是 Revit 项目中 BIM 模型根据不同的规则显示的投影。

常用的视图有平面视图、立面视图、剖面视图、详图索引视图、三维视图、图例视图、明细表视图等。

① 楼层/结构平面视图及天花板平面视图。

楼层/结构平面视图及天花板平面视图是沿项目水平方向，按指定的标高偏移位置剖切项目生成的视图。大多数项目至少包含一个楼层/结构平面。楼层/结构平面视图在创建项目标高时默认可以自动创建对应的楼层平面视图（建筑样板创建的是楼层平面视图，结构样板创建的是结构平面视图）。除使用项目浏览器外，在立面中可以通过双击蓝色标高标头进入对应的楼层平面视图；使用【视图】>【创建】>【平面视图】工具可以手动创建楼层平面视图。

在楼层平面视图中，当不选择任何图元时，【属性】面板将显示当前视图的属性。在【属性】面板中单击【视图范围】后的【编辑】按钮，将打开【视图范围】对话框，如图 1.2.9 所示。在该对话框中，可以定义视图的剖切位置。

【视图范围】对话框中各主要功能介绍如下。

主要范围：每个平面视图都具有"视图范围"的属性，该属

图 1.2.9 【视图范围】对话框

性也称可见范围。视图范围是用于控制视图中模型对象的可见性和外观的一组水平平面，分别称为"顶部"平面"剖切面"和"底部"平面。顶部平面和底部平面用于确定视图范围最顶部和底部位置，剖切面是确定剖切高度的平面，这 3 个平面用于定义视图范围的"主要范围"。

视图深度："视图深度"是视图范围外的附加平面，可以设置视图深度的标

高，以显示位于底裁剪平面之下的图元，默认情况下，该标高与底部重合。"主要范围"的底不能超过"视图深度"设置的范围。

② 立面视图。

立面视图是项目模型在立面方向上的投影视图。在 Revit 中，默认每个项目将包含东、西、南、北 4 个立面视图，并在楼层平面视图中显示立面视图符号○。双击平面视图的立面标记的黑色小三角，会直接进入立面视图。Revit 允许用户在楼层平面视图或天花板视图中创建任意立面视图。

③ 剖面视图。

剖面视图允许用户在平面、立面或详图视图中通过指定位置绘制剖面符号线，在该位置对模型进行剖切，并根据剖面视图的剖切和投影方向生成模型投影。剖面视图具有明确的剖切范围，单击剖面标头即将显示剖切深度范围，可以通过鼠标指针自由拖拽。

④ 详图索引视图。

当需要对模型的局部细节进行放大显示时，可以使用详图索引视图。可向平面视图、剖面视图、详图视图或立面视图中添加详图索引，这个创建详图索引的视图，被称为"父视图"。在详图索引范围内的模型部分，将以详图索引视图中设置的比例显示在独立的视图中。详图索引视图显示父视图中某一部分的放大版本，且所显示的内容与原模型关联。

绘制详图索引的视图是该详图索引视图的父视图。如果删除父视图，则将删除该详图索引视图。

⑤ 三维视图。

使用三维视图，可以直观查看模型的状态。Revit 中三维视图分为两种：正交三维视图和透视图。在正交三维视图中，不管相机距离的远近，所有构件的大小均相同，可以单击快速访问工具栏中"默认三维视图"按钮 直接进入默认三维视图，可以配合使用 Shift 键和鼠标中键根据需要灵活调整视图角度。

（3）视图基本操作

鼠标、View Cube 和视图导航均可实现对 Revit 视图的平移、缩放、旋转等操作。在平面、立面或三维视图中，通过滚动鼠标滚轮可以对视图进行缩放；按住鼠标中键（滚轮）并拖动可以实现视图的平移。在默认三维视图中，按 Shift 键并按住鼠标中键拖动鼠标，可以实现对三维视图的旋转。

注意

　　视图旋转仅对三维视图有效。

在三维视图中，Revit 还提供了 View Cube，用于实现对三维视图的方向控制。View Cube 默认位于屏幕右上方，如图 1.2.10 所示。为更加灵活地进行视图缩放控制，Revit 提供了"导航栏"工具条，如图 1.2.11 所示。

5. 图元基本操作

为提高工作效率，汇总常用快捷键，如表 1.2.1~表 1.2.4 所示。用户在任何时候都可以通过键盘输入快捷键的方式直接访问指定工具。

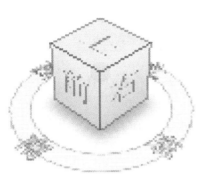

图 1.2.10　View Cube　　　　　　图 1.2.11　"导航栏"工具条

表 1.2.1　建模与绘图工具常用快捷键

命　　令	快　捷　键	命　　令	快　捷　键
墙	WA	对齐标注	DI
门	DR	标高	LL
窗	WN	高程点标注	EL
放置构件	CM	绘制参照平面	RP
房间	RM	模型线	LI
房间标记	RT	按类别标注	TG
轴线	GR	详图线	DL
文字	TX		

表 1.2.2　编辑修改工具常用快捷键

命　　令	快　捷　键	命　　令	快　捷　键
删除	DE	对齐	AL
移动	MV	拆分图元	SL
复制	CO	修剪/延伸	TR
旋转	RO	偏移	OF
定义旋转中心	R3	在整个项目中选择全部实例	SA
列阵	AR	重复上一个命令	RC
镜像、拾取轴	MM	匹配对象类型	MA
创建组	GP	线处理	LW
锁定位置	PP	填色	PT
解锁位置	UP	拆分区域	SF

表 1. 2. 3 捕捉代替常用快捷键

命　令	快　捷　键	命　令	快　捷　键
捕捉远距离对象	SR	捕捉到远点	PC
象限点	SQ	点	SX
垂足	SP	工作平面网格	SW
最近点	SN	切点	ST
中点	SM	关闭替换	SS
交点	SI	形状闭合	SZ
端点	SE	关闭捕捉	SO
中心	SC		

表 1. 2. 4 视图控制常用快捷键

命　令	快　捷　键	命　令	快　捷　键
区域放大	ZR	临时隐藏类别	RC
缩放配置	ZF	临时隔离类别	IC
上一次缩放	ZP	重设临时隐藏	HR
动态视图	F8	隐藏图元	EH
线框显示模式	WF	隐藏类别	VH
隐藏线显示模式	HL	取消隐藏图元	EU
带边框着色显示模式	SD	取消隐藏类别	VU
细线显示模式	TL	切换显示隐藏图元模式	RH
视图图元属性	VP	渲染	RR
可见性/图形替换	VV	快捷键定义窗口	KS
临时隐藏图元	HH	视图窗口平铺	WT
临时隔离图元	HI	视图窗口层叠	WC

三、应用案例

1. Revit 的启动

与其他的标准 Windows 应用程序一样，安装完成 Revit 后，单击【Windows 开始菜单】>【所有程序】>【Autodesk】>【Revit Architecture】>【Revit Architecture】命令，或双击桌面 Revit Architecture 快捷图标即可启动 Revit Architecture。

在 Windows 开始菜单中，Revit Architecture 还提供了一种启动 "Revit Architecture 查看模式" 的快捷方式。使用该方式启动的 Revit Architecture，主要用于浏览和查看 rvt 模型。在该模式下允许用户访问 Revit Architecture 的全部功能，但不能保存或另存为任何项目。在做任何项目变更后，Revit Architecture 也将禁止导出、打印项目，以防止因用户误操作而造成的项目误修改。

2. Revit 的软件配置

刚安装完软件后，一般情况下需要做如下配置。

① 编辑【选项】>【文件位置】。定义项目样板文件、用户文件、族样板文件、族、点云的默认路径。

② 根据个人喜好，编辑【选项】>【图形】。如对背景颜色进行修改等。

③ 调整用户界面为个人习惯界面。

3. Revit 的硬件配置

Autodesk 官网上给出了不同版本的配置：最低要求，适用于入门级配置；性价比优先，适用于平衡价格和性能；性能优先，适用于大型复杂模型。有需要的读者可以自行查看。

任务 2　参数化设计的概念与方法

一、工作任务

BIM 应用的基础在于模型的创建，要提升建模速度和质量，参数化和模数化是有效的途径。参数化设计可以大大提高模型的生成和修改的速度，在产品的系列设计、相似设计及专用 CAD 系统开发方面都具有较大的应用价值。参数化设计和模数化设计相同之处在于都是以数字为依托创造产品的方法，不同之处在于模数化设计有模数限制，从而局限了部分设计的可能性，而参数化设计不拘泥于固有的模数，而是将其作为可以随意变化的参数，从而大幅拓展了设计的可能性，激发了更多的设计创意。本任务主要介绍参数化设计的概念与方法。

二、相关配套知识

1. 参数化设计的概念

参数化设计（Parametric Design）是通过相关参数化的软件，将工程的限制条件与设计的输出结果之间建立参数化关系。设计师通过调整参数化设计的参数，能够对设计进行优化和创新。参数化建模是实现参数化设计的第一步，是参数化设计最主要的构成部分。参数化设计的过程是一个逻辑推理的过程。

参数化设计的
概念与方法

2. 参数化设计的方法

参数化设计是 Revit Architecture 的一个重要特征，它分为两个部分：参数化图元和参数化修改引擎。Revit Architecture 中的图元都是以"族"的形式出现，这些构件是通过一系列参数定义的。参数保存了图元作为数字化建筑构件的所有信息。例如，当建筑师需要指定墙与门之间的距离为 200 mm 时，可以通过参数关系来"锁定"门与墙之间的间隔。

参数化修改引擎允许用户任何部分的改动都可以自动修改其他相关联的部分，例如，如果在平面视图中修改了窗实例属性中的窗底高度，Revit 将自动修改与该窗相关联的剖面视图中窗的底高度，并生成正确的图形。任一视图下所发生的变更都能参数化设置和双向传播到所有视图，以保证所有图纸的一致性，不必逐一对所有视图进行修改，从而提高了工作效率和工作质量。

创建参数化族，通过节点开发插件 Dynamo 编写路径程序及参数化族参变控制程序，将可参变族放置在路径中，同时对可参变族进行参数化控制。该技术在盾构管片、连续刚构、装配式建筑预制构件、建筑幕墙等工程中得到了广泛应用，可解决有一定相似性和重复性的建模工作，但在模型创建方面，需要基于 Revit 的模型创建规则，存在 revit 关联参变难度大等问题。此外，对于有些特殊结构，无法创建满足要求的族文件，在程序开发方面，Revit 受限于 Dynamo 已有节点，无法快速创建需要的节点程序。

Revit 族参数在定义时可以选择"实例参数"或"类型参数"，"实例参数"将出现在【图元属性】对话框中，"类型参数"将出现在【类型属性】对话框中。另外，配合族类型编辑器中的公式，可以使族具备更为复杂的参数关系。在公式中加入数学运算符、条件判断等高级参数功能，用于创建更为智能、更为复杂的参数化族。而且在 Revit 中，任何族均可以实现外部数据驱动，使族类型和族参数管理起来更加容易。

任务 3　Revit 软件建模流程

一、工作任务

在利用 Revit 进行建筑设计时，流程和设计阶段在时间分配上会与二维 CAD 绘图模式有较大区别。Revit 以三维模型为基础，设计过程就是一个虚拟建造的过程，图纸不再是整个过程的核心，而只是设计模型的衍生品，而且几乎可以在 Revit 这一个软件平台下，完成从方案设计、施工图设计、效果图渲染、漫游动画制作，甚至生态环境分析模拟等所有的设计工作，整个过程一气呵成。虽然在前期模型建立所花费的工作时间占整个设计周期的比例较大，但是在后期成图、变更、错误排查等方面仍具有很大优势。通过本任务的学习，可掌握 Revit 软件建模流程。

二、相关配套知识

Revit 软件建模流程：选择项目样板，创建空白项目，确定项目标高、轴网，创建墙体、门窗、楼板、屋顶，为项目创建场地、地坪及其他构件；完成模型后，再根据模型生成指定视图，对视图进行细节调整，为视图添加尺寸标注和其他注释信息，将视图布置于图纸中并打印；对模型进行渲染，与其他分析、设计软件进行交互。

三、应用案例

本任务省去了很多建模细节，仅介绍如何用 Revit 提供的工具实现该流程。

1. 项目介绍和创建

打开"别墅 .rvt"，如图 1.2.12 所示，本项目为二层别墅，外观简单，所处场地平坦。

微课

Revit 软件建模流程

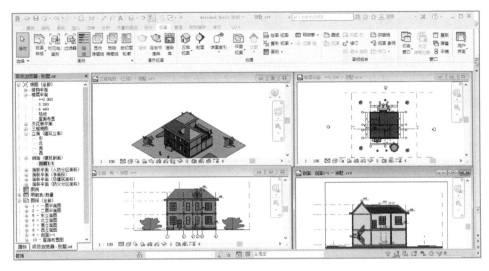

图 1.2.12　别墅 Revit 模型

在实际项目中，可根据各项目的特点自定义符合项目标准的项目样板。

2. 绘制标高

与大多数二维绘图软件不同，用 Revit 绘制模型时，首先需要确定的是建筑高度方向的信息，即标高。在模型的绘制过程中，很多构件都与标高紧密联系。

3. 绘制轴网

绘制轴网的过程与基于 CAD 绘图的二维方式并无太大区别。

Revit 中的轴网是具有三维属性信息的，它与标高共同构成了建筑模型的三维网格定位体系。

4. 创建基本模型

（1）创建墙体和幕墙

Revit 提供了墙工具，用于绘制和生成墙体对象。在 Revit 中创建墙体时，需要先定义好墙体的类型（在墙族的类型属性中，定义包括墙厚、做法、材质、功能等），再设置墙体的高度参数，在平面视图中指定的位置绘制生成三维墙体。

幕墙属于 Revit 提供的 3 种墙族之一，幕墙的绘制方法、流程与基本墙类似，但幕墙的参数设置与基本墙有较大区别。

（2）创建柱子

Revit 中提供了建筑柱和结构柱两种不同的柱构件。建筑柱和结构柱的使用方法基本一致，但其功能有本质的区别。对于大多数结构体系，采用结构柱这个构件。可以根据需要在完成标高和轴网定位信息后创建结构柱，也可以在绘制墙体后再添加结构柱。

（3）创建门窗

Revit 提供了门、窗工具，用于在项目中添加门、窗图元。门、窗图元必须依附于墙、屋顶等主体图元上才能被建立，同时门、窗这些构件都可以通过创建自定义门窗族的方式进行创建。

（4）创建楼板、屋顶

Revit 提供了【楼板】、【结构楼板】和【面楼板】3 种创建楼板的方式，其中【楼板】命令使用频率最高，其参数设置类似于墙体。

Revit 提供了【迹线屋顶】、【拉伸屋顶】和【面屋顶】3 种创建屋顶的方式，其中【迹线屋顶】使用频率最高，其创建方式与楼板类似，可以绘制平屋顶、坡屋顶等常见的屋顶类型。

楼板和屋顶的用法有很多相似之处。

（5）创建楼梯

使用楼梯工具，可以在项目中添加各种样式的楼梯。在 Revit 中，楼梯由梯段和栏杆扶手两部分构成，使用楼梯前，应首先定义好楼梯类型属性中的各种参数。楼梯穿过楼板时的洞口不会自动开设，需要编辑楼板或者用【洞口】等命令进行开洞。

（6）创建其他构件

除前述的主要构件外，还有如栏杆、坡道、散水、台阶等其他构件，其中栏杆、坡道这些构件在 Revit 中有相对应的命令，而散水、台阶等则没有。像这些构件，它们的绘制方法要么需要单独创建族，要么需要用到一些变通的方式，具体绘制方法也是多种多样的，本书介绍了一些方法，可参看后续对应内容。

可以把所有的模型通过三维的方式创建出来，这样会使模型更加接近实际建筑，但同时相应的工作量也会增加，且某些信息在特定的情况和设计阶段是不必要的，例如大部分建筑施工图。我们无须为一个普通门绘制铰链，也无须在方案阶段把墙体的构造层处理得面面俱到；相反，一些情况下适当采用二维绘图的方法却可以减少建模的工作量并提高绘图速度。所以建模之初，我们需要考虑好哪些是需要建的，哪些是可以忽略的，或者哪些是可以用二维方式替代的，并根据设计的情况灵活使用 Revit ，选择与项目相适应的处理方法。

5. 复制楼层

如果建筑每层间的共用信息较多，例如存在标准层，可以复制楼层来加快建模速度。复制后的模型将作为独立的模型，对原模型的任何编辑或修改，均不会影响复制后的模型。除非使用"组"的方式选行复制。

如果标准层较多，例如高层住宅的情况，可以将标准层全部图元或者部分图元设置为"组"，"组"的概念与 AutoCAD 中的"块"相类似，这样可以加快建模速度，且能更方便地进行模型管理。

如果"组"较多，则会增加计算机的运算负担。

6. 生成立面、剖面和详图

Revit 中的立面图、剖面图是根据模型实时生成的，也就是说，只要模型建立恰当，立、剖面视图中的模型图元几乎不需要绘制，就像前面所说"图纸只是

BIM 模型的衍生品"。而且，这里与一些可以生成立、剖面视图的传统 CAD 不同，立、剖面图是根据模型的变化实时更新的，且每个视图都相互关联。对于详图，楼梯详图、卫生间详图等一般可以直接生成，但是对于部分节点大样，因为模型建立时不可能每个细节都非常精细，除软件本身功能限制外，时间成本也是巨大的，因此必须采用 Revit 提供的二维详图功能进行深化和完善。

7. 模型及视图处理

模型建立好后，要得到完全符合制图标准的图纸，还需要进行视图的调整和设置。进行视图处理最快捷也是最常用的方法就是使用视图样板。视图样板可以定义在项目样板中，也可以根据需要自由定义。

除使用视图样板控制视图的默认显示模式外，Revit 还允许用户在视图中针对特定的图元进行单独显示调整。另外，对于视图中有连接关系的图元，例如剖面视图中的梁与楼板，需要使用连接工具手动处理连接构件。

8. 标注及统计

在 Revit 中要实现施工图纸的创建，除模型图元外，还必须在视图中添加注释图元，主要是标注、添加二维图元，以及统计报表等。Revit 中的标注主要有尺寸标注，标高（高程）标注，文字、其他符号标注等。与 AutoCAD 不同的是，Revit 中的注释信息可以提取模型图元中的信息。例如，在标注楼板标高时，可以自动提取出此楼面的高层，而无须手动注写，可以最大限度地避免因手工填写而带来的人为错误。

Revit 提供了强大的报表统计功能，例如，利用明细表数量功能进行门窗相关参数统计、房间类型及面积统计、工程量统计等。在 Revit 中所有的统计数据与模型之间是相互关联的。

9. 生成效果图

模型建好后可以对模型中的图元进行材质设定，以满足渲染的需要。Revit 的渲染功能非常简单，无须做过多设置，就能得到较为满意的效果图。

在任何时候，都可以基于模型进行渲染操作，这个步骤不一定要在完成视图标注后进行。它可以在方案推敲过程中，甚至还只是一个初步模型的时候就用来做实时的渲染。它是动态、非线性的一个过程，建筑师可以一开始就了解自己的方案的成熟度，无须借助专业的效果图公司来完成三维成果的输出，并且使建筑师摆脱了仅根据二维图纸进行设计分析的弊端。

10. 布图及打印输出

完成以上操作后，就可以进行图纸的布图和打印。布图是指在 Revit 标题栏图框中布置视图，类似于在 AutoCAD 的"布局"命令中布置视图操作的过程，在一个图框中可以布置任意多个视图，且图纸上的视图与模型仍然保持双向关联。Revit 文件的打印既可以借助外部 pdf 虚拟打印机输出为 . pdf 格式文件，也可以输出成 Autodesk 公司自有的 . dwf 或 . dwfx 格式文件。同时，Revit 中的所有视图和图纸也可以导出为 . dwg 格式文件。

11. 与其他软件交互

在用 Revit 进行建模的过程中，可以根据需要将 Revit 中的模型和数据导入其他软件中做进一步的处理。例如，可以将 Revit 创建的三维模型导入 3ds Max 中进行更为专业的渲染，或导入 Autodesk Ecotect Analysis 中进行生态方面的分析，还可以通过专用的接口将结构柱、梁等模型导入 PKPM 或 ETABS 等结构建模或计算分析软件中进行结构方面的分析运算。

注意

   Revit 是一个系统且结构化的软件，但却不失灵活性，本任务所介绍的这个流程也不是一成不变的。当读者越来越熟悉它以后，将发现流程可以有很多种，建模也可以有多种方案。我们可以在使用过程中根据项目的特点、阶段来选择不同的流程和方法，提高应用水平，提升工作效率和质量。

练习题

一、单项选择题

1. 下列关于 BIM 的描述正确的是（　　）。

A. 建筑信息模型　　　　　　　　　B. 建筑数据模型

C. 建筑信息模型化　　　　　　　　D. 建筑参数模型

2. BIM 的定义为（　　）。

A. Building Intelligence Modeling　　B. Building Intelligence Model

C. Building Information Modeling　　D. Building Information Model

3. 以下哪种模型显示样式中可以控制显示边缘？（　　）

A. 线框　　　　B. 隐藏线　　　　C. 真实　　　　D. 一致的颜色

4. Gx 具体是指（　　）。

A. 几何表达精度等级　　　　　　　B. 信息深度等级

C. 模型精细度　　　　　　　　　　D. 模型细致度

5. 在 Revit 中，项目的后缀名是（　　）。

A. . rte　　　　B. . rfa　　　　C. . rvt　　　　D. . rft

二、多项选择题

1. 下列属于 BIM 的优势和价值的是（　　）。

A. 可视化　　　B. 一体化　　　C. 参数化　　　D. 仿真性

E. 协调性　　　F. 优化性　　　G. 可出图性　　　H. 信息完备性

2. 常用的 BIM 建模软件有（　　）。

A. Revit　　　　B. Navisworks　　　C. Tekla　　　D. CATIA

E. OpenRoads Designer

3. BIM 软件宜具有与（　　）等技术集成或融合的能力。

A. 物联网　　　B. 自动控制　　　C. 移动通信　　　D. 无人驾驶

E. 地理信息系统

4. BIM 建模员根据项目需求要建立相关的 BIM 模型，包括（　　）。

A. 场地模型　　　B. 土建模型　　　C. 机电模型　　　D. 钢结构模型

E. 节能模型

5. Revit 可以直接打开的文件格式有（　　　）。

A．.dwg　　　　　B．.rvt　　　　　C．.rfa　　　　　D．.max　　　E．.nwc

三、简答题

1. 什么是 BIM？

2. 简述 BIM 的特点。

3. 简述目前国家和行业的 BIM 政策。

4. 简述目前常用的建模精细度等级。

5. 简述 Revit 软件建模流程。

模块二

房屋建筑建模实例

■ 能力目标

1. 能够熟练掌握 BIM 系列软件 Revit 的使用方法与技巧。
2. 具备识读建筑类 CAD 图纸的能力。
3. 能够完成房屋建筑项目单体模型的创建。

■ 知识目标

1. 熟悉项目创建的准备信息。
2. 熟悉土建专业图纸，掌握构件信息。
3. 掌握标高与轴网的创建与编辑方法。
4. 掌握建筑项目场地的创建与编辑方法。
5. 掌握建筑墙的创建与编辑方法。
6. 掌握结构柱的创建与编辑方法。
7. 掌握结构梁的创建与编辑方法。
8. 掌握门窗的创建与编辑方法。
9. 掌握楼地板的创建与编辑方法。
10. 掌握屋顶与老虎窗的创建与编辑方法。
11. 掌握室内楼梯的创建与编辑方法。
12. 掌握室外坡道的创建与编辑方法。

■ 案例导入

市房改办、市住房资金管理中心是西安市安居工程计划编制和建设单位，从
1995 年开始建设首期安居解困房，在建设中，他们在选址、施工、造价及销售管
理等方面，坚持做到公开公正，建设地点选在地价低廉，又邻近学校、市场、医
院、交通方便的地方，尽量减免有关费用的收取，并采取分期投入，稳步推进、
加快周转的方针，建一幢，售一幢，最大限度降低造价成本。二层民居项目模型
是标准新农村建设模板，可作为后续进行批量建造的依据。

■ 思政点拨

保障性安居工程是一项重大的民生工程，也是完善住房政策和供应体系的必
然要求。大规模实施保障性安居工程，是党中央、国务院做出的重大决策，是当

前和今后几年政府工作的一项重要任务。实施好这一重大民生工程，关系到经济社会发展全局，惠及了广大人民群众。要进一步提高认识，明确方向，理清思路，完善政策，把保障性安居工程建设各项任务落到实处。建设安居解困房，有助于逐步缓解居民住房困难、不断改善住房条件，正确引导消费、实现住房商品化，最终目的是解决城镇居民的住房问题，提高城镇居民的居住水平，体现政府对住房困难户的关怀，体现中国特色社会主义的优越性。房建项目 BIM 技术的应用可以实现安居工程项目全生命周期信息管理。

项目一 项目准备

任务1 项目概况

一、工作任务

在进行项目建模前，需要首先熟悉所承接项目的整体概况，包括工程概况（项目简介与任务由来）、自然地理及施工条件（位置、交通、地形地貌及气象）、工程地质条件（地层岩性、地质构造、新构造运动及地震）等。本任务主要基于二层民居项目概况进行识读及讲解。

二、相关配套知识

本项目包含柱、墙、梁、板、门窗、幕墙系统、楼梯、屋顶、场地等构件，其中基础构件均可以采用 Revit 软件的系统族创建，对于异形结构的构件，需要通过族样板文件创建族的方式来实现。后续任务中会依次讲解到如何利用 Revit 软件进行建筑各类构件模型的创建。

三、应用案例

工程名称：二层民居。

建筑面积：241.96 m²。

建筑层数：地上2层。

建筑的耐火等级为二级，设计使用年限为50年。

建筑结构为钢筋混凝土框架结构，抗震设防烈度为7度，结构安全等级为一级。

1. 模型创建要求

① 本项目模型中结构柱，均采用 240 mm×240 mm 的混凝土-正方形柱。

② 外墙总厚度为 240 mm，其功能层设置如表 2.1.1 所示。

表 2.1.1 外墙功能层设置

功能层名称	材　　质	厚度/mm
外部边面层	外墙面砖	5
保温层	刚性隔热层	10
衬底	水泥砂浆	15
结构	混凝土砌块	200
内部边面层	涂料-白色	10

③ 内墙总厚度 200 mm，其功能层设置如表 2.1.2 所示。

表 2.1.2　内墙功能层设置

功能层名称	材　　质	厚度/mm
外部边面层	涂料–白色	10
结构	混凝土砌块	200
内部边面层	涂料–白色	10

④ 本项目中结构框架梁均采用尺寸为 200 mm×120 mm 预制–矩形暗梁。

⑤ 本项目中一层楼板采用的材质为混凝土，厚度为 450 mm。二层楼板采用的材质也为混凝土，厚度为 300 mm。

⑥ 本项目中门窗均采用塑钢节能门窗。

2. 项目主要图纸

本小节主要采用二层民居项目中的建筑和结构部分图纸。图纸中尺寸单位除标高单位为 m 外，其余均为 mm。在创建本项目模型过程中，应严格按照图纸的尺寸进行建模。

（1）建筑平面图

二层民居项目建筑图纸中，一层平面图、二层平面图、屋顶平面图如图 2.1.1~图 2.1.3 所示。

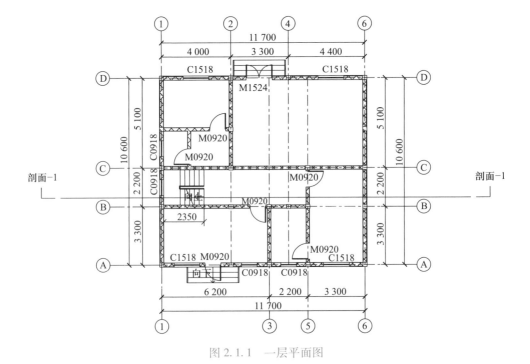

图 2.1.1　一层平面图

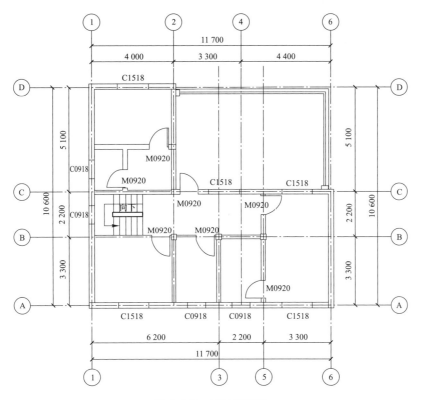

图 2.1.2　二层平面图

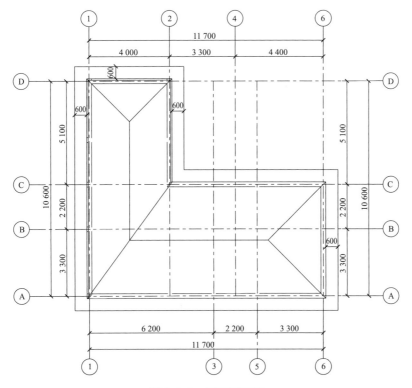

图 2.1.3　屋顶平面图

（2）建筑立面图

本项目中所采用的东、南、西、北立面图纸，如图 2.1.4～图 2.1.7 所示。

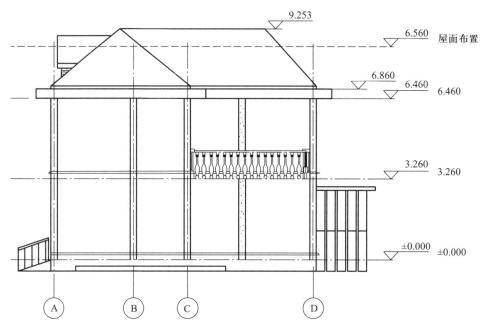

图 2.1.4　东立面图

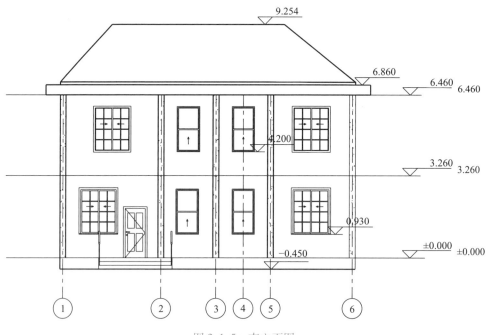

图 2.1.5　南立面图

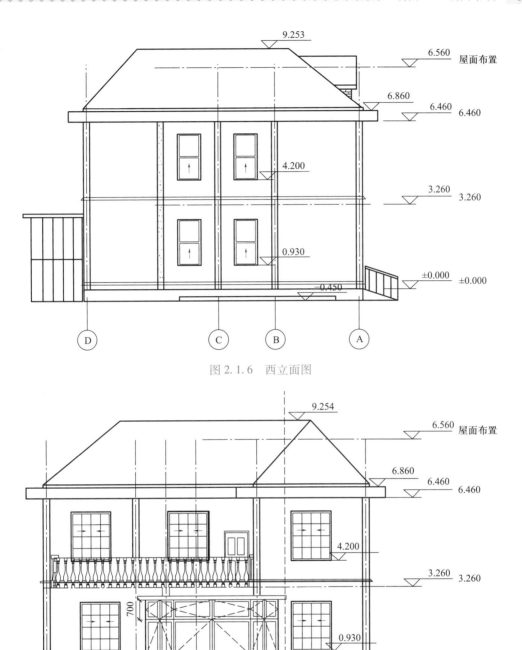

图 2.1.6 西立面图

图 2.1.7 北立面图

3. 结构图纸

本二层民居项目中,除建筑部分外,还包括结构柱、结构梁等构件,在 Revit 中创建模型时,需要根据各结构构件的尺寸创建精确的结构模型。本项目所需结构柱的布置如图 2.1.8、图 2.1.9 所示。

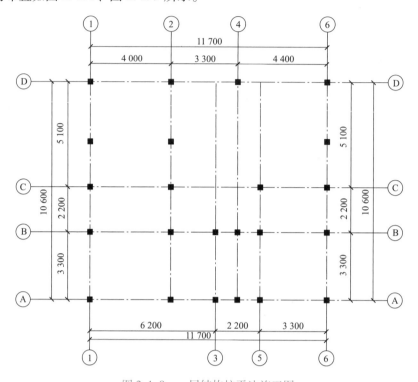

图 2.1.8 一层结构柱平法施工图

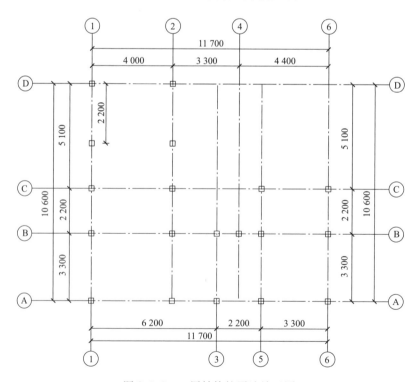

图 2.1.9 二层结构柱平法施工图

4. 二层民居项目整体模型图

通过三维模型图，可以更加直观、准确地理解项目的整体概况。在 Revit 中，创建完成模型后，可以根据需要生成任意角度的三维图。二层民居项目模型如图 2.1.10 所示。

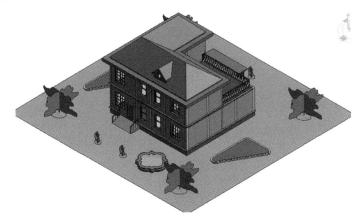

图 2.1.10　二层民居项目模型

任务 2　创建标高和轴网

一、工作任务

本任务主要是讲解标高和轴网的概念、作用与创建方法，并基于应用案例——二层民居，进行本建筑模型的标高与轴网的创建。

二、相关配套知识

标高和轴网是建筑设计、施工中重要的定位信息。标高即建筑物各部分的高程，分为绝对标高和相对标高。如以建筑物室内首层地面高度零标高作为标高的起点，所计算的标高称为相对标高，Revit 软件中的标高即为相对标高。

1. 标高的创建

在 Revit 软件中，标高和轴网是绘制立面视图、剖面视图及平面视图时重要的定位依据，两者的关系密切。在 Revit 软件中设计项目时，以标高和轴网之间的间隔空间为依据，创建墙、门、窗、梁、柱、楼梯、楼板、屋顶等建筑模型构件。总体而言，标高主要用于反映建筑构件在高度方向上的定位情况，轴网主要用于反映建筑构件在平面上的定位情况。

创建标高的方法有 3 种：绘制标高、复制标高和阵列标高。用户可以根据需要选择创建标高的方法。

绘制标高是创建标高的基本方法之一，对于低层或尺寸变化差异过大的建筑构件，使用该方法可以直接创建标高。

标高的创建除可以采用绘制的方法外，还可以采用复制的方法。

除可以复制标高外，还可以通过阵列来创建标高。具体操作如下：选择要阵列的标高，在【修改|标高】选项卡中单击【修改】面板中的【阵列】按钮，在打开的选项栏中单击【线性】按钮，设置【项目数】为3，单击标高的任意位置确定基点。

2. 轴网的创建

轴网由定位轴线、标志尺寸和轴号组成。

轴网与标高相似，都可以通过复制或者阵列的方法进行创建。

三、应用案例

1. 创建标高

Revit Architecture 中提供了标高工具用于创建建筑项目的标高，本项目以二层民居为例，讲解创建项目标高的主要步骤。图 2.1.7 所示为二层民居项目的北立面图，从图中可以发现，该建筑物共有两层，有三个标高：地面标高（±0.000）；二层楼板标高（3.260 m）；屋顶底部标高（6.460 m）。这三个标高控制二层民居项目的层高和各个构件的相对高度，接下来进行该项目标高的创建。

微课

标高的创建

Step 01　打开 Revit 软件，在 Revit 界面中的项目栏中，单击【新建】>【新建项目】>【建筑样板】命令，选择【新建】>【项目】单选项，单击【确定】按钮完成新建项目，如图 2.1.11 所示。

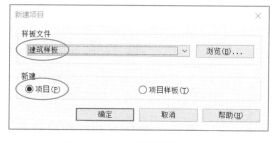

图 2.1.11　建筑样板设置项目

Step 02　打开 Revit 软件界面后，中间绘图区域为项目浏览器中【楼层平面】>"标高 1"位置。此时"标高 1"在 Revit 软件中为黑色加粗显示，表示 Revit 软件中间绘图区域所在的楼层高度为标高 1。

Step 03　在【楼层平面】选项栏中有两个已设置好的标高选项，分别是"标高 1"与"标高 2"。单击项目浏览器>【建筑立面】命令，可以看到【建筑立面】中有【东】【北】【南】【西】四个立面，分别对应中间绘图区域中的上北、下南、左西、右东，共四个立面标识符号，如图 2.1.12 所示。

Step 04　根据二层民居项目的北立面图纸，切换到 Revit 软件中，单击项目浏览器>【建筑立面】>【北】命令，进入北立面图中，创建该项目模型的三个标高。

Step 05　单击"标高 2"，在左边的【属性】面板中显示"标高 2"的参数属性，如图 2.1.13 所示。

Step 06　在二层民居项目中，"标高 1"为"正负零标高"样式，"标高 2"则采用"上标头"的标高样式。在【属性】面板中，看到"标高 2"的属性，第一个参数为【限制条件】>【立面】，数值为 4 000，单位为 mm。

北

西

东

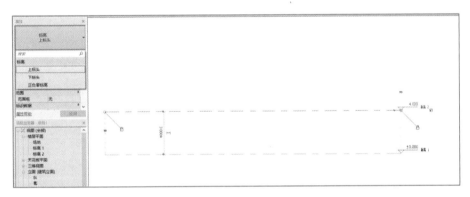

南

图 2.1.12　东南西北立面图

图 2.1.13　标高标头属性图

Step 07　在二层民居项目中，由北立面图可知，该项目二层楼层标高为 3.260 m。切换到 Revit 软件中，更改"标高 2"的标高值为 3.260 m，按 Enter 键确定高度，如图 2.1.14 所示。绘制完成该项目二层底标高后，从北立面图中观察，发现屋顶楼层的标高为 6.460 m。切换到 Revit 软件，在立面视图中创建该屋顶底标高，单击【建筑】>【基准】>【标高】命令，激活修改放置标高的【标高】选项卡，创建屋顶的底标高为 6.460 m。

图 2.1.14　3.260 m 标高命名

Step 08   "标高 3"（屋顶标高）创建完成后，可以观察到高度是 6.460 m，名称是"标高 3"，在右侧【楼层平面】中也会添加相应的"标高 3"的楼层平面。

Step 09   将所创建的"标高 1""标高 2"和"标高 3"进行重命名，通过观察二层民居项目的北立面图，可以发现立面图中的标高名称与该项目的标高高度相一致，±0.000 位置，标高名称是"±0.000"。对于 3.260 m 的位置，标高的名称为"3.260"，6.460 m 位置对应的标高名称为"6.460"。根据二层民居项目的图纸要求，分别对三个标高进行命名，如图 2.1.15 所示。

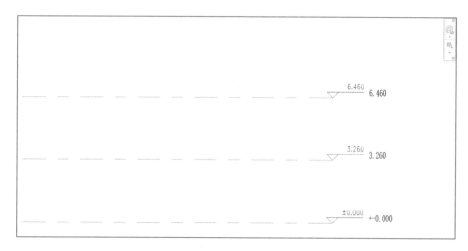

图 2.1.15   二层民居项目标高

2. 创建轴网

根据二层民居项目的平面图纸，绘制该项目的轴网，从图 2.1.1 所示的一层平面图中可以发现该项目有①、②、③、④、⑤、⑥共六根竖向轴网，A、B、C、D 共四根横向轴网。其中，该项目主要轴网的轴号为两段显示设置，并且可以看到相邻的两根轴网间的间距，仅有②、③、④、⑤四根轴网为一端显示轴号名称样式。

Step 01   打开二层民居项目标高模型，在【建筑】>【基准栏】选项栏中，单击【轴网】命令，激活【修改│放置轴网】选项卡，单击【直线】命令绘制轴网，左边的【属性】面板显示轴网的属性为"6.5 mm 编号间隙"，单击【编辑类型】按钮，打开【类型属性】对话框，在【类型】的下拉三角中选择"6.5 mm 编号"，在此基础上，进行【复制】，根据该项目一层平面图中的要求，两边端点都要显示轴网符号名称。因此，可重命名为"6.5 mm 编号 1，2"，单击【确定】按钮，在平面视图中，将轴号端点 1 处复选框勾选，新的轴网类型中两端都会显示轴符号名称，单击【确定】按钮，完成新建轴网类型，如图 2.1.16 所示。

Step 02   参照该二层民居项目一层平面图纸进行竖向轴网的创建，首先将①轴网绘制完成，再采用【复制】命令，创建②、③、④、⑤、⑥轴网，如图 2.1.17 所示。

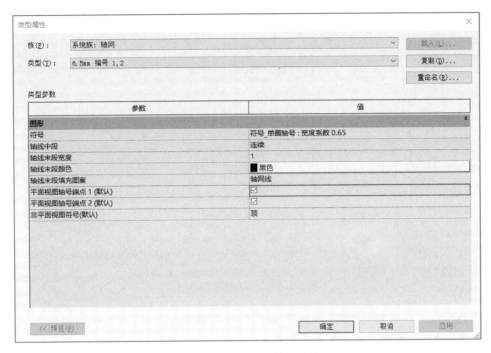

图 2.1.16 该项目轴网属性

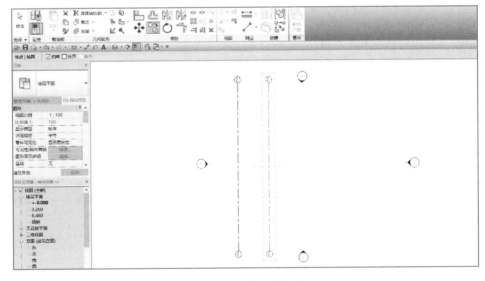

图 2.1.17 轴网的复制

Step 03 在 Revit 软件中,选择①轴网,激活【修改轴网】选项卡。在【修改】命令栏,单击【复制】命令,激活【约束】【多个】的选项栏。勾选【约束】【多个】选项,在①轴网上任意一点单击选中,然后把鼠标指针移到①轴网右侧远处,分别手动输入 4 000、2 200、1 100、1 100、3 300,距离单位为 mm,复制完成后,按 Esc 键取消绘制命令,如图 2.1.18 所示。

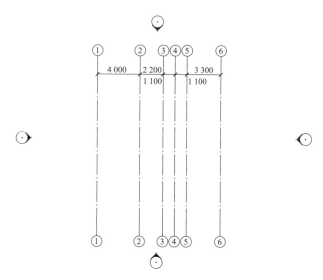

图 2.1.18 该项目竖向轴网

Step 04 参照该项目一层平面图，绘制横向 A、B、C、D 四根轴网。在 Revit 软件中，选择【建筑】>【基准】>【轴网】命令绘制 A 轴网。

Step 05 先创建 A 轴网，再选中 A 轴网激活【修改轴网】选项卡，单击【复制】命令，确保【约束】【多个】命令被勾选，在 A 轴网上任选一点，向上移动到远处，输入 B 和 C、A 与 C、D 轴网之间的间距。通过参考该项目的一层平面布置图，可以发现各轴号轴网的间距分别是 3 300 mm、2 200 mm、5 100 mm，然后分别输入间距即可，按 Enter 键确定。按 Esc 键，取消【复制】命令，至此，轴网绘制完成，如图 2.1.19 所示。

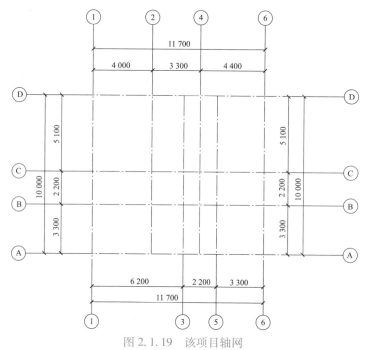

图 2.1.19 该项目轴网

任务 3 场地的创建

一、工作任务

场地作为建筑的地下基础，要通过模型表达出建筑与实际地坪之间的关系，以及建筑周边道路的情况。通过本任务的学习，了解场地的相关设置及地形表面、场地道路、场地构件的创建和编辑的基本方法及相关应用技巧。本任务主要是对二层民居建筑项目的场地进行创建，并对场地上的相关构件进行布置，主要通过 Revit 软件中【体量与场地】选项栏下【场地建模】命令实现。

二、相关配套知识

1. 添加地形表面

地形表面是场地设计的基础。使用【地形表面】工具可以为项目创建地形表面，Revit 软件提供两种创建地形表面的方法：一种是通过放置点方式创建地形表面；另一种是通过导入数据创建地形表面。

2. 添加建筑地坪

在创建地形表面之后，可以沿建筑轮廓创建建筑地坪。建筑地坪的创建方法与楼板的创建方法类似，包括创建封闭边界线、设置地坪属性及地坪的构造层。利用在地形表面上绘制闭合环来创建建筑地坪。

3. 创建场地道路与场地平整

完成地形表面的创建后，可以使用【修改场地】子选项卡中的【子面域】工具和【平整区域】工具来创建地形表面中的区域及平整地形表面。利用前者可以创建道路、停车场等项目构件，利用后者可将原始表面标记为【已拆除】并生成一个带有匹配边界的副本。

4. 添加场地构件

在 Revit 软件中提供【场地构件】工具，该工具可以为场地添加树木、人物、停车场等场地构件。这些构件均依赖于项目中载入的构件族，也就是说要使用场地构件，必须先将所使用的族载入当前项目中。为项目添加场地构件，能够美化环境，使其后期的渲染效果更加真实。对于场地中的其他构件，如交通工具、人物、路灯等，只需要将场地族文件载入当前项目中，在适当位置放置即可。

使用 Revit 提供的场地构件，可以为项目创建场地红线、场地三维模型、建筑地坪等场地构件，完成现场场地设计。还可以在场地中添加人物、植物、停车场、篮球场等场地构件，丰富整个场地的表现。在 Revit 中场地创建使用的是地形表面功能，地形表面在三维视图中仅显示地形，需要勾选上剖面框之后进行剖切，才能显示地形厚度。

微课

场地的创建

三、应用案例

从二层民居项目的图纸中可以发现，地形表面边框与相邻轴网间的距离为

8 000 mm，其材质设置为"小别墅-场地草"。图 2.1.20 所示为场地地面创建完成后的模型图。

Step 01 打开 Revit 软件，选择项目浏览器>【楼层平面】>【场地】命令。根据二层民居项目的要求，地形表面与相邻各轴网之间的距离为 8 000 mm，选择【建筑】>【工作平面】>【参照平面】命令，将地形表面的平面边界位置绘制完成，单击【参照平面】命令，激活【修改│放置参照平面】选项卡，依次创建四个参照平面，将参

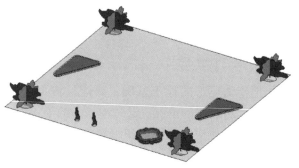

图 2.1.20 二层民居项目场地模型图

照平面进行调整，使两两参照平面相交，以便拾取地形表面的四个放置点。调整好参照平面的交点后，单击【体量和场地】选项卡，选择【地形表面】命令，激活【修改│编辑 地形表面】选项卡，用【放置点】的命令来创建地形表面，选项栏【高程】点输入-450 mm，选择【绝对高程】，单击【✔】按钮完成地形表面的创建，打开三维模型视图，选择地形表面，左边【属性】面板中显示其实例参数，在【材质】栏中可更改其材质为草皮材质，单击【新建材质】按钮，重命名为"小别墅-场地草"，与二层民居项目图纸中的材质保持一致，打开资源浏览器，在外观库中，找到【现场工作】>【草皮-矮】，同时选择【图形】>【使用渲染外观】命令，完成地形表面的创建及材质附着，如图 2.1.21 所示。

Step 02 Revit 软件中提供有【场地构件】工具，该工具可以为场地添加树木、人物、停车场等场地构件。而这些场地构件均依赖于项目中载入的构件族，如果需要使用场地构件，必须先将所使用的族载入当前项目中。参照二层民居项目场地构件三维模型示意图，可以发现添加的场地构件主要有四棵山茱萸、两位女性人物、一个喷泉、两个停车场安全岛。

Step 03 打开二层民居项目标高与轴网的模型，单击【体量和场地】>【场地构件】命令，在场地构件中，观察已有的构件的类型，单击【属性】面板的下拉三角，看到【类型选择器】下只有植物，找到山茱萸 3.0 m 类型，放置四棵山茱萸植物，切换到三维视图中选择俯视图界面，单击【体量和场地】>【场地构件】命令，在【属性】面板中切换植物山茱萸，分别在四个点的位置处放置该植物族，旋转视图，可观察四棵山茱萸的三维模型。

Step 04 在场地中的构件中，还可添加停车场安全岛、喷泉、两个人物。首先需要把这些族载入项目中，单击【插入】>【载入族】命令，选择族库中的【建筑】>【场地】>【附属设施】>【景观小品】命令，选中【喷水池】，单击【打开】按钮，载入进来，将视图调整成三维视图中的俯视图放置【喷水池】，单击【体量和场地】>【场地构件】命令，在【属性】面板中默认为刚载入的构件族，即【喷水池】，将【喷水池】放置到合适的位置，完成喷水池构件的创建，如图 2.1.22 所示。

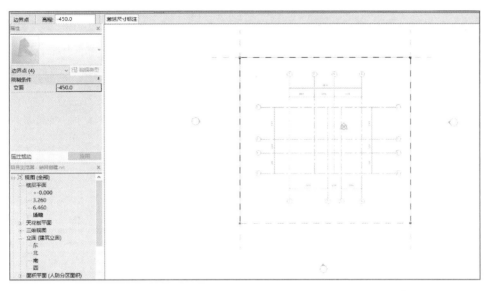

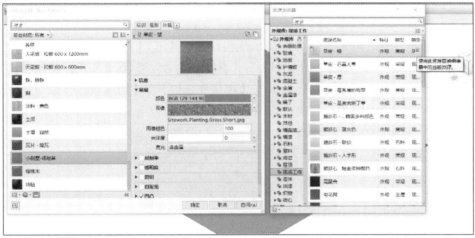

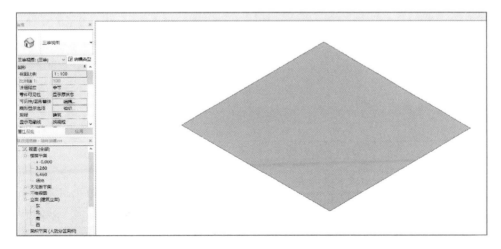

图 2.1.21　场地材质设置图

图 2.1.22　喷水池载入

Step 05　通过同样的方法载入其他构件族，单击【插入】>【载入族】命令，选择族库中的【建筑】>【配景】>【女性】命令，单击【打开】按钮，将人物载入项目中，然后放置人物族，单击【体量和场地】>【场地构件】命令，依次将场地人物放置到合适的位置上，如图 2.1.23 所示。

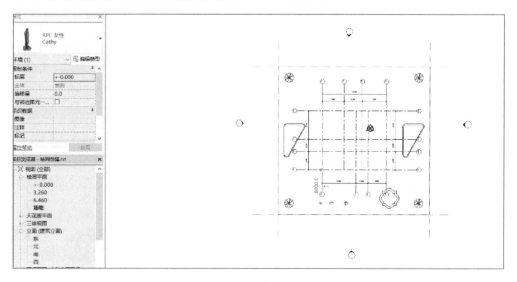

图 2.1.23　女性配景设置

Step 06　由【载入族】命令载入两个停车场安全岛构件族，单击【插入】>【载入族】命令，选择族库中的【建筑】>【场地】>【停车场】命令，找到停车场安全岛构件，单击【打开】按钮，将其载入项目中，在三维俯视图中依次放置该构件。至此，二层民居项目中所有场地构件放置完毕。

项目二　创建项目模型

任务 1　建筑墙的创建

一、工作任务

在项目一中已经建立二层民居项目的标高和轴网以及场地和场地构件的模型。本任务主要介绍基本墙、幕墙等墙体的创建和编辑方法，完成二层民居项目墙体模型创建，在进行墙体的创建时，需要根据墙的用途及功能，例如墙体的高度、墙体的构造、立面显示、内墙和外墙的区别等，创建不同的墙体类型和赋予不同的属性。

二、相关配套知识

在 Revit 软件中，墙体作为建筑设计中的重要组成部分，不仅是空间的分隔主体，而且也是门窗、墙饰条与分隔缝、卫浴灯具等设备模型构件的承载主体。

1. 墙体的分类

建筑中的墙体类型很多，而墙体的分类方式也多种多样，按照不同的分类标准可以分为不同的类型。

墙体按结构竖向的受力情况不同可分为承重墙和非承重墙。

墙体按其在平面上所处位置的不同可分为外墙和内墙。

2. 墙体的创建

Revit 软件中提供用于绘制和生成墙体对象的墙工具。在 Revit 软件中创建墙体时，需要先定义好墙体的类型（包括墙厚、做法、材质、功能等），再指定墙体的平面位置、高度等参数。

在 Revit 软件中，墙体属于系统族。Revit 软件提供有三种类型的墙族：【基本墙】【幕墙】和【叠层墙】。而其他所有的墙体类型都是通过这三种系统族建立不同的样式和参数进行定义。

合理设计墙功能层的连接优先级，对于正确表现墙的连接关系至关重要。在 Revit 软件的墙体结构中，墙部件包括两个特殊的功能层——核心结构和核心边界，它们用于界定墙的核心结构与非核心结构。

3. 幕墙的创建

幕墙是一种外墙，附着在建筑结构上，不承担建筑的楼板或屋顶的荷载。幕墙由幕墙网格、竖梃和嵌板组成。在 Revit 软件中，幕墙分为以下三种形式：

① 幕墙：没有网格或竖梃，没有与此幕墙类型相关的规则，该幕墙类型的灵活性最强。

② 外部坡璃：具有预设网格，如果设置不合适，可以修改网格规则。

③ 店面：具有预设的网格，如果设置不合适，可以修改网格的规则。

常规幕墙、规则幕墙系统和面幕墙系统均可通过幕墙网格、竖梃与嵌板三大组成元素进行创建，本节主要以常规幕墙为例进行说明。

4. 幕墙系统的创建

幕墙系统是一种构件，由嵌板、幕墙网格和竖梃组成，通过选择体量图元面，可以创建幕墙系统。在创建幕墙系统之后，可以使用与幕墙相同的方法添加幕墙网格和竖梃。

5. 叠层墙的创建

叠层墙在 Revit 软件中，除基本墙和幕墙两种墙系统族外，还提供另一种墙系统族——叠层墙。使用叠层墙可以创建结构更为复杂的墙，如由上下两种不同厚度、不同材质的基本墙类型构成的墙，如图 2.2.1 所示。

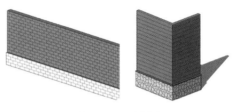

图 2.2.1　叠层墙

三、应用案例

1. 建筑墙体功能层设置

建筑墙体功能层设置

建筑墙主要包括承重墙与非承重墙，要有足够的强度和稳定性，具有保温、隔热、隔声、防火、防水的能力。墙体是建筑物的重要组成部分。它的作用是承重或围护、分隔空间。

对于建筑墙结构层的设置，在 Revit 软件中，建筑墙体包括五个功能层，分别是结构［1］、衬底［2］、保温层/空气层［3］、面层1［4］、面层2［5］、涂膜层，中括号中的1、2、3、4、5代表墙体功能层的优先级别，优先级别表示当墙与墙连接时，墙各层之间连接的优先顺序，优先级别高的墙体会穿过优先级别低的墙体并与优先级别高的墙体相连，在功能层中，最后一个是涂膜层，该层通常用于防水涂层，厚度必须为零，无优先级别之分，如图 2.2.2 所示。

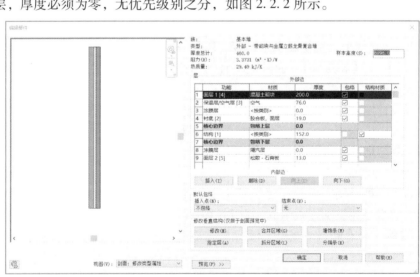

图 2.2.2　复合墙体设置

二层民居项目中外墙的功能层分别有五层，其中核心边界内部是结构［1］，材质为混凝土砌块，厚度为 200 mm，依次从核心边界层第四行位置向上，外部边分别有三个功能层，分别是衬底［2］，材质为水泥砂浆，厚度为 15 mm，再外部边功能层为保温层/空气层［3］，材质为刚性隔热层，厚度为 10 mm，外墙立面的最外部功能层是面层 1［4］，材质为外墙面砖，厚度为 5 mm，由核心边界内侧向下为内部边，只有一个功能层是面层 1［4］，材质为涂料-白色，厚度为 10 mm。

Step 01 在 Revit 软件中设置墙体功能层，打开 Revit 软件设置墙体的功能层，在已创建好标高与轴网的模型基础上，设置墙体的功能层名称，首先进入【建筑】>【构建】>【墙】命令，在下拉三角中选择【建筑墙】选项，激活【修改｜放置墙】选项卡，可以看到左边的【属性】面板默认显示的是【基本墙 常规-200 mm】墙体，单击【编辑类型】按钮，打开【类型属性】对话框，在【类型属性】对话框中，单击【复制】按钮进行墙体类型复制，名称为"外墙 240 mm"，单击【确定】按钮，同时单击【类型选择器】的下拉三角，可以看到很多不同类型的墙体。接下来，继续单击【编辑类型】按钮，并单击【结构】后的【编辑】按钮，打开【编辑部件】对话框，在【编辑部件】对话框中可以根据墙的功能层不同来设置墙体的功能、材质及厚度，如图 2.2.3 所示。

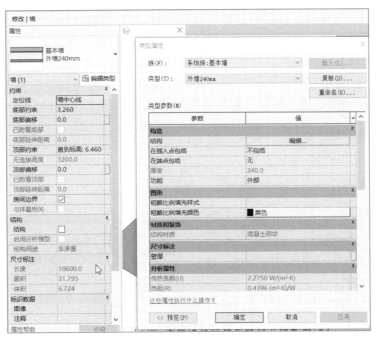

图 2.2.3　外墙 240 mm 命名

Step 02 通过二层民居项目的墙体构造图，【外墙 240 mm】墙体类型的功能层可全部设置完毕，单击【确定】按钮，如图 2.2.4 所示。

Step 03 二层民居项目中内墙的功能层共有三层，总厚度为 200 mm，其中核心边界内部的结构［1］是承重层，材质为混凝土砌块，厚度为 180 mm，从核心边界层向上为外部边，包含一个功能层面层 1［4］，材质为【涂料-白色】，厚度设

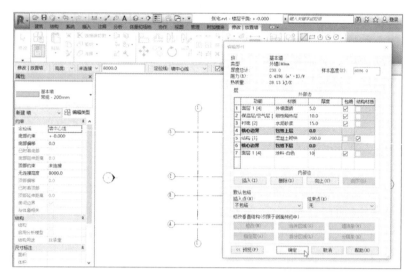

图 2.2.4　外墙墙体类型参数设置

置为 10 mm，从内侧核心边界向下，为内部边，包含有一个功能层为面层 1［4］，
材质为【涂料-白色】，厚度设置为 10 mm。

　　Step 04　在 Revit 软件中设置【内墙 200 mm】墙体类型，打开 Revit 软件，
单击【建筑】>【构建】>【墙】命令，在下拉三角中选择【建筑墙】选项，激活
【修改｜放置墙】选项卡，默认为【基本墙，常规 200 mm】，单击【编辑类型】按
钮，打开【类型属性】对话框，在常规墙的基础上单击【复制】按钮，命名为
"内墙 200"，如图 2.2.5 所示，单击【确定】按钮，内墙功能层设置完毕，单击

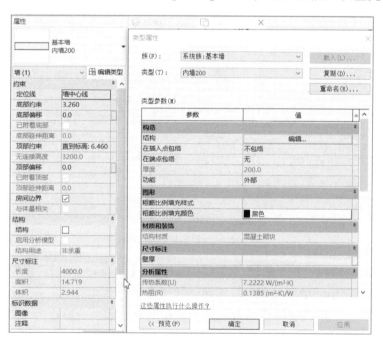

建筑墙体创
建与编辑

图 2.2.5　内墙 200 mm 命名

【确定】按钮，墙体的厚度、名称相一致，再单击【确定】按钮，内墙全部设置完毕，如图 2.2.6 所示。

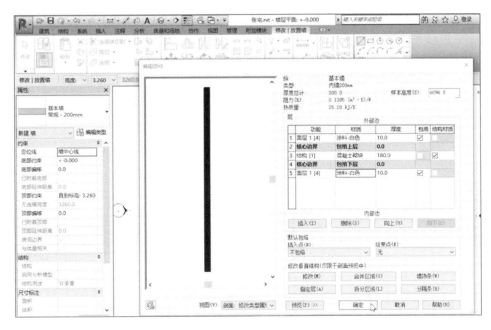

图 2.2.6　内墙墙体类型参数设置

总结可知，建筑墙功能层设置有以下三个要素：功能，包含结构、衬底、保温层、面层，依据建筑中墙体的不同功能层的需求进行设置；材质，包含各类建筑材料的材质；厚度，依据图纸参数进行设置。

2. 建筑墙体创建与编辑

建筑墙体的创建与编辑是在墙体功能层设置完成的基础上进行的，根据二层民居项目图纸进行一层和二层建筑墙体绘制，图 2.2.7 是二层民居项目图纸中的完整墙体模型，其中门窗构件放置完毕，结构柱与墙体连接，顶部附着屋顶。

图 2.2.7　完整墙体模型

根据二层民居项目图纸中的一层平面图，可以看到一层内外墙的平面位置，墙体的定位均依据轴线居中布置，外墙的平面走向是由①轴与 D 轴交点，顺时针向右至⑥轴和 D 轴交点，再向下至 A 轴和⑥轴交点，向左直到①轴和 A 轴交点，最后向上至 D 轴和①轴交点。

Step 01　从二层民居项目南立面图中可以看到一层墙体的高度是从 ±0.000 到 3.260 m，接下来在 Revit 软件中布置墙体，打开设置好墙体类型的项目模型，在已绘制完标高与轴网的基础上进行绘制。首先绘制外墙，单击【建筑】>【构建】>【墙】命令，单击【建筑墙】命令的下拉三角，在【属性】面板中的【类型选择器】下拉三角中，切换找到【外墙 240 mm】，已知外墙的定位线为：墙中心线，底部约束±0.000，直到顶部 3.260 m，用【直线】命令来绘制外墙，从①轴和 D 轴交点直到⑥轴和 D 轴交点处，向下移动到 A 轴和⑥轴的交点处，继续向左到①轴和 A 轴交点，顺时针绘制到起始点（D 轴和①轴的交点）。按 Esc 键取消外墙绘制命令；单击快速访问工具栏中的【小房子】按钮，将中间绘图区域切换成三维模式，可以看到外墙模型创建完毕，如图 2.2.8 所示。

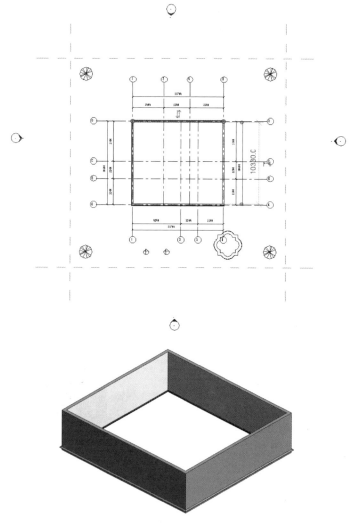

图 2.2.8　一层外墙

Step 02　双击项目浏览器>【楼层平面】>"±0.000"位置绘制内墙，根据该项目一层平面布置图（图 2.2.9）绘制内墙，单击【建筑】>【构建】>【墙】命令，默认的是上一个操作命令【外墙 240 mm】，单击下拉三角，切换成【内墙 200 mm】，定位线为：墙中心线，底部约束从±0.000 直到 3.260 m，用绘制栏中的【直线】命令绘制内墙，根据项目图纸要求，可完成二层民居项目一层的内墙的绘制，单击快速访问工具栏中的【小房子】按钮，可以看到一层内外墙体的三维模型，如图 2.2.10 所示。

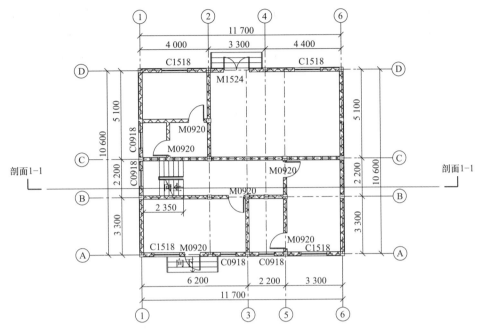

图 2.2.9 一层平面布置图

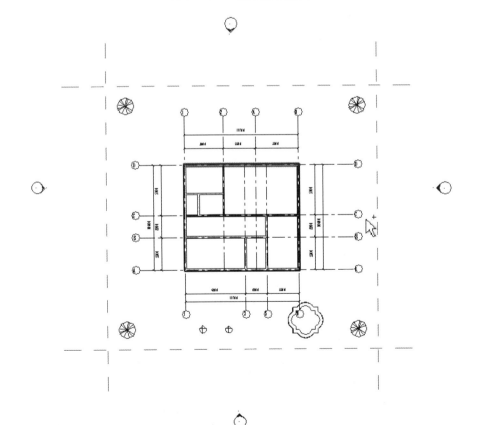

图 2.2.10 一层内外墙体的三维模型

Step 03 双击项目浏览器>【楼层平面】中的"3.260",进入二层楼层平面绘图区域，绘制二楼的外墙和内墙，可以看到在二层楼层平面中，一楼的构件——墙体为虚线状态显示，这是因为在左边的【属性】面板中，基线范围底部的标高是±0.000，对于3.260 m的楼层平面来说，其所在的基线是比它低一层的±0.000 m的高度，切换到二层民居项目图纸中，可以看到二层平面布置图（图2.2.11）中右上角的位置中并没有外墙，替代墙体的是栏杆扶手，即在二层平面上，该位置为休息平台，因而二楼的建筑面积整体变小。

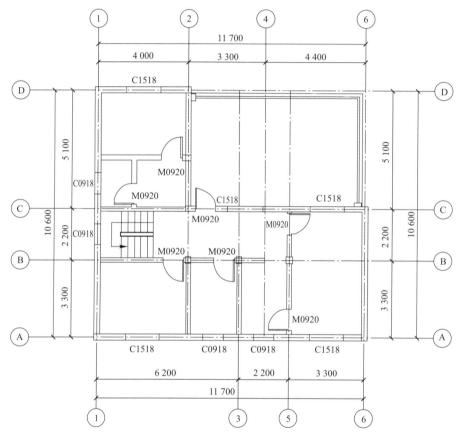

图2.2.11 二层平面布置图

Step 04 对于外墙的平面位置，根据二层平面布置图，在Revit软件中，单击【建筑墙】命令，在左边的【类型选择器】中，选择【外墙240 mm】，确保左边的【属性】面板中的各个参数设置为：【定位线】>【墙中心线】以及【底部约束】>"3.260 m"，直到【顶部约束】>"6.460 m"的位置，用【直线】命令来绘制外墙，然后，依照二层平面图纸绘制内墙，单击【建筑墙】命令，在左边的【属性】面板中切换到【内墙200 mm】，确保底部约束和顶部约束以及定位线全部正确后，依据内墙平面图来绘制内墙，绘制完成后，检查二楼墙体是否全部布置完毕，单击快速访问工具栏中的【小房子】按钮，切换到三维视图中，至此，一层和二层的墙体模型已经全部绘制完成，如图2.2.12所示。

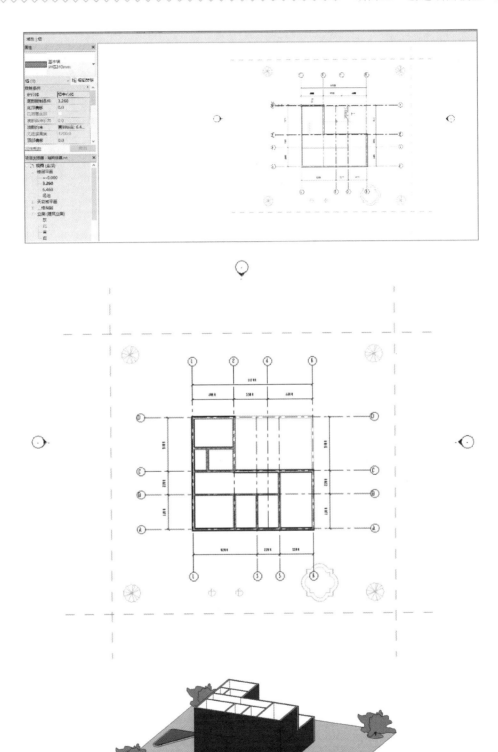

图 2.2.12 二层民居项目墙体模型

3. 墙饰条创建

墙饰条是依附于墙体的一些装饰性构件，可做墙面造型装饰线，起美化修饰墙体作用，木线条是最为常见的墙面装饰条之一，应用非常广泛。

图 2.2.13 所示为二层民居项目墙饰条三维模型示意图，图中墙根部位突出部分便是墙饰条，一层、二层的墙体内外立面都布置有墙饰条，起到美化作用。

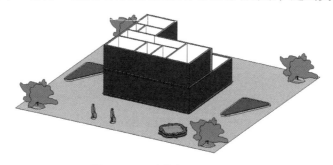

图 2.2.13　墙饰条三维模型图

从图 2.2.13 中可以看出，二层民居项目图纸的内外墙体所布置的墙饰条在样式和高度上有所差别。本任务主要是在 Revit 软件中创建墙体的墙饰条。

墙饰条的创建方法有两种：第一种是添加墙饰条的方法，是通过在墙体的类型属性中添加墙饰条参数，这种方法添加的墙饰条是墙体的类型参数，只要绘制墙体时选择这一类的墙体，绘制出来的模型都带有同一类型的墙饰条线性构件，该命令是在【墙】下选择【建筑墙】，打开【类型属性】对话框，单击【编辑】按钮，在【编辑部件】对话框中，单击【修改垂直结构】下的【墙饰条】按钮，并且【修改垂直结构】下【墙饰条】的按钮被激活的前提是，左边的视图必须且仅限于剖面预览图中，如图 2.2.14 所示。

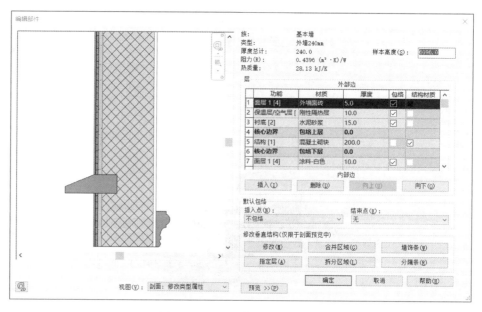

图 2.2.14　墙饰条创建设置属性

Step 01　　根据二层民居项目图纸可以看到，墙体的内部边和外部边分别添加有不同类型的墙饰条，左边是外立面的墙边，右边是内立面的墙边，墙饰条的样式以及高度都不同，运用第一种方法在 Revit 软件中进行墙饰条的添加，打开创建好墙体的项目模型，在【建筑】选项卡下单击【墙】命令，在【墙】的下拉三角中单击【建筑墙】按钮，激活左边【属性】面板的【基本墙】下的【类型选择器】，【属性】面板中显示的是基本墙【内墙 200 mm】，二层民居项目图纸中所要添加的【墙饰条】在外墙中，单击【类型选择器】的下拉三角，找到【外墙 240 mm】，单击【编辑类型】按钮，在【类型属性】对话框中，看到在类型参数中有【结构】选项栏，单击【结构】后的【编辑】按钮，打开【编辑部件】对话框，在【修改垂直结构】下有【墙饰条】按钮，但是该按钮需在剖面预览图中使用，而现在所在的位置是楼层平面，单击下拉三角，单击剖面视图切换到剖面预览图中，这时激活【墙饰条】命令被激活，单击【墙饰条】按钮，打开【墙饰条】对话框，如图 2.2.15 所示。

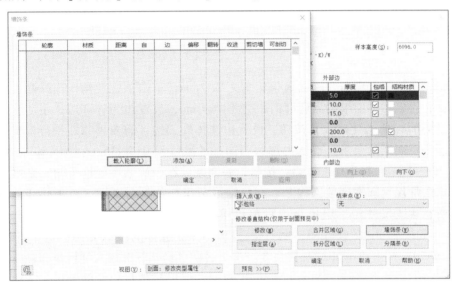

图 2.2.15　【墙饰条】对话框

Step 02　　根据二层民居项目图纸中的要求，需要给墙体添加两个【墙饰条】，分别是在墙体的外部边来添加【墙饰条】，轮廓是用窗台预制厚度为 200 mm 的轮廓，距离墙底边的高度是 200 mm；在墙体的内部边也添加一个轮廓，该轮廓为腰线 135 mm×54 mm 的墙饰条。在 Revit 软件中单击【添加】命令，添加一行新的【墙饰条】命令，单击"轮廓"的下拉三角，发现只有一种轮廓（槽钢轮廓），并没有二层民居项目图纸中所涉及的轮廓，单击【载入轮廓】按钮，在打开的族库中，可以看到墙饰条属于【轮廓】文件夹，双击【轮廓】文件夹，在【专项轮廓中】找到墙饰条，打开墙饰条，可以看到墙饰条所有轮廓类型，根据图纸中的要求，窗台预制宽度为 200 mm、腰线为 135 mm×54 mm。在 Revit 软件中，第三个是窗台预制，也是墙体外立面中所要添加的墙饰条轮廓，如图 2.2.16 所示。

Step 03　　对于墙体内立面所添加的轮廓，在墙饰条轮廓族中并未体现，先选中【墙-窗台预制】选项，单击【打开】按钮，这时窗台预制轮廓载入该项目的墙

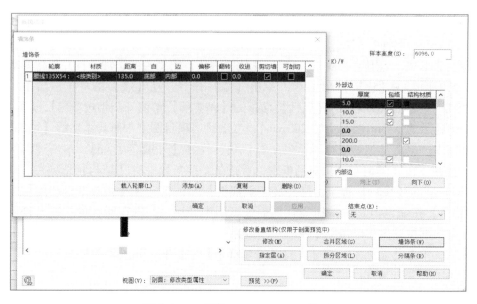

图 2.2.16 腰线 135 mm×45 mm 设置

饰条中，二层民居项目要求墙饰条轮廓为 200 mm，单击下拉三角，选择第二种窗台预制，看到图中要求的离底部的距离是 200 mm，放置边为外部边，手动输入距离 "200.0"，单击【确认】按钮，放置边选择外部边，需要再添加一行，根据二层民居项目图纸的要求，看到内部边墙饰条的腰线尺寸为 135 mm×54 mm，切换到 Revit 软件中，单击【载入轮廓】按钮，墙饰条族在轮廓族中，这个轮廓是常规轮廓，单击常规轮廓找到装饰线条，在装饰线条里面的最后一项，单击腰线，可以看到所有腰线尺寸。二层民居项目图纸中内墙的墙饰条的轮廓为腰线 135 mm×54 mm，切换到 Revit 软件中，倒数第三个是所要选择的腰线轮廓，选中【腰线135 mm×54 mm】，单击【打开】命令。这个时候已经把轮廓载入项目中，在轮廓的下拉三角中，选择腰线 135 mm×54 mm，根据二层民居项目图纸的要求，离地面的距离是 135 mm，因为腰线的高度是 135 mm，内墙的墙饰条需紧挨地面。选择边为内部边，手动输入 "135.0"，单击下拉三角，选择内部边，如图 2.2.17 所示。

Step 04 此时墙体的墙饰条参数已经全部添加完毕，单击【应用】按钮，在左边的预览图中，可以看到墙饰条的三维模型预览图，单击【确定】按钮，内外墙体的墙饰条已经全部添加完成。这种方法添加的墙饰条，属于类型参数，会在所用到的外墙墙体中均体现这种样式的墙饰条，最后单击【确定】按钮完成。可以看到在墙体的三维模型中，直接显示出墙饰条，这是墙体模型中的外立面的显示，轮廓为【窗台预制】；外墙内立面的显示，墙饰条的轮廓样式为【腰线】。

4. 幕墙网格与竖梃的设置

在 Revit 软件中，创建的幕墙为建筑幕墙，如图 2.2.18 所示。在 Revit 软件中幕墙嵌板、幕墙网格和幕墙竖梃共同构成幕墙。幕墙嵌板是构成幕墙的基本单元，幕墙由一块或多块幕墙嵌板组成，幕墙网格的间距决定了幕墙嵌板的大小及数量，幕墙竖梃也称幕墙龙骨，是沿幕墙网格生成的线性构件。

幕墙网格与
竖梃的设置

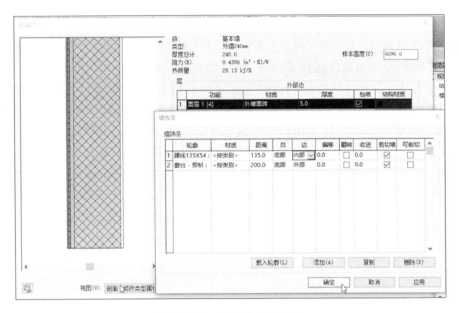

图 2.2.17　墙饰条设置属性

Step 01　打开 Revit 软件，通过【类型参数】来添加【幕墙竖梃】，在【建筑】>【构建】>【墙】命令中，单击【建筑：墙】，左边【属性】面板中默认被激活的是【基本墙】，单击【类型选择器】的下拉三角，看到在最后一种类型中为【幕墙】，分为【幕墙】【外部玻璃】【店面】三种类型，这三种类型的主要区别在于网格及竖梃的间距和形式不同，如图 2.2.19 所示。

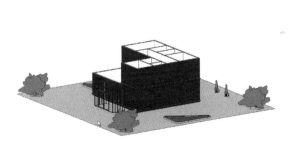

图 2.2.18　幕墙模型图　　　　　　　　　　图 2.2.19　幕墙类型

Step 02 选择【幕墙】命令，单击【编辑类型】按钮，在【类型属性】对话框中有【垂直网格】【水平网格】【垂直竖梃】【水平竖梃】的参数添加框，默认的垂直水平网格及竖梃属性选择都为【无】，如图2.2.20所示，单击【确定】按钮，绘制一面幕墙，左边【属性】面板中【底部约束】为"标高1"，【顶部约束】为"未连接"，高度为8 m，选择【直线】命令，从左往右绘制一面长度为8 m、高度为8 m的幕墙，单击【取消】按钮退出绘制【幕墙】命令，单击快速访问工具栏中的【小房子】按钮，打开幕墙的三维模型，此时幕墙中并没有网格及竖梃，单击【编辑类型】按钮，可以看到垂直与水平网格以及垂直于水平竖梃都显示的是【无】，所以在图形中，创建的幕墙并没有竖梃及网格，只有边界线，如图2.2.21所示。

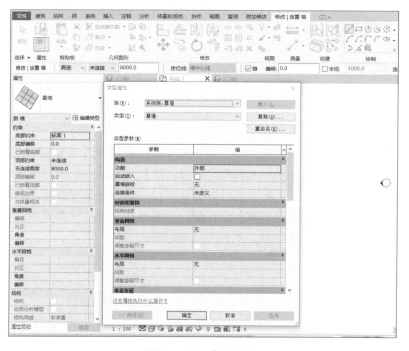

图2.2.20　幕墙属性

Step 03 现在进行网格和竖梃的添加，即通过添加【类型参数】给幕墙添加网格及竖梃，在【垂直网格】选项中，单击下拉三角，选择【最小间距】>1 500 mm，在【水平网格】选项中，单击下拉三角，选择【最大间距】>3 000 mm，虽然幕墙长度为8 000 mm，除以3 000不能除尽，但是选择最大和最小间距的好处是可以均分网格，使其相对均等，比较匀称。网格设置完毕后，进行竖梃的布置，竖梃包含【内部类型】以及【边界1类型】【边界2类型】等参数。【边界1类型】【边界2类型】对于【水平竖梃】主要是左边界和右边

图2.2.21　幕墙模型

界，对于【垂直竖梃】主要是上边界和下边界；【内部类型】是在内部网格上添加
竖梃，如图 2.2.22 所示。

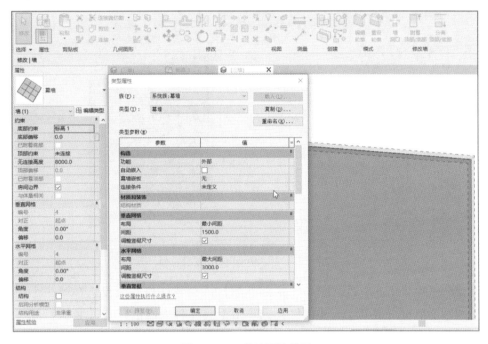

图 2.2.22　幕墙网格设置

Step 04　接下来设置【垂直竖梃】，单击下拉三角，将【内部类型】【边界
1 类型】【边界 2 类型】等参数都选择【圆形竖梃：50 mm 半径】类型。同样进行
【水平竖梃】的设置，将【内部类型】设置为【矩形竖梃：30 mm 正方形】类型，
【边界 1 类型】【边界 2 类型】则选择尺寸相对较大的【矩形竖梃：50 mm×
150 mm】类型。设置完成后，单击【应用】按钮，可以看到左边图形框中，出现
相对比较均等的网格及竖梃的布置，然后单击【确定】按钮，关闭【类型属性】
对话框，滚动鼠标滚轮，将模型放大，可以
发现在竖向网格上，边界 1、2 和内部类型
都布置的是半径 50 mm 的圆形竖梃。而在横
向网格上，内部竖梃的形式为边长 30 mm 的
正方形尺寸，边界处的竖梃布置的是 50 mm×
150 mm 的竖梃，这是通过类型参数来添加网
格及竖梃的方法，结果如图 2.2.23 所示。

Step 05　接下来选择项目浏览器>"标
高 1"楼层平面，单击【建筑墙】命令，激
活相同类型幕墙的绘制，保持同一类型不变，
继续绘制长度为 6 900 mm、高度为 8 000 mm
的幕墙，单击【取消】按钮退出【幕墙】绘
制命令，单击快速访问工具栏中【小房子】

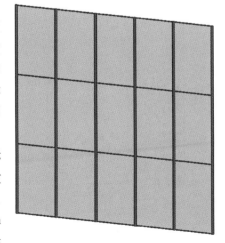

图 2.2.23　幕墙网格竖梃设置

按钮，可以看到绘制的幕墙自带网格和竖梃，类型为先前所创建的类型，如图 2.2.24 所示。

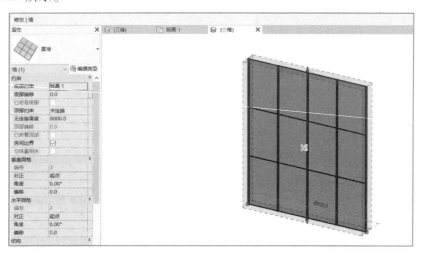

图 2.2.24 6900 mm 长的幕墙绘制

Step 06 接下来通过添加【实例参数】来创建网格及竖梃，在第一个实例中，可以看到在【建筑】>【构件】选项卡下有【幕墙网格】和【竖梃】相关命令，单击【幕墙网格】命令，激活【修改│放置 幕墙网格】选项卡，【放置】选项栏中第一个命令默认的是【全部分段】网格，将鼠标指针放在幕墙边界线上，可以添加一个网格。第二个命令是【一段】网格，可直接添加一段网格。可以看到添加出来的网格和竖梃非常直观，直接放置即可。因此可以在相同类型的幕墙中添加一些个性化的网格及竖梃，如图 2.2.25 所示。

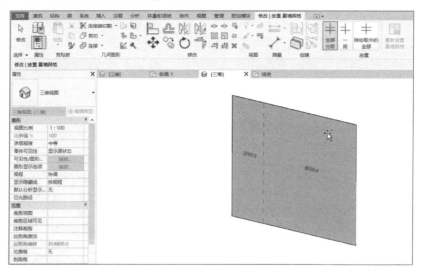

图 2.2.25 实例网格添加

此外，幕墙与墙体在同一位置布置时，可选择【编辑类型】>【构造】>【自动嵌入】墙体的功能。单击快速访问工具栏中的【小房子】按钮，可以看到，在幕墙上创建有墙体，但是幕墙被覆盖，将鼠标指针移动到墙体上时，会看到有幕墙虚线框，单击鼠标左键，选中幕墙，左边的【属性】面板显示幕墙的属性，在【类型属性】对话框中，将【构造】下的【自动嵌入】功能进行勾选，单击【确定】按钮，使所建幕墙自动嵌入墙体中，如图 2.2.26 所示。

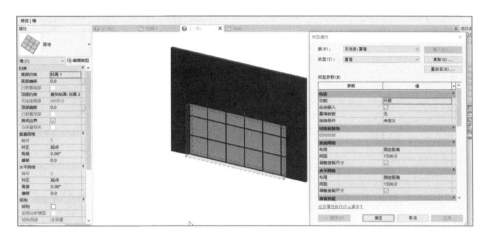

图 2.2.26 幕墙嵌入

5. 幕墙创建与编辑

从二层民居项目图纸的一层平面图中可以看出，本项目的幕墙在靠近项目北立面位置，由左右两扇幕墙 3 和靠近北立面一扇幕墙 2 组成。并且幕墙 2 总长度为 3 300 mm，幕墙 3 为两面竖向布置，距北立面入户门 M1524 洞口边的尺寸为 1 650 mm，距建筑外墙的距离为 2 070 mm。

Step 01 打开所绘制的二层民居项目的建筑墙三维模型，可以看到中间绘图区域所显示的是一层和二层的建筑墙体模型，通过右边项目浏览器控制中间的绘图区域，双击【楼层平面】>"±0.000"，将中间绘图区域转换到"±0.000"楼层平面处，根据二层民居项目图纸来绘制幕墙 3，即水平幕墙这一面幕墙，从图中可以看到这扇幕墙距建筑外墙的外立面的相对距离为 2 070 mm，距②轴网向左方的距离为 760 mm，幕墙总长度为 4 799 mm，如图 2.2.27 所示。

▷ 微课

幕墙创建与
编辑

Step 02 在 Revit 软件绘图区域中，根据二层民居项目图纸关于幕墙实例属性的图纸中可以看出，幕墙的底部约束从"±0.000"的位置一直到楼层平面"3.260"，底部及顶部偏移为 -450 mm。在 Revit 软件中，完成幕墙绘制前，需要在左边【属性】面板中【底部偏移】处输入"-450.0"，【顶部偏移】处输入"-450.0"，单击快速访问工具栏中的【小房子】的按钮，通过鼠标指针来控制中间绘图区域的模型。在建筑北立面图中，幕墙网格竖向有两根网格线，分别是距边界 1、2 处的距离为 1 000 mm 的位置，横向内部有一根幕墙网格，距离顶部幕墙边界向下 700 mm 的位置。在 Revit 软件中，双击项目浏览器>【北】立面，选中幕墙 2，根据二层民居项目图纸进行幕墙网格添加，主要是通过实例参数的方式进行，在【建筑】>【构件】栏中单击【幕墙网格】按钮，激活【修改│放置 幕墙网格】选项卡，用【全部分段】命令来添加幕墙网格。

 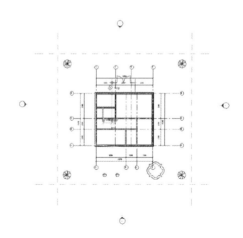

图 2.2.27 幕墙 3 绘制

Step 03 接下来添加横向水平网格，捕捉距幕墙顶部的距离为 700 mm 的位置，单击鼠标左键添加，单击快速访问工具栏中的【小房子】按钮，看到幕墙网格添加完毕。再根据该项目图中幕墙类型参数，进行幕墙嵌板的添加，幕墙嵌板为【门嵌板-双嵌板无框铝门（无横挡）】类型，选中【幕墙 2】，激活左边【属性】面板的显示，单击【编辑类型】>【载入】命令，把【门嵌板-双嵌板无框铝门（无横挡）】的族载入进来，单击【插入】命令，选择【载入族】，打开【载入族】对话框，选择【建筑】>【幕墙】>【门窗嵌板】>【门嵌板-双嵌板无框铝门（无横挡）】命令，单击【打开】按钮，将该门嵌板族载入本项目中，选择刚才绘制的【幕墙 2】，激活左边【属性】面板，单击【编辑类型】按钮，在【幕墙嵌板】的下拉三角中，可以选择刚才载入的【门嵌板-双嵌板无框铝门（无横挡）】类型，单击【应用】按钮，在左边的三维视图中，幕墙嵌板添加完毕，单击【确定】按钮，完成幕墙 2 的绘制。

Step 04 接下来创建二层民居项目图纸中两扇竖向的幕墙，在二层民居项目图纸中的类型是【幕墙 3】，从二层民居项目图纸图中可以看出，【幕墙 3】的实例属性：【底部约束】为"±0.000"的位置，【顶部约束】为"3.260"的位置，【底部偏移】以及【顶部偏移】都为−450 mm。选择项目浏览器，双击【楼层平面】>"±0.000"位置，将中间的绘图区域切换到楼层平面"±0.000"的俯视图中，单击【建筑】>【墙】命令，激活左边【属性】面板【幕墙】的类型，单击【编辑类型】按钮，在【类型属性】对话框中，打开下拉三角，选择【幕墙】系统族，单击【复制】按钮，系统自动命名为"幕墙 3"，单击【确定】按钮，完成幕墙 3 的类型创建，如图 2.2.28 所示，激活【修改|放置 幕墙】选项卡，可以看到左边的【底部约束】【底部偏移】【顶部约束】【顶部偏移】四个参数，自动捕捉到之前幕墙 2 的设置，现在可以绘制幕墙 3，绘制完成后，单击快速访问工具栏中的【小房子】按钮到三维视图中，可以看到两块幕墙 3 已全部创建完成。

Step 05 根据图纸中的要求，幕墙 3 的【类型参数】需要添加一些【垂直网格】（其参数【最大间距】为 500 mm）及【水平网格】（其参数【最小间距】为

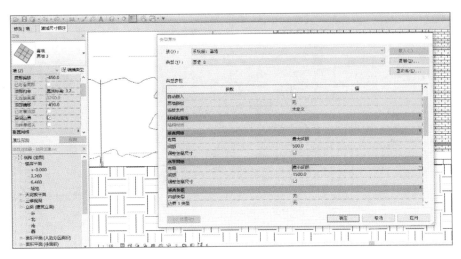

图 2.2.28　幕墙 3 属性设置

1 500 mm），选择任意一面幕墙 3 激活【属性】面板幕墙 3 的参数，单击【编辑类型】按钮，打开【类型属性】对话框，在该对话框中找到【垂直网格】，选择【最大间距】，输入"500.0"，【水平网格】是【最小间距】，输入"1 500.0"。并且【垂直竖梃】中【内部类型】选择是【圆形竖梃：25 mm 半径】，边界 1 和边界 2 处的类型选择是【矩形竖梃：30 mm 正方形】，垂直竖梃设置完毕以后，可以看到图纸中【水平竖梃】中【内部类型】选择的是【圆形竖梃：25 mm 半径】，边界 1、2 处选择的是【矩形竖梃：30 mm 正方形】，与【垂直竖梃】的设置完全相同，单击【应用】按钮，明显看到两扇幕墙 3 已经添加相应的水平网格，垂直网格及水平、垂直竖梃，单击【确定】按钮，完成二层民居项目幕墙模型的创建，如图 2.2.29 所示。

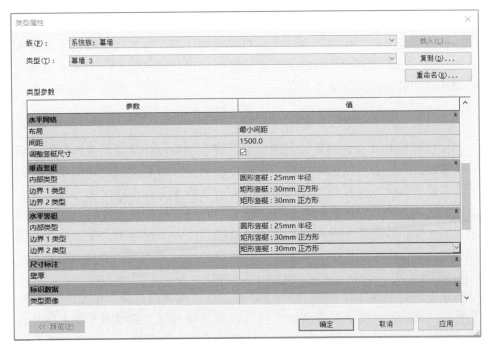

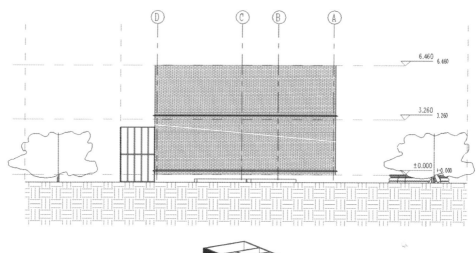

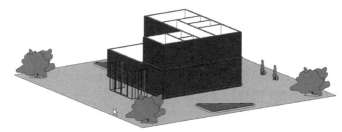

图 2.2.29 幕墙类型属性及创建完成模型

任务 2 结构柱的创建

一、工作任务

本任务主要介绍结构柱的创建。在布置结构柱前，需要确认结构平面视图完整，并在【结构】选项卡中完成。创建二层民居项目的结构柱，主要参照该项目的一层与二层结构柱布置图来完成。

二、相关配套知识

结构设计是 BIM 设计的重要组成部分。建筑结构设计是建筑工程施工过程中的一个重要环节，会直接影响建筑质量和经济消耗。随着建筑结构向更高、跨度更大、荷载更重的方向发展，建筑物中的构造柱将承受越来越大的荷载。通过对地震灾害的调查，人们认识到建筑物承重柱的合理设计是保证建筑物在大地震中不倒塌的关键，特别是在较大的水平剪力及轴向压力的作用下，要求柱子不但应有足够的强度，还应有较好的延性。

1. 柱的概念

柱是建筑物中垂直的主要结构件，承托其上方构件的重量。在我国的建筑中，横梁直柱、柱阵列负责承托梁架结构及其他部分的重量，如屋檐，在主柱与地基间常建有柱基础。另外，也有其他较小的柱，不置于地基之上，而是置于梁架之上，以承托上方构件的重量，再通过梁架结构把重量传至主柱之上。

2. 建筑柱

建筑柱可起到装饰作用，其种类繁多，一般应根据设计要求来选定类型。

3. 结构柱

结构柱的创建适用于钢筋混凝土柱，是承载梁和板等构件的承重构件。在平面视图中，结构柱的截面与墙的截面各自独立。

三、应用案例

1. 结构柱的设置

结构柱是主体框架受力的主要构件，是整个楼的支撑。结构柱把梁上传来的荷载向下传递给基础，是主体受力计算中的主要受力构件。

微课

结构柱的设置

Step 01　结构柱的参数设置，参照二层民居项目图纸，可以看出结构柱选择的类型为混凝土-正方形-柱，截面尺寸为 240 mm×240 mm，首层柱的标高是从底部±0.000 位置，直到顶部标高 3.260 m 的位置，二层的结构柱的标高是从底部 3.260 m 直到顶部标高 6.460 m 的位置处，结构柱的尺寸 $b×h$，即宽乘以高为 240 mm×240 mm，其【底部高度】【底部偏移】【顶部高度】【顶部偏移】四个实例参数根据二层民居项目图纸来进行设置。

Step 02　切换到 Revit 软件中，对 240 mm×240 mm 结构柱进行设置，首先单击【建筑】>【柱】命令，在下拉三角中选择【结构柱】选项，在左边所显示的【属性】面板中，可以看到默认的是工字形结构柱，单击【编辑类型】按钮，单击左下角的【预览】按钮，可以看到工字形结构柱的三维模型，而二层民居项目图纸中的柱子类型要求为混凝土-正方形-柱，切换到 Revit 软件中，在族的类型下拉三角中未发现该柱的类型，需要载入混凝土-正方形-柱族类型，单击【类型属性】>【载入】命令，双击【结构】>【柱】文件夹，找到【混凝土-正方形-柱】族类型，可以看到右边的预览框中显示为混凝土正方形柱三维模型，单击【打开】按钮，将混凝土-正方形-柱族类型载入该项目中，可以看到该类型的混凝土柱的下拉三角中有不同的尺寸，根据二层民居项目图纸中的要求，结构柱的尺寸为 240 mm×240 mm，单击【复制】按钮，重命名为"Z(240×240)"，单击【确定】按钮，结构柱"Z(240×240)"名称新建完成，但是结构柱的相应尺寸 b 和 h 仍然要依次更改为 b=240 mm，h=240 mm，单击【确定】按钮，如图 2.2.30 所示。

Step 03　将混凝土-正方形-柱的类型新建完成后，可以看到左边【属性】面板中并未显示出结构柱的四个实例参数，即【底部标高】【底部约束】【顶部标高】【顶部约束】。因为在选项栏中，结构柱的放置模式默认为【深度】，单击下拉三角，将放置模式改成【高度】，在【高度】后的选项框中，单击下拉三角，该项目一层的柱子默认是从"±0.000"的位置向上进行浇筑，顶部高度显示未连接，默认为 2 500 mm，因而要设置结构柱的实例参数，即结构柱是从±0.000 一直浇筑到 3.260 m，此刻结构柱的实例参数已经设置完成。双击楼层平面"±0.000"，将中间绘图区域切换到平面视图中创建结构柱，单击【建筑】>

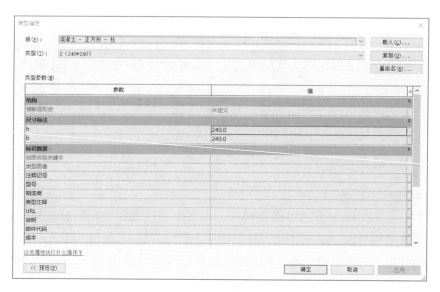

图 2.2.30 结构柱属性设置

【柱】>【结构柱】命令，选择新建的混凝土-正方形-柱 Z（240 mm×240 mm），参照项目图纸，发现混凝土-正方形-柱的默认材质为混凝土-现场浇筑混凝土，而所创建的结构柱模型默认的材质就是二层民居项目图纸中所要求的材质，即混凝土-现场浇筑混凝土，至此结构柱的参数设置完毕，如图 2.2.31 所示。

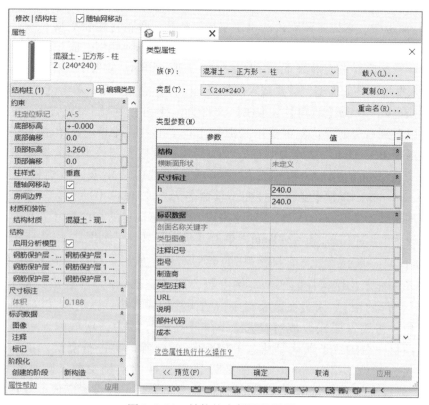

图 2.2.31 结构柱实例属性设置

2. 结构柱的创建与编辑

Step 01　从结构柱的一层平面布置图（图 2.2.32）中可以看出，共有 19 个结构柱，这些结构柱都是在两轴网之间的交点处布置，接下来在 Revit 软件中创建结构柱，打开上节结构柱参数设置完成的模型进行结构柱的创建，选择【建筑】>【柱】>【结构柱】命令，激活【修改｜放置 结构柱】选项卡，在左边的【属性】面板中已经设置好混凝土-正方形-柱的相应参数，从右边项目浏览器可以看出，中间绘图区所在的平面为楼层平面"±0.000"的位置，结构柱是从 ±0.000 向上浇筑，高度直到 3.260 m 的位置，选项栏默认是【垂直柱】，单击【在放置时进行标记】命令，激活该命令，选择【在轴网交点处】放置结构柱。

结构柱的创建与编辑

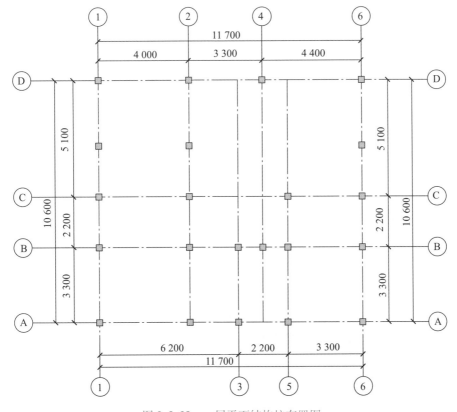

图 2.2.32　一层平面结构柱布置图

Step 02　根据二层民居项目图纸，进行一层结构柱的布置，单击【✔】按钮完成结构柱的创建，按两下 Esc 键取消结构柱的创建命令，至此，一层的结构柱已经全部布置完毕，单击快速访问工具栏中的【小房子】命令，可以查看一层结构柱的三维模型，如图 2.2.33 所示。

Step 03　接下来创建二层平面图中的结构柱，如图 2.2.34 所示，可以看到二层平面图中共有 18 个结构柱，其均在轴网的交点处进行布置，切换到 Revit 软件中，根据二层平面图来创建结构柱，中间的绘图区域所在的楼层平面为 3.260 m，

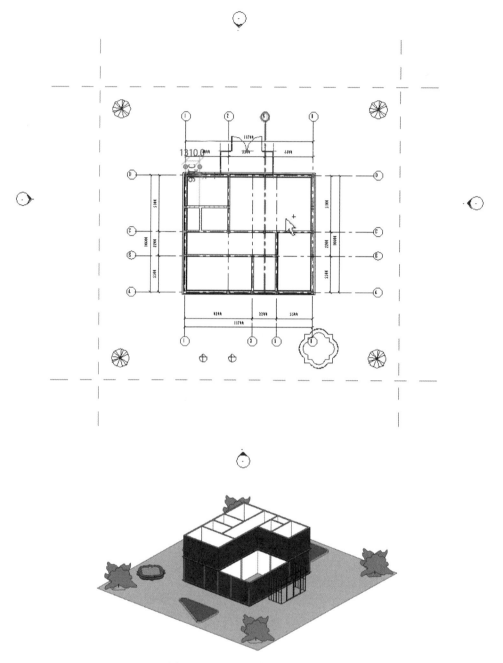

图 2.2.33　一层结构柱模型图

单击【建筑】>【柱】>【结构柱】命令，激活【修改｜放置结构柱】选项卡，选择【在轴网交点处】布置结构柱。

Step 04　参照二层平面图纸，完成结构柱的布置，按两次 Esc 键取消结构柱布置命令，单击快速访问工具栏中的【小房子】按钮，查看二层结构柱模型，如图 2.2.35 所示。

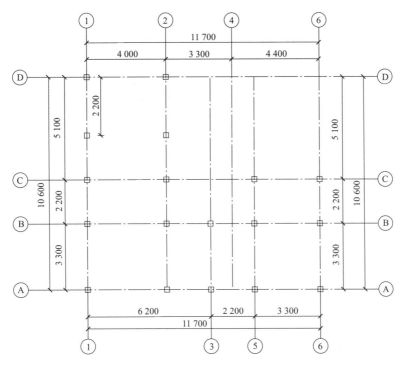

图 2.2.34　二层结构柱平面布置图

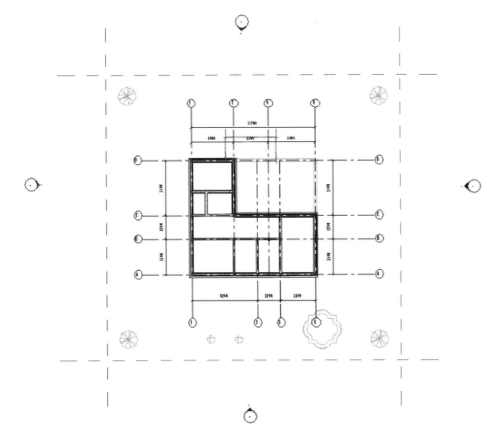

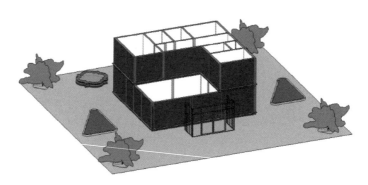

图 2.2.35　二层结构柱模型图

任务 3　结构梁的创建

一、工作任务

在前述章节中，使用结构柱的命令为二层民居项目创建了结构柱的相关模型，本任务将完成二层民居项目中结构梁的模型创建，结构梁的绘制命令在【结构】选项卡中完成。

二、相关配套知识

砌体结构中的钢筋混凝土构件包括圈梁、过梁、墙梁、挑梁和钢梁。不同类型、不同作用、不同尺寸的建筑应采用相应的梁，才能使建筑拥有良好的稳定性与经济性。

梁的创建：Revit 提供梁和梁系统两种创建结构梁的方式。使用梁时必须先载入相关的结构梁的族文件。梁是指通过特定结构梁的族类型属性定义的用于承重的结构框架图元。在绘制梁之前，需要将项目所需要的梁样式族载入当前的项目中，以达到绘制的目的。

三、应用案例

1. 结构梁的设置

梁由支座支承，承受的外力以横向力和剪力为主，以弯曲为主要变形的构件称为梁。梁一般水平放置，用来支撑板并承受板传来的各种竖向荷载和梁的自重，梁和板共同组成建筑的楼面和屋面结构。梁在荷载作用中主要承受弯矩和剪力，有时也承受扭矩。梁承托着建筑物上部构架中的构件及屋面的全部重量，是建筑物上部构架中最重要的组成部分。

Step 01　设置结构梁的属性参数，依据二层民居项目的结构图纸确定结构梁的类型及实例属性，通过参考发现该项目所采用的结构梁为暗梁，暗梁所采用的类型名称设置为预制 - 矩形梁 AL，该项目结构梁的材质为混凝土 - 预制混凝土 - 35 MPa。

Step 02　打开二层民居项目结构柱模型，单击【结构】>【梁】命令，激活【修改|放置梁】选项卡，此时显示的梁的类型为"工字型轻钢梁 H400×400"，单击【编辑类型】按钮，在【类型属性】对话框中，单击【族】类型框的下拉三角，发现只有一种类型的梁，并没有二层民居项目图纸中所要求的预制-矩形梁 AL 类型，需要载入这一类型的梁构件，在【插入】>【载入族】对话框中，结构梁属于结构框架文件夹，双击【结构】>【框架】命令，在打开的对话框中找到所需的材质文件夹，即"预制混凝土"，进入预制混凝土文件夹中，找到"预制-矩形梁"，选中该梁，单击【打开】按钮，将预制-矩形梁载入该项目模型中，根据二层民居项目图纸的要求，梁的尺寸为 b = 200，h = 120 的矩形暗梁，切换到 Revit 软件中，单击【类型选择器】的下拉三角，可以看到所载入梁的全部尺寸，并没有 200 mm×120 mm，在不改变系统族的前提下，需要以 300 mm×600 mm 的梁类型为基础，单击【复制】按钮，在【名称】输入框中输入"AL(200×120)"，单击【确定】按钮，相应地要把类型参数中的 b 和 h 的值改成和名称相一致，b 为 200 mm，h 为 120 mm，最后单击【确定】按钮，完成暗梁类型的设置，对于预制-矩形梁的材质，直接默认为"混凝土-预制混凝土-35 MPa"材质，如图 2.2.36 所示。

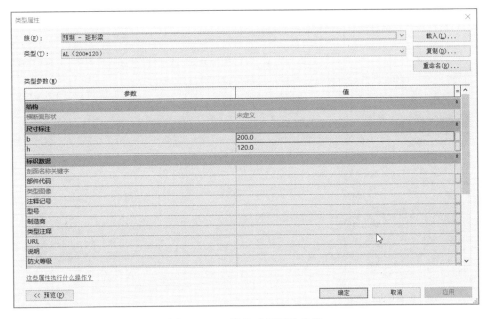

图 2.2.36　结构暗梁属性设置

Step 03　接下来进行预制-矩形梁-暗梁实例参数的设置，参考二层民居项目平面图，可以看到在一层结构中，暗梁的梁顶高度为 3.25 m，在【实例参数】中，【参照标高】选取的是 3.260 m 的位置，【Z 轴偏移值】为 -10 mm，如图 2.2.37 所示。在二层民居项目平面图纸中，二层结构暗梁的顶高度为 6.55 m。因此，暗梁在二层结构的【参照标高】中选取的标高为 6.460 m，【Z 轴偏移值】为 90 mm，如图 2.2.38 所示。

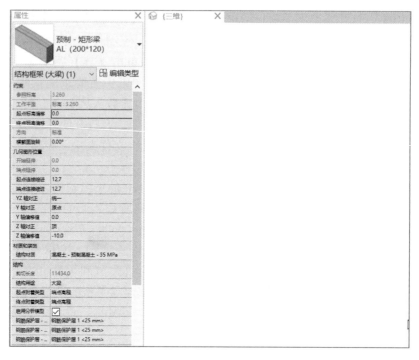

图 2.2.37　一层暗梁实例参数

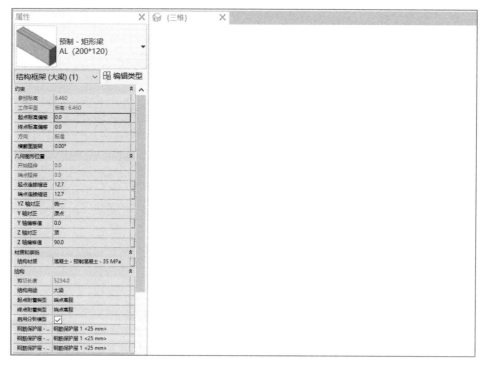

图 2.2.38　二层暗梁实例参数

Step 04　切换到 Revit 软件中，通过项目浏览器控制中间绘图区域，双击【楼层平面】>"3.260 m"转到楼层平面视图，单击【结构】>【梁】命令，激活预制-矩形梁的创建，对于实例参数中【参照标高】处选取 3.260 m，【Z 轴偏移值】为-10 mm，单击【应用】按钮，至此，一层结构的预制-矩形梁-暗梁的实例参数设置完成。同样设置二层结构的矩形梁的实例参数，双击【楼层平面】>"6.460 m"转到平面视图，单击【结构】>【梁】命令，左边【属性】面板激活预制-矩形梁-暗梁的参数，在限制条件中的【参照标高】处选取 6.460 m 的标高，【Z 轴偏移值】输入 90 mm，应保证一层及二层暗梁的参数与二层民居项目图纸中的梁参数设置保持一致。

2. 结构梁的创建与编辑

图 2.2.40 为二层民居项目图纸中一层平面框架结构梁图纸，此外一层与二层结构梁的类型，全部采用预制-矩形梁-暗梁。从二层民居项目图纸一层平面图中可以看出，标高为 3.250 m 处共有九根预制-矩形梁，分别沿轴线居中布置。

Step 01　根据上节设置好的预制-矩形梁类型，在 Revit 软件中直接创建一层结构梁，进入项目浏览器>【楼层平面】>"3.260"楼层平面绘图区域，根据二层民居项目中的一层平面图，单击【结构】>【梁】命令，激活【预制-矩形梁】的绘制，梁的顶高度是 3.250 m，需要在【Z 轴偏移值】手动输入-10 mm，实例参数已在上节内容设置完成。

Step 02　根据二层民居项目图纸图进行结构梁的绘制，单击【结构】>【梁】命令，绘制结构梁构件，通过【直线】命令创建矩形梁，一层结构的预制-矩形暗梁全部绘制完成后如图 2.2.39 所示。

微课

梁的创建与编辑

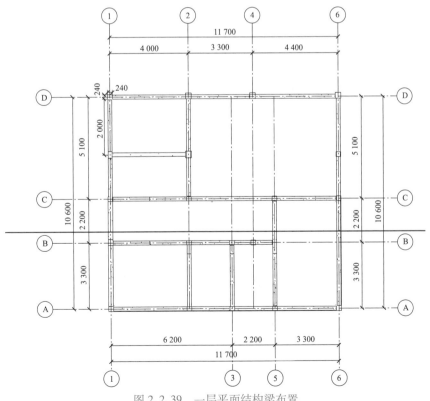

图 2.2.39　一层平面结构梁布置

Step 03   接下来绘制二层平面图（图 2.2.40）中的预制–矩形梁，从图中可以看出，二层共有六根矩形梁构件，其顶标高为 6.550 m，切换到 Revit 软件中，双击【楼层平面】>"6.460"标高转到平面视图，单击【结构】>【梁】命令，绘制结构梁构件，激活预制–矩形梁的创建，梁的顶高度为 6.550 m，二层结构底部高度为 6.460 m，绘制的结构梁顶部标高为 6.460 m，因此应在【Z 轴偏移值】中输入 90 mm，表示向上偏移 90 mm，单击【应用】按钮，再单击【确定】按钮。

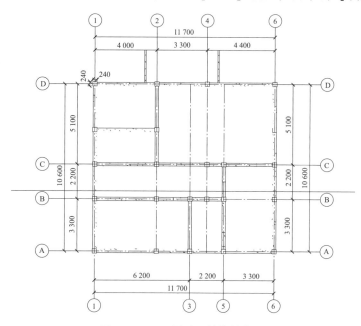

图 2.2.40   二层平面结构梁布置

Step 04   根据图 2.2.40 二层平面结构梁布置图来绘制二层结构的梁构件，如图 2.2.41 所示。至此，二层民居项目图纸中一层和二层的预制–矩形梁构件已经全部创建完毕。

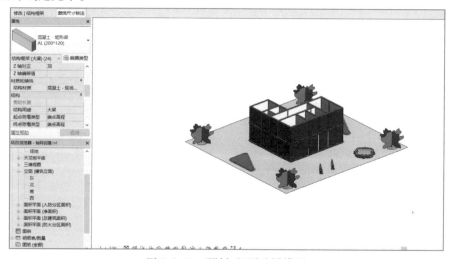

图 2.2.41   预制–矩形暗梁模型

任务 4　门窗的创建

一、工作任务

在完成建筑墙、结构柱与结构梁的布置后，可以开始进行二层民居项目中门窗的布置，主要涉及门窗族的载入、门窗类型的选择及门窗的定位，即门窗在轴网中的位置及窗的底高度的设置，本任务主要完成二层民居门窗的建模，在【建筑】选项卡，通过【门】与【窗】的命令完成。

二、相关配套知识

门和窗是房屋的重要组成部分。门的主要功能是实现交通出入，分隔与联系建筑空间，并兼有采光和通风的作用；窗主要供采光和通风之用。它们是建筑的围护构件。在 Revit 中，墙是门和窗的承载主体，门和窗可以自动识别墙，并且只能依附于墙存在。删除墙体时，其上的门和窗也将随之删除。门和窗是基于墙体的构件，可以将其添加到任何类型的墙体中；在平、立、剖及三维视图中均可添加门，且门会在自动剪切墙体后进行放置。

门窗是建筑中最常用的构件。在 Revit 中门和窗都是可载入族。在项目中创建门和窗之前，必须将门窗族载入当前项目中。门和窗都是以墙为主体放置的图元，这种依赖于主体图元而存在的构件称为基于主体的构件。在创建门窗的时候会自动在墙上形成剪切洞口，在 Revit 中门窗是依附于墙体的族，所以只有在已有墙体的情况下，才可以创建门窗。

三、应用案例

本任务将在之前所建二层民居项目模型的基础上，根据施工图纸，对一层和二层门窗构件进行绘制。图 2.2.42 所示为二层民居项目一层门窗平面图，从图中可以看出，一层门构件包含：M0920，共六扇，尺寸为 900 mm×1 200 mm；M1524 共一扇，尺寸为 1 500 mm×2 400 mm。一层窗构件包含：C1518，共四扇，尺寸为 1 500 mm×1 800 mm；C0918 共四扇，尺寸为 900 mm×1 800 mm。图 2.2.43 与图 2.2.44 分别为二层民居项目图纸的北立面图和南立面图，从南北立面图可以看出：C1518 样式为推拉窗 2-带贴面；C0918 样式为上下推拉窗 1；M0920 样式为单嵌板木门 3；M1524 样式为双面嵌板格栅门 1。

微课

门窗构件的
创建

Step 01　在 Revit 软件中创建一层平面门窗构件，打开二层民居项目图纸，根据南北立面图进行载入门窗的类型，在【建筑】选项卡下，单击【窗】命令，左边【属性】面板显示为"固定：0915 mm×1 220 mm"的窗属性，单击【编辑类型】按钮，单击【载入】按钮，在打开载入的对话框中，双击【建筑】>【窗】文件夹，找到 C1518 类型为"推拉窗 2-带贴面"，属于"普通窗-推拉窗"，找到相同类型的窗构件，单击【打开】按钮。在新载入的"推拉窗 2-带贴面"中的【类型选择器】中单击【复制】按钮，输入名称为"C1518"，在相应的"尺寸标注"栏，输入"宽度"

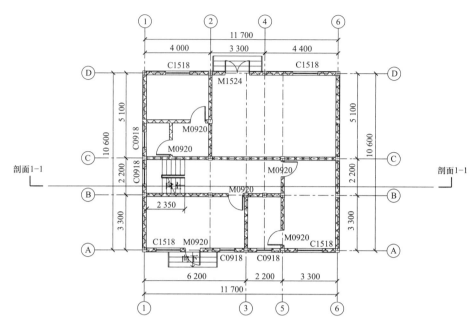

图 2.2.42　一层平面门窗布置图

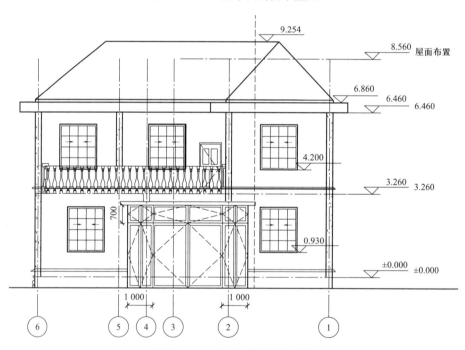

图 2.2.43　北立面门窗布置图

为 1 500 mm，"高度"为 1 800 mm，将下方的【类型标记】修改为改成"C1518"，单击【确定】按钮，完成 C1518 窗类型载入，根据图纸中平面位置来放置窗构件，C1518 共四扇，分别在北立面图中的①轴、②轴以及④轴、⑥轴之间各一扇，南立面图中的①轴、③轴以及⑤轴、⑥轴之间各一扇，未标注的尺寸不做要求，如图 2.2.45 所示。

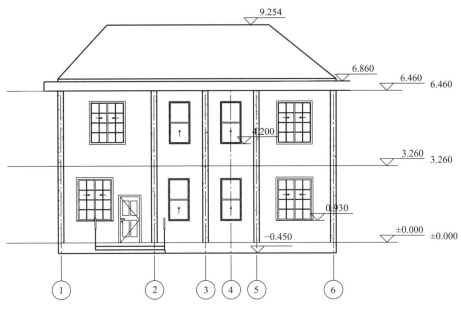

图 2.2.44　南立面门窗布置图

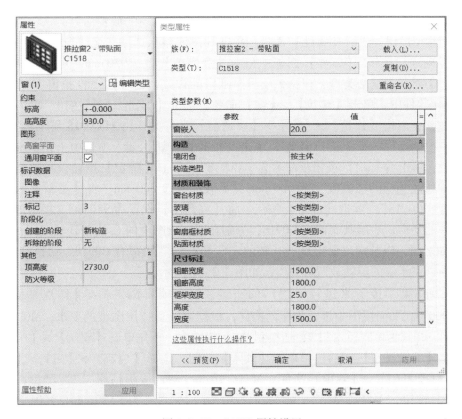

图 2.2.45　C1518 属性设置

Step 02　切换到 Revit 软件中，激活【在放置时进行标记】命令，找到临时
尺寸标注，临时尺寸标记的是距墙的距离，单击【管理】选项卡，在【其他设置】

下拉菜单中，选择【临时尺寸标注】，打开【临时尺寸标注属性】对话框，选择【墙】>【中心线】作为临时尺寸标记的捕捉点，并设置【门和窗】>【洞口】作为临时尺寸标记的捕捉点，单击【确定】按钮，如图2.2.46所示。

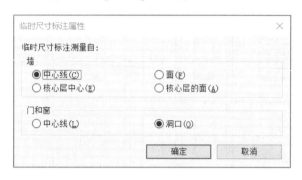

图2.2.46　临时尺寸标注设置

Step 03　接下来进行放置窗，临时尺寸会捕捉到距①轴网的距离，在此基础上放置C1518以及④轴、⑥轴之间，⑤轴和⑥轴之间、①轴和③轴之间的C1518。再根据该项目图纸中的要求设置窗的底高度，从北立面图可以看到，一层窗的底高度均为930 mm。切换到Revit软件中，按Esc键取消窗的放置命令，选中刚才布置的四扇C1518，激活【属性】面板，单击【过滤器】选项并把【窗标记】勾掉，单击【确定】按钮。【属性】面板中窗的【底高度】改成930 mm。对于C0918四扇窗，需要载入窗的类型，根据该项目图纸中的样式，为"上下推拉窗1"，切换到Revit软件中，单击【建筑】>【窗】命令，单击【编辑类型】按钮，单击【载入】按钮，双击【建筑】>【窗】>【普通窗】文件夹，由于C0918属于推拉窗，在推拉窗中选择"上下推拉窗1"，单击【打开】按钮，载入项目中，在系统族的基础上，单击【复制】按钮重命名为"C0918"，单击【确定】按钮，在"尺寸标注"中修改相应的"宽度"为900 mm、"高度"为1 800 mm，将【类型标记】名称改为"C0918"，单击【确定】按钮。将【底高度】设置为930 mm，根据该项目图纸中的要求，一层共有四扇C0918，分别在西立面图中的C轴和D轴之间，B轴和C轴之间，以及南立面中靠近③轴的左侧和右侧之间都有C0918。切换到Revit软件中，在相应的位置放置C0918，如图2.2.47所示。

Step 04　接下来进行一层门的布置，双击项目浏览器>【楼层平面】>"±0.000"到平面视图中进行创建门构件，根据该项目一层图纸的要求，M0920共有六扇，样式为单嵌板木门3；切换到Revit软件中，首先单击【建筑】>【门】命令，在【编辑类型】对话框中单击【载入】按钮，选择【建筑】>【门】>【普通门】>【平开门】>【双扇】文件夹打开，选择"双面嵌板格栅门1"类型，单击【打开】按钮，入户门M1524为双面嵌板格栅门1，尺寸为1 500 mm×2 400 mm，完成M1524门类型创建，如图2.2.48所示。根据一层平面布置图，布置门构件，切换到Revit软件中，单击【编辑类型】按钮，在【载入】对话框中，载入族库中的"单嵌板木门3"，选择【建筑】>【门】>【普通门】>【平开门】>【单扇】文件夹打开，选择"单嵌板木门3"，找到并载入本项目中，单击【复制】按钮，

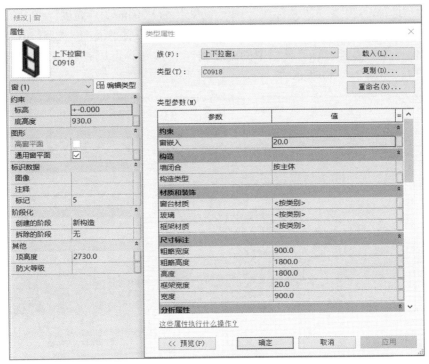

图 2.2.47　C0918 属性设置

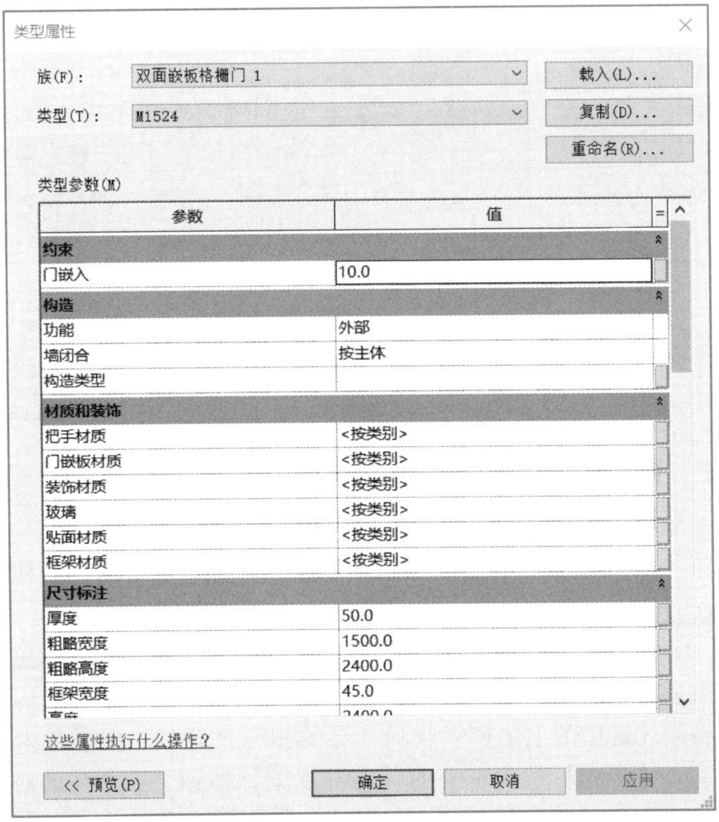

图 2.2.48　M1524 属性设置

【名称】为"M0920","尺寸标注"中"宽度"为 900 mm,"高度"为 2 000 mm,【类型标记】为"M0920",如图 2.2.49 所示。根据一层平面图,放置一层结构的门窗构件,单击快速访问工具栏中的【小房子】按钮,可以查看一层结构的门窗三维模型,如图 2.2.50 所示。

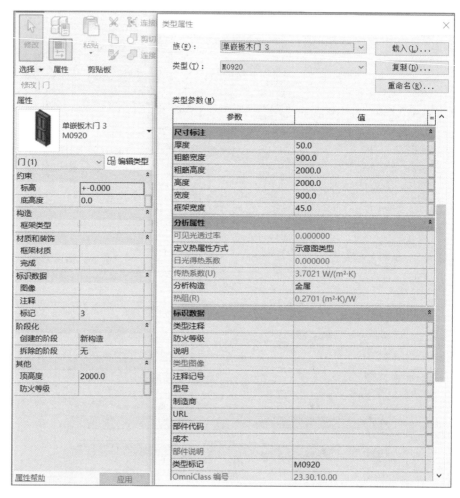

图 2.2.49 M0920 属性设置

Step 05 从二层平面图(图 2.2.51)可以看出,四扇 C0918 类型窗与一层窗平面位置完全相同,C1518 类型窗与一层窗的平面位置有三面是重合的,分别是北立面的①轴、②轴之间,以及南立面的两扇窗。单击【复制】按钮,将一层与二层相同位置的窗复制到二层中,在"±0.000"的楼层平面中,选中四扇 C0918窗和三扇 C1518 窗,单击【复制到粘贴板】按钮,在【粘贴】的下拉三角中选择【与选定的标高对齐】选项,在弹出的对话框中选择"3.260"标高,单击【确定】按钮,将刚才选中的七扇窗复制到二层的相应位置处,但是并未对窗的名称进行标注,单击【注释】选项卡下的【全部标记】按钮,在弹出的对话框中,选择【窗】选项,单击【确定】按钮,将窗的名称全部标记完成。

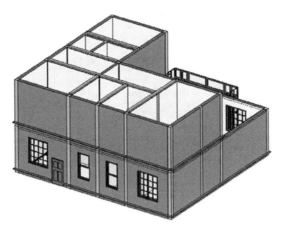

图 2.2.50 一层结构门窗三维模型

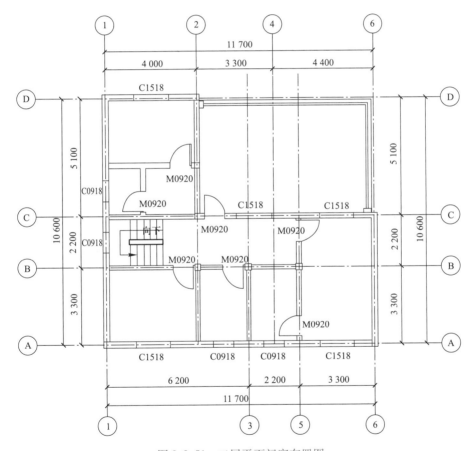

图 2.2.51 二层平面门窗布置图

Step 06 参考图 2.2.51 发现，二层的门构件中，M0920 共七扇，对比一层平面图和二层平面图，其中有五扇门在平面位置处重合。根据该项目二层平面图，布置二层门构件，切换到 Revit 软件中，在相应的位置处布置二层门构件。对于二层窗的底高度，根据西立面图可以看出：二层窗的底高度为 4.2 m，相对于标高 3.260 m，二层窗的底高度为 940 mm，切换到 Revit 软件中，在三维图中单击北立面，点选二层所有构件，激活【过滤器】命令，选择【放弃全部】选项，进而选择六扇窗构件，在【属性】面板中将【底高度】改为940 mm即可。单击快速访问工具栏中的【小房子】按钮，切换到三维视图，如图2.2.52所示。

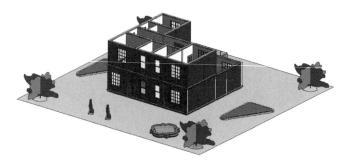

图2.2.52　二层结构门窗模型

任务5　楼地板的创建

一、工作任务

门窗创建完成后，接下来需要进行楼板的绘制，楼板的绘制涉及的知识点主要是结构层的设置及楼地板草图的绘制，绘制完草图便可生成楼板模型，本任务主要是完成二层民居楼板的绘制，主要通过【建筑】选项卡下的【楼板：建筑】命令完成。

二、相关配套知识

楼板一种分隔承重构件。楼板层中的承重部分，将房屋垂直方向分隔为若干层，并把人和家具等竖向荷载及楼板自重通过墙体、梁或柱传给基础。按其所用的材料可分为木楼板、砖拱楼板、钢筋混凝土楼板和钢衬板承重的楼板等几种形式。屋顶为房屋或构筑物外部的顶盖。天花板是对装饰室内屋顶材料的总称。过去传统民居中多以草席、苇席、木板等为主要材料。随着科技的进步，更多的现代建筑材料被应用进来。

1. 楼板的创建

楼板和天花板是建筑物中重要的水平构件，起到划分楼层空间的作用。在Revit中，楼板、天花板和屋顶都属于平面草图绘制构件，这个与之前创建单独构件的绘制方式不同。楼板是系统族，在Revit中提供四个与楼板相关的命令：【楼板：建筑】【楼板：结构】【面楼板】和【楼板：楼板边】。其中，【面楼板】主要在体量里使用，【楼板：楼板边】属于Revit软件中的主体放样构件，是通过在【类型属性】中制定轮廓，再沿楼板边缘放样生成的带状图元，楼板边多用于生成住宅外的小台阶，如图2.2.53所示。

2. 楼板的作用

楼板一般指预制板，是工程要用到的模件或板块，在预制场生产加工成型的

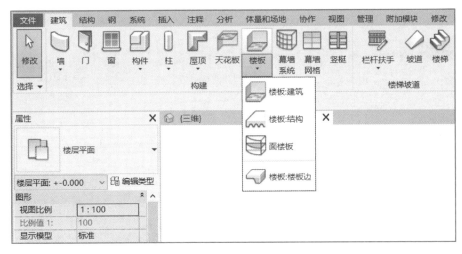

图 2.2.53　楼板命令

混凝土预制件，直接运到施工现场进行安装，所以叫做预制板。

在建筑物中，楼板有两个重要作用：

① 楼层中的楼板主要是承受水平方向的竖直荷载。

② 楼板能在高度方向将建筑物分隔为若干层，起到保温、隔热作用，即维护功能。

三、应用案例

1. 楼地板的草图绘制

Step 01　　根据二层民居项目图纸中的楼板属性信息，在结构层的设置中，可以看出一层楼板厚度为 450 mm，材质为混凝土，打开二层民居项目门窗模型，单击进入【建筑】>【楼板】>【建筑楼板】选项卡，左边【属性】面板被激活，楼板默认类型为【楼板：常规-150 mm】，单击【编辑类型】按钮，在【类型属性】对话框中，单击【复制】按钮，输入"一层楼板 450 mm"，新建楼板类型，在【编辑部件】对话框中，将厚度改为 450 mm，相应的材质设置为"混凝土"，打开材质浏览器，搜索关键词"混凝土"，找到并选中混凝土的材质，单击【确定】按钮，完成楼板类型的设置，如图 2.2.54、图 2.2.55 所示。

Step 02　　接下来，通过楼板创建中的【拾取墙】命令来创建一层的楼板，根据二层民居项目图纸可以看出：一层的楼板顶高度为±0.000，拾取的是外墙体的外边缘，切换到 Revit 软件中，在【拾取墙】的命令下，勾选【延伸到墙中】复选框。依次拾取墙体的外边线，然后单击【完成】按钮，完成一层楼板的创建，单击快速访问工具栏中的【小房子】按钮，在打开的三维模型中可以看到一层楼板模型，如图 2.2.56 所示。

Step 03　　接下来设置二层楼板的参数，根据二层民居项目图纸可以看出，二层楼板的厚度为 300 mm，材质为混凝土，顶部标高为 3.260 m，打开 Revit 软件，双击项目浏览器>【楼层平面】>"3.260"转到平面视图，单击【建筑】>【楼

楼地板的草图绘制

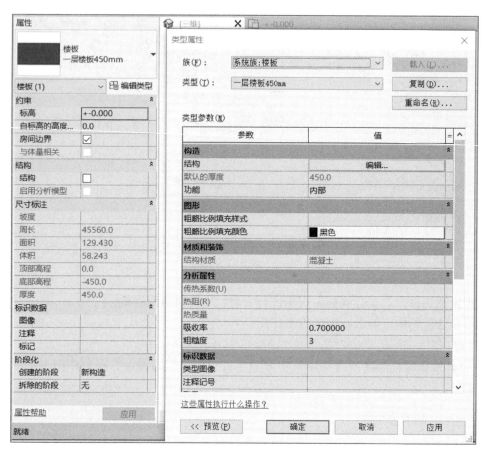

图 2.2.54　450 mm 楼板属性设置

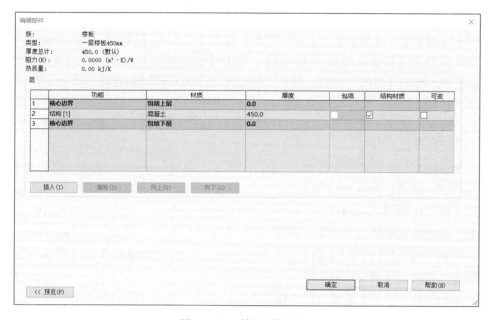

图 2.2.55　楼板属性设置

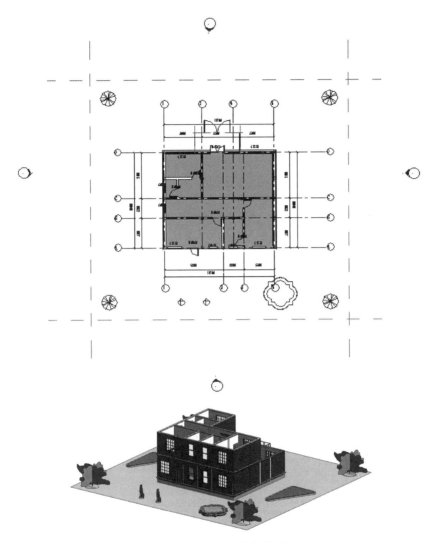

图 2.2.56　一层楼板模型

板】>【建筑楼板】选项卡，激活楼板的绘制，单击【编辑类型】按钮，在一层楼板 450 mm 的基础上【复制】一个新的类型"二层楼板 300 mm"，在【编辑部件】对话框中，将厚度改为 300 mm，材质为"混凝土"，单击【确定】按钮，完成二层楼板的类型定义，如图 2.2.57 和图 2.2.58 所示。二层的楼板的顶高度在 3.260 m 处，拾取的是外墙的内边缘，勾选【延伸到墙中】复选框，以免楼板和墙体发生冲突，依次拾取外墙体的内边缘来生成二楼的楼板边界，形成一个闭合区域，单击【完成】按钮，完成楼板的绘制。在弹出的对话框中提示"是否希望将高达此楼层标高的墙附着于楼层的底部"，为让一层的墙体和二层楼板不产生冲突，需要单击【是】按钮，在弹出的对话框中选择【分离目标】，让一层的墙体向下移动 300 mm 的距离，即为二层楼板的厚度，单击【分离目标】按钮，完成二层楼板的创建，在快速访问工具栏中单击【小房子】按钮，可以看到二层楼板模型全部创建完毕，如图 2.2.59 所示。

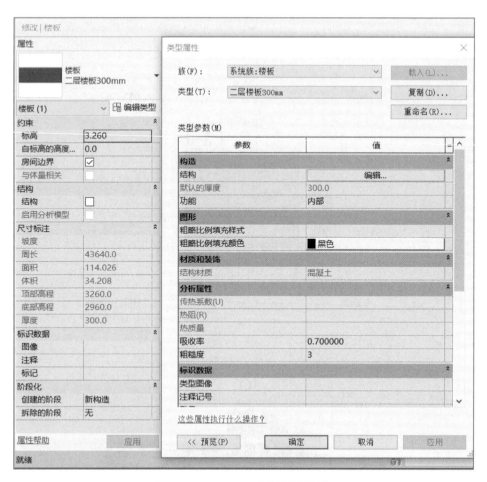

图 2.2.57　300 mm 楼板属性设置

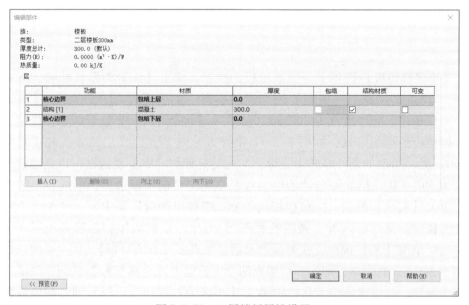

图 2.2.58　二层楼板属性设置

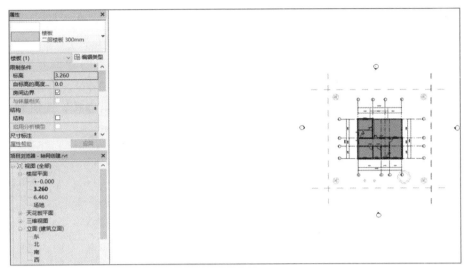

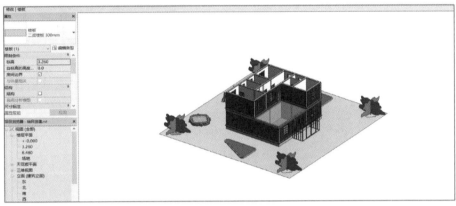

图 2.2.59 二层楼板模型

2. 楼地板的创建与开洞

参考二层民居项目图纸发现，二楼楼板因楼梯构件到达本层，需对其进行开洞。从二层民居项目图纸一层平面图可以看出：楼梯所在的位置为①、②轴网与B/C 轴网之间，楼梯总投影长度离①轴网上外墙的内边界的距离为 2 350 mm，需在二层楼板的相同位置开洞口，以便楼梯的正常使用。

根据上节所绘制的楼板模型，一层楼板中可以拾取一层外墙的外边界来创建楼板模型，因为外墙结构层中有一层 10 mm 厚的红颜色涂料，避免创建的楼板向内缩小 10 mm，需勾选【延伸到墙中】复选框。从二层平面图中可以看到，楼梯从一层到二层，二层楼板中楼梯的位置处需开洞口，这样楼梯才能正常使用。

上节所创建的二层楼板草图中，为避免楼板伸入墙体，出现重复计算工程量的问题，拾取二层外墙的内边界来创建楼板模型，外墙内部边未设置任何功能层，勾选【延伸至墙中】复选框。

楼板洞口创建有两种方法：一是按面创建洞口，可以创建一个垂直于楼板、天花板、屋顶选定面的洞口；二是垂直洞口，可以剪切一个贯穿楼板、天花板、屋顶的洞口。

楼地板的创建与开洞

Step 01 打开 Revit 软件，通过楼板的两种洞口创建方式，在二层楼板处创建洞口，双击项目浏览器>【楼层平面】>"3.260"转换到平面视图中。

Step 02 单击【建筑】>【洞口】>【面洞口】选项，创建洞口命令被激活，左下角会提示，选择屋顶、楼板、天花板的平面来剪切洞口，将鼠标指针放在楼板的边界框中，选中二楼的楼板，激活【修改|创建 洞口边界】选项卡，进入楼板洞口的草图创建模式中，选择【矩形】绘制命令，在相应的①轴、②轴与 B 轴和 C 轴之间创建洞口，放大后，捕捉到矩形洞口的左上角点，然后捕捉到距离为 2 350 mm 的位置，创建完成楼板洞口的草图轮廓后，单击【取消】按钮退出洞口创建命令，至此二层的楼梯洞口创建完成，单击【完成】按钮，完成洞口的创建，在快速访问工具栏中单击【小房子】按钮，显示三维模型，选中二楼的楼板构件，可以看到楼梯处的洞口创建完毕，如图 2.2.60 所示。

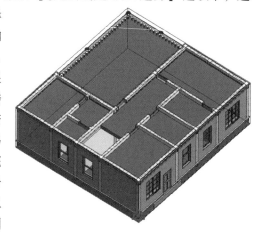

图 2.2.60 二层楼板开洞模型

任务 6 屋顶与老虎窗的创建

一、工作任务

本任务的主要内容是：绘制完成楼板后，便要进行屋顶的绘制及老虎窗的创建。绘制屋顶时，需要参照屋顶平面图进行绘制，绘制完屋顶草图后，需要将坡度参考项目平面图完成定义，定义好坡度后，完成屋顶绘制。然后在屋顶的基础上创建老虎窗，包括屋顶、墙体、天窗，创建完成后，给老虎窗开洞，完成绘制。

二、相关配套知识

屋顶是建筑的重要组成部分，它是房屋最上层起覆盖作用的围护结构。根据屋顶排水坡度的不同，常见的屋顶形式有平屋顶和坡屋顶两大类。坡屋顶具有很好的排水效果。Revit 提供多种屋顶建模工具（如【迹线屋顶】【拉伸屋顶】和【面屋顶】），可以在项目中生成任意形式的屋顶。此外，对于一些特殊造型的屋顶，还可以通过内建模型的工具来创建。与墙类似，屋顶和天花板都属于系统族，可以根据草图轮廓及【类型属性】中定义的结构生成。【迹线屋顶】命令的使用方法与楼板非常相似，不同的是，【迹线屋顶】还允许定义坡度复杂的屋顶。

1. 屋顶的创建与编辑

屋顶是建筑物重要的组成部分，主要起到分流和汇集雨水的作用。在创建时需要参照原图纸，包括立面图和屋顶层平面图等。屋顶是指房屋或者构筑物外部的顶盖，包括支撑屋面的一切必要材料与构造。

2. 迹线屋顶

【迹线屋顶】通过创建建筑迹线定义其边界，通常用于异形构造。

操作要点：

① 打开屋顶所在的楼层平面或天花板投影平面，即在平面上进行绘制。

② 通过编辑每一条迹线坡度来控制改变屋顶或挑檐的形态。

如图 2.2.61 所示：粉色的边界线叫作建筑迹线、小三角为对应的坡度符号。此处涉及坡度的概念，即通常把坡面的铅直高度和水平宽度的比叫作坡度。

图 2.2.61 【迹线屋顶】命令

3. 拉伸屋顶

【拉伸屋顶】通过拉伸【绘制轮廓】来创建，通常用于等截面屋顶的创建。

操作要点：

① 打开屋顶端面所在的立面，绘制"轮廓"来创建屋顶，即在立面上进行绘制。

② 通过编辑屋顶的拉伸起点、拉伸终点及参照标高来控制空间位置和大小，即改变屋顶的形态。

粉红色的样条线是等截面屋顶的断面轮廓，通过拉伸它来创建等截面屋顶，如图 2.2.62 所示。对于拉伸屋顶，不需要使轮廓闭合即可生成屋顶。另外，在绘制拉伸屋顶的轮廓时，要灵活使用参照平面，因为是在端面上绘制【轮廓】，根据建模需要，可利用参照平面随时确定端面位置。

三、应用案例

打开已创建好的二层民居楼板 Revit 模型，创建该项目的屋顶模型。参照二层民居项目图纸，发现该栋建筑的屋顶主要包含雨棚、挑檐、坡面屋顶三部分。

Step 01   创建标高 6.460 位置的挑檐。打开该项目平面设计图，可以看出挑檐的设计尺寸，从轴网向外延伸 720 mm 是挑檐外部边界，其宽度是 600 mm。打开 Revit

图 2.2.62   【拉伸屋顶】命令

模型，切换到相应的标高"6.460"楼层平面。选择【建筑】>【屋顶】>【迹线屋顶】命令，采用【拾取线】工具绘制屋顶迹线，从各轴网向外偏移720 mm，根据该项目图纸中挑檐的位置形状，完成外部轮廓的创建，利用【修剪】命令进一步修正。参照该项目图纸，发现挑檐宽度为600 mm，同样，采用【拾取线】工具，设置【偏移量】为600 mm，即从外轮廓向内偏移600 mm为挑檐的内轮廓，进行【修剪】后，完成挑檐内部轮廓绘制。单击【完成编辑】按钮，根据该项目图纸，挑檐的厚度是从6.460 m到6.860 m标高处，即厚400 mm（0.4 m）。将屋顶类型切换成【400 mm】屋顶，单击三维视图，完成挑檐模型创建，如图2.2.63所示。

图 2.2.63   挑檐模型图

Step 02   创建上部坡面屋顶。打开该项目设计图，发现坡面屋顶的边界线（迹线）都有对应的坡度值，主要有47.1°和38.5°两种。打开Revit模型，找到对应"6.46"标高平面视图。选择【建筑】>【屋顶】>【迹线屋顶】命令进行创建，由于每条迹线上都有坡度，勾选【定义坡度】复选框，利用【拾取线】工具，快速拾取轮廓线；根据该项目图纸来修改对应的坡度值。修改完成后，单击【完成编辑】按钮。切换到三维视图，选中斜面屋顶，将属性栏中【自底部标高】为 -450 mm 的偏移量，修改为 0，不进行偏移，完成二层民居项目顶部斜坡屋面的创建，如图 2.2.64 所示。

图 2.2.64 屋顶模型图

Step 03 创建门口位置雨棚模型。参照该项目设计图纸，首先找到雨棚所在的标高（2.81 m）。打开对应的项目设计平面图，雨棚长度为 5 500 mm、宽度为 3 200 mm，雨棚的一侧与⑤轴重合。打开 Revit 模型，双击 "2.81" 楼层平面，由于该雨棚是一个等截面的结构，可选择【建筑】>【屋顶】>【拉伸屋顶】选项卡创建。

Step 04 拾取工作平面。选择 D 轴、北立面，打开视图，找到相应的标高 2.81 作为参照标高，然后从⑤轴开始，输入其长度 5 500 mm。由于雨棚的宽度为 2 300 mm，所以需要将属性栏中的【拉伸终点】改为 2 300，单击【完成编辑】按钮，发现雨棚的位置刚好向下偏移 125 mm，这时需要在属性栏【标高偏移】处输入厚度值 "125.0"。完成门口雨棚的创建，如图 2.2.65 所示。

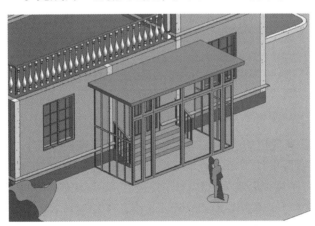

图 2.2.65 门口雨棚模型图

Step 05 老虎窗的创建。老虎窗又称老虎天窗，就是斜屋面上凸出的窗，主要用作房屋顶部的通风和采光。老虎窗的创建过程主要有四个步骤：老虎窗顶部屋顶创建；周边墙体创建；底部洞口创建；前侧天窗安装。

第一步，打开二层民居项目的屋顶 Revit 模型，根据该项目设计图纸，需要在整个建筑物的最南侧斜屋面上添加老虎窗。根据南立面设计图分析，老虎窗的位置在③轴与⑤轴之间，在标高 8.860 m 以下区域。现在绘制老虎窗上部的屋顶，打开 Revit 模型，激活对应的【楼层平面】，即双击【屋面布置】层，通过【建筑】>

老虎窗的创建

【屋顶】>【拉伸屋顶】选项卡，拾取一个工作平面，拾取 A 轴，选择南立面，打开视图，默认标高为 8.860 m 即可，单击【确定】按钮。根据设计图纸，绘制老虎窗顶部屋顶的断面轮廓在③与⑤轴之间，在 8.860 m 标高以下，断面轮廓绘制完成后，单击【完成编辑】按钮。切换到三维视图，发现刚绘制的屋顶过长，再次切换到【屋面布置】平面视图，选中刚绘制的屋顶，进行拖曳，让其稍微短点，下部端面是和大屋顶（主体屋顶）对齐；切换到三维视图，利用【修改】选项卡下面的【连接】命令将老虎窗屋顶与主体屋顶连接起来，首先选择老虎窗屋顶的边线，然后选择主体屋顶相应的坡面。至此，完成老虎窗顶部屋顶的创建，如图 2.2.66 所示。

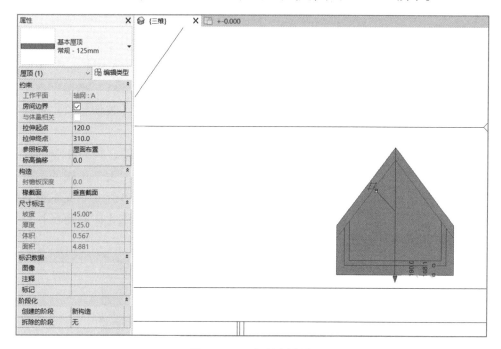

图 2.2.66　老虎窗屋顶

第二步，创建老虎窗周边的墙体。激活对应的【楼层平面】，即双击【屋面布置】层，根据该项目设计图纸，查看老虎窗墙体具体位置，其两侧墙距屋檐的距离没有要求，端部距屋檐距离为 200 mm。切换到 Revit 软件，在【建筑】>【墙】>【墙：建筑】选项卡下，采用默认的 150 mm 墙，在相应位置绘制，选中南侧墙体，通过【临时尺寸】调整距离为 200 mm，按住 Ctrl 键全选后，通过【镜像】命令，完成墙体绘制，然后，再次按住 Ctrl 键，选中所有墙体，调整墙体高度，【底部约束】改为 6.460，【顶部约束】改为屋面布置层。切换到三维视图，发现墙体与老虎窗、主体的屋顶都没有吻合，这时需要先选中刚才创建的这些墙体，选择【附着（顶部/底部）】命令，单击【附着】按钮，顶部选择上部老虎窗屋顶，墙体与顶部的老虎窗屋顶吻合了。此时，观察不到墙体与主体屋顶的连接情况，首先，选中整个建筑物的上部结构，通过【隔离图元】命令隔离，可以清楚地看到它们之间的吻合情况。同样，按住 Ctrl 键，将墙体全部选中之后，单击【附着（顶部/底部）】命令，切换到【底部】，然后选择主体屋顶的斜面，完成老虎窗周边墙体的创建，如图 2.2.67 所示。

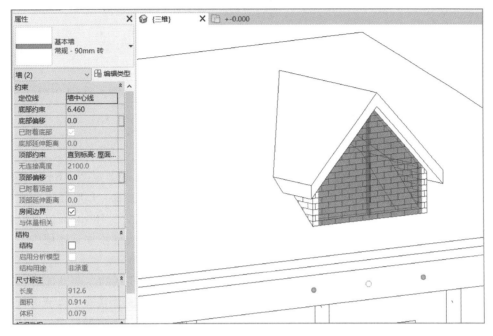

图 2.2.67　老虎窗墙体

第三步，完成老虎窗底部预留洞口的创建。首先，在【建筑】选项卡命令下，单击【老虎窗】命令。这时提示选择一个被老虎窗切割的屋顶，选择对应的主体屋顶。显示【拾取房屋边线】，需要拾取墙体的内侧边线和屋顶的内侧交线。将视图切换为【线框】模式。依次选取墙的内侧边线及两个屋顶的内侧交线，再利用【修剪】命令，依次修剪，形成闭合轮廓，完成后，单击【完成编辑】按钮，切换到【着色】视图模式，完成在主体屋顶上创建老虎窗预留洞口。

第四步，在老虎窗的前侧安装窗户。在【建筑】选项卡下，单击【窗】命令，选用默认的窗类型，直接放置在前侧墙面上，调整窗体位置，切换到【南】立面，通过【临时尺寸约束】修改。切换到三维视图中，完成老虎窗模型创建，如图 2.2.68 所示。

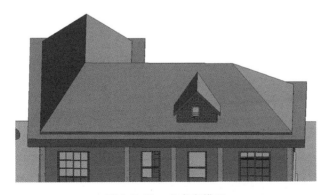

图 2.2.68　老虎窗模型

任务 7   室内楼梯的创建

一、工作任务

本任务将以在二层民居项目中创建楼梯、扶手等构件为例，详细介绍楼梯、扶手构件的创建和编辑方式。

二、相关配套知识

楼梯是建筑设计中一个非常重要的构件，其形式多样，造型复杂。Revit 提供两种专用的创建楼梯的工具，可以快速创建直跑楼梯、U 形楼梯、L 形楼梯和螺旋形楼梯等各种常见楼梯。扶手也是建筑设计中的一个重要构件，Revit 不仅可以将扶手附着到楼梯、坡道和楼板上，而且可以将扶手作为独立构件添加到楼层中。

1. 楼梯的概念与组成

楼梯是建筑中各楼层间的主要交通设施，其除具有交通联系的主要功能外，还是紧急情况下安全疏散的主要通道。设计楼梯时要充分考虑其造型美观、人流通行顺畅、行走舒适、结构坚固及防火安全，同时还应满足施工和经济条件的要求。

楼梯一般由梯段、楼梯平台、扶手 3 部分组成，如图 2.2.69 所示。

梯段又称梯跑，它是楼梯的主要使用和承重部分，是联系两个平台的倾斜构件。梯段通常为板式楼梯，也可以是由踏步板和梯斜梁组成的板式梯段。为减少人们上下楼梯时的疲劳和适应人行走的习惯，梯段的踏步数一般不宜超过 18 级，但也不宜少于 3 级，其原因是梯段的踏步数太多会使人感到疲劳，太少又会不易被人察觉。

楼梯平台是指两梯段之间的水平板，按平台所处位置和标高的不同，楼梯平台有楼层平台和中间平台之分。两楼层之间的平台称为中间平台，其主要作用在于缓解疲劳，让人们在连续上楼时可以在平台上稍加休息，故又称休息平台。与楼层地面标高齐平的平台称为楼层平台，其除有与中间平台相同的作用外，还有分配从楼梯到各楼层人流的作用。

扶手是设在梯段和平台边缘上的安全设施。当梯段的宽度不大时，可只在梯段的临空面设置扶手；当梯段

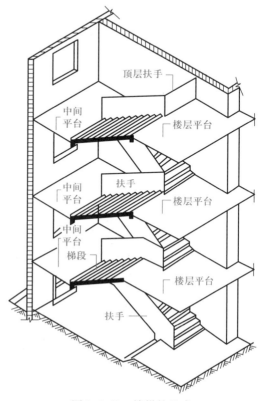

图 2.2.69   楼梯的组成

的宽度较大时，在非临空面也应加设靠墙扶手；当梯段的宽度很大时，则需要在梯段的中间加设中间扶手。

2. 楼梯的创建与编辑

在Revit中楼梯与扶手均为系统族，楼梯主要包括【梯段】和【平台】两部分，楼梯的绘制也分为【按构件】和【按草图】两种方式。建议创建楼梯时使用【按构件】方式，该方式可以直接放置【梯段】和【平台】，并且其在编辑的时候也可以使用【编辑草图】命令。

栏杆扶手可以在绘制楼梯或者坡道等主体时一起创建，也可以直接在平面中绘制路径来创建。

楼梯在建筑中起着连接两个楼层之间的作用，因此在创建楼梯时，要设置好底标高和顶标高等参数，确保正确连接上下层。创建楼梯时，默认自带扶手，也可以删除。

在【属性】面板中需要确定【楼梯类型】【限制条件】和【尺寸标注】三大内容。根据设置的【限制条件】可确定楼梯的高度（1F与2F之间的高度为4 m）。【尺寸标注】可确定楼梯的宽度、所需踢面数及实际踏板深度，通过设定的参数，软件可自动计算出实际的踏步数和踢面高度。

在Revit软件中，楼梯构件的选择至关重要，通常选择【整体浇筑楼梯】。楼梯属性面板中共有五个参数：第一个参数为【底部标高】，【底部标高】是楼梯的底部限制条件；第二个参数为【顶部标高】，它是楼梯顶部的约束条件，包括休息平台的【底部标高】和【顶部约束】两个参数，共同控制楼梯的总高度；第三个参数为【所需梯面数】，它是与水平踏板垂直的踢面个数；第四个参数为【实际踏板深度】，它是脚踩水平踏板深度；第五个参数为【实际梯段宽度】，表示梯段能同时容纳几个人并排使用，如图2.2.70所示。

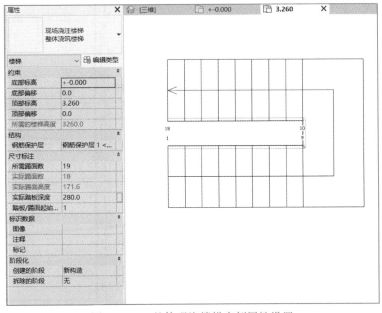

图2.2.70 整体现浇楼梯实例属性设置

楼梯构件中【类型属性】包括三个计算规则，分别为最大踢面高度，其值应大于【实例属性】面板中计算的踢面高度；第二个为【最小踏板深度】，其值应小于【实际踏板深度】；第三个为【最小梯段宽度】，其值应小于【实际梯段宽度】。

3. 栏杆扶手的概念与作用

栏杆扶手是指设在梯段及平台边缘的安全保护构件。扶手一般附设于栏杆顶部，主要是依靠搀扶作用。扶手也可附设于墙上，称为靠墙扶手。构成栏杆扶手的构件有两种。

① 横向扶栏结构，可以指定各个扶手结构的名称、距离、"基准"高度、采用的轮廓类型及扶手的材质。

② 纵向栏杆，可以设置主样式中使用的一个或几个栏杆或栏板。

根据二层民居项目图纸中栏杆扶手三维模型，所在位置为二楼休息平台上，底部标高为 3.260 m。

三、应用案例

1. 楼梯构件的绘制

楼梯构件绘制方法

Step 01   根据二层民居项目图纸中一层平面图可以看到：楼梯分别在①轴、②轴与 B 轴、C 轴之间，以及②轴和④轴的北立面处，共有两个楼梯构件。对于室内楼梯，即为①轴、②轴与 B 轴、C 轴之间的楼梯，其梯段宽度为 950 mm，平面定位为与①轴网上竖向墙体内边距离为 2 350 mm 位置。从二层民居项目图纸中可以看出，该项目楼梯的实例参数有：底部标高为±0.000，顶部标高为 3.260 m，所需踢面数为 12 个，实际踏板深度为 280 mm，如图 2.2.71 所示。

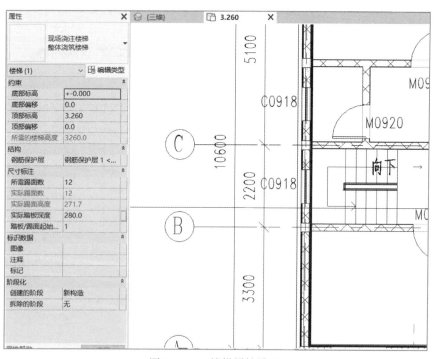

图 2.2.71　楼梯属性设置

Step 02　打开 Revit 软件，进行室内楼梯的创建。双击项目浏览器>【楼层平面】>"±0.000"转到平面视图，单击【建筑】>【楼梯坡道】>【楼梯】命令，激活【修改|创建楼梯】选项卡，根据室内楼梯的参数设置属性面板，【底部标高】为"±0.000"，【顶部标高】为"3.260"，【所需踢面数】为 12 个，【实际踏板深度】为 280 mm，单击【确定】按钮。

Step 03　设置【实际梯段宽度】为 950 mm，该项目室内楼梯与 B 轴左侧距离为 2 350 mm，在临时尺寸标注处手动输入"2350.0"，按 Enter 键确定，进行楼梯的绘制，选择【定位线】为【梯段：左】，首先创建 6 个踢面，再转角剩余 6 个踢面，检查【平台】是否紧靠墙边，勾选【完成编辑模式】复选框完成对楼梯的创建。切换到三维视图中，可以看到楼梯模型，梯段及平台上会自动生成栏杆扶手，但是墙体边界上也会生成栏杆扶手，进行删除，至此，室内楼梯已创建完成，如图 2.2.72 所示。

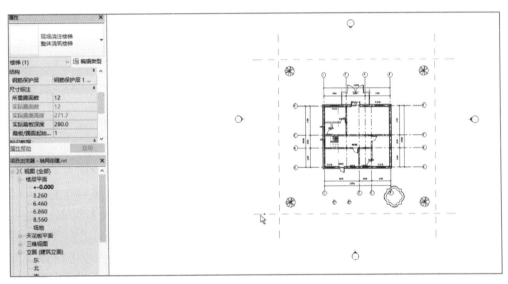

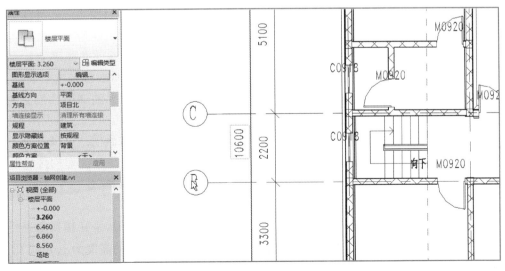

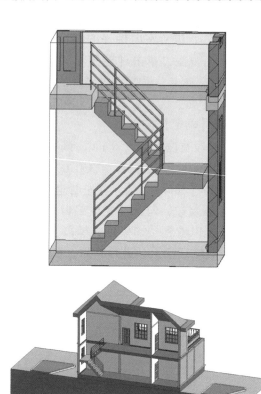

图 2.2.72　楼梯模型

Step 04　根据二层民居项目图纸，在靠近北立面，②轴和④轴之间有一入户楼梯，该入户楼梯总高为 450 mm，即从±0.000 标高向下 450 mm 的位置一直到±0.000 顶部标高，所需梯面数为 4 个，实际踏板深度为 300 mm，梯段宽度为 3 000 mm，楼梯的左右两侧与②轴和④轴之间的距离均为 150 mm。接下来创建该项目的室外入户楼梯，单击【建筑】>【楼梯坡道】>【楼梯】选项卡，在【属性】面板中设置【整体浇筑楼梯】，【底部标高】为"±0.000"，【底部偏移】为"−450.0"，【顶部标高】为"±0.000"，【所需踢面数】为 4 个，【实际踢面高度】为 112.5 mm，【实际踏板深度】为 300 mm，【实际梯段宽度】为 3 000 mm，如图 2.2.73 所示；楼梯与②轴和④轴的距离均为 150 mm，单击【建筑】>【工作平面】>【参照平面】命令，绘制竖向参照平面对楼梯进行定位，修改间距为 150 mm，绘制横向参照平面，与墙边间距为 900 mm，至此，参照平面绘制完成。现在绘制楼梯的梯段，依据两参照平面交点的位置，从上向下绘制楼梯，完成楼梯的创建，切换到三维视图中，选中楼梯，单击【编辑类型】按钮，打开梯段【类型属性】对话框，可以看到下侧表面为【平滑式】，将【结构深度】修改为 450 mm，至此，室外楼梯构件创建完成，如图 2.2.74 所示。

2. 栏杆扶手的创建

Step 01　根据二层民居项目图纸中的要求，二层平台栏杆扶手在楼板上进行放置，与二层楼板各边缘的距离为 190 mm。并且二层栏杆扶手的高度为 1.1 m，顶部扶栏的类型为"矩形−50×50 mm"，其扶栏结构及栏杆位置的参数均在【类型参

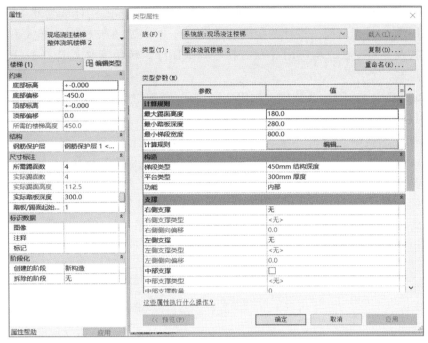

图 2.2.73 入户楼梯属性设置

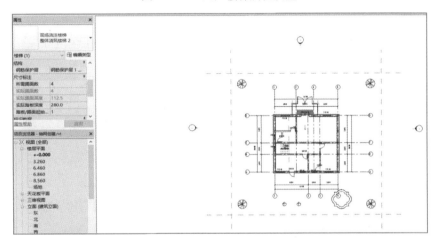

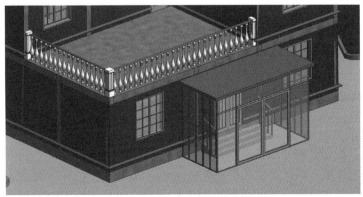

图 2.2.74 室外楼梯模型

数】中设置。横向扶栏结构只有顶部扶栏，纵向栏杆主样式栏杆族为葫芦瓶系列：HFN7010 类型，相对前一栏杆的距离为 275 mm，栏杆族在支柱中的样式不同，在起点支柱及终点支柱，均使用【欧式扶栏墩 FDD】，转角支柱处选择栏杆正方形 20 mm 样式。

Step 02　打开 Revit 软件，创建二层民居项目二层右上角的栏杆扶手，单击【建筑】>【楼梯坡道】>【栏杆扶手】选项卡，选择【绘制路径】的命令，在左边【属性】面板中，单击【编辑类型】，在【类型属性】对话框中单击【复制】按钮，输入为【栏杆扶手】命名的新类型，横向扶手顶部高度为 1.1 m，单击【类型选择器】下拉三角，找到【矩形-50×50 mm】类型，单击【栏杆位置】处的【编辑】按钮，在【编辑栏杆位置】对话框中，单击【栏杆族】样式下拉三角，此时并没有找到二层民居项目图纸中所要求类型【葫芦瓶系列：HFN7010】类型，单击【确定】按钮，完成栏杆扶手类型创建，如图 2.2.75 所示。

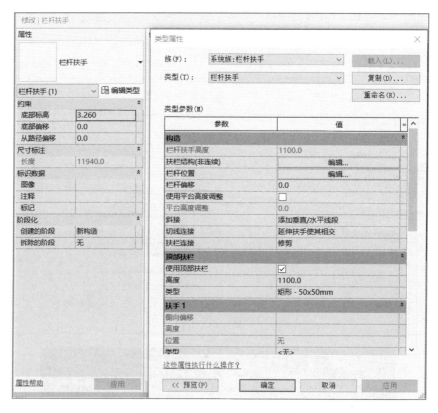

图 2.2.75　栏杆扶手属性设置

Step 03　在【插入】>【载入族】选项卡下，双击打开【建筑】>【栏杆扶手】>【栏杆】>【欧式栏杆】>【葫芦瓶系列】文件夹，找到【HFN7010】类型，单击【打开】按钮，在绘制栏杆路径前，设置完成【栏杆位置】中的参数，即【主样式】中的栏杆族类型以及支柱中栏杆族类型。在支柱中栏杆族类型中，起点和终点支柱的栏杆族并没有【欧式栏杆墩 FDD】类型，需要将族库中的相应类型载入本项目中，栏杆【主样式】中【相对前一栏杆的距离】为 275 mm。单击【插入】>

【载入族】选项卡下，双击打开【建筑】>【栏杆扶手】>【栏杆】>【欧式栏杆】文件夹，找到【欧式栏杆墩FDD】类型，单击【打开】按钮，如图2.2.76所示。

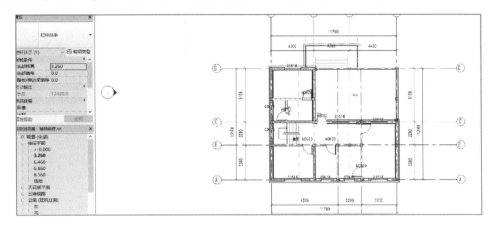

图2.2.76　栏杆扶手属性设置选择

Step 04　在【栏杆位置处】的起点、终点支柱处，选择【欧式栏杆墩FDD】，单击【应用】按钮，栏杆的样式已经设置完成，左边【属性】面板显示的栏杆扶手【底高度】为3.260 m，用【直线】命令绘制栏杆，与楼板边缘的距离为190 mm，从左向右绘制栏杆路径，勾选【完成编辑模式】复选框完成栏杆扶手的创建。再次选中绘制好的栏杆扶手，单击【编辑类型】>【扶栏结构】选项卡，删除多余扶手。在【顶部扶栏】>"1100.0"位置处，选择【类型】为【矩形-50×50 mm】类型，切换到三维视图中，可以看到二楼休息平台处的栏杆扶手已经创建完成，如图2.2.77所示。

图2.2.77　栏杆扶手模型

任务8　室外坡道的创建

一、工作任务

绘制完成室内楼梯后，需要进行室外坡道的绘制，这也是二层民居项目的最后一个步骤，完成后该项目模型便创建完成。本任务主要进行二层民居项目室外坡道的创建。

二、相关配套知识

在 Revit 软件中没有专用的【台阶】命令，可以采用创建在位族、外部构件族、楼板边缘族，甚至创建楼梯等的方式来创建各种台阶模型。下面讲述采用【楼板边缘】方式创建入口台阶的方法。

切换至【建筑】主选项卡，单击【构建】子选项卡中的【楼板】按钮，在弹出的下拉列表中选择【楼板：楼板边】命令，直接拾取绘制好的楼板边界即可生成台阶，如图 2.2.78 所示。可通过【载入族】的方式载入所需的【楼板边缘族】。

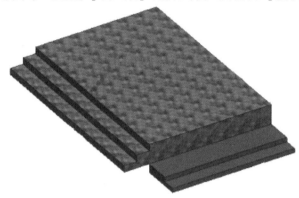

图 2.2.78　绘制入口台阶

在平面视图或三维视图中，通过绘制一段坡道或边界线和踢面线来创建坡道。与楼梯类似，可以定义直梯段、L 形梯段、U 形坡道和螺旋形坡道，还可以通过修改草图来更改坡道的外边界。

在一些情况下，建筑物除台阶外，还需要增加坡道来实现一些通行功能。坡道是使人在地面上进行高度转化的重要方法。在"无障碍"区域的设计中，坡道是必不可少的因素。

三、应用案例

坡道的创建

Step 01　参考二层民居项目图纸中坡道平面图，可以看出坡道所在平面位置，即位于一层平面①轴和③轴之间，靠近南立面侧，底部高度为 ±0.000，顶部高度也设置为 ±0.000，底部偏移为 −450 mm，坡道的总高度为 450 mm、宽度为 3 000 mm，与外墙边缘的距离为 1 350 mm，与③轴向左距离为 1 740 mm，如图 2.2.79 所示。

Step 02　从二层民居项目图纸中坡道的【类型属性】对话框（图 2.2.80）中，可以看到坡道的【造型】选为【实体】，在【尺寸标注】选项栏中，【最大斜坡长度】为 12 m，【坡道最大坡度（1/x）】值为 3.0。此外，参考该项目图纸，栏杆扶

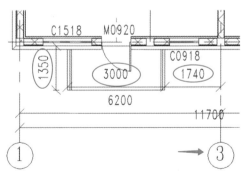

图 2.2.79　坡道定位尺寸

手的总高度为 900 mm。

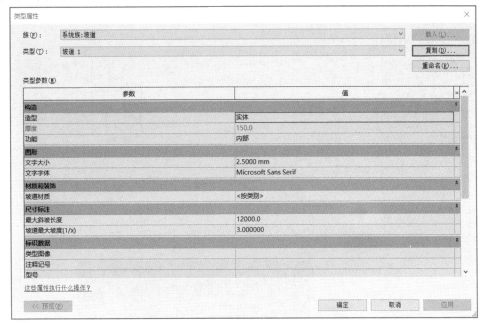

图 2.2.80　坡道属性设置

Step 03　打开 Revit 软件，创建室外坡道，单击项目浏览器>【楼层平面】>"±0.000"转到平面视图，根据二层民居项目图纸要求，室外坡道靠近南立面的①轴和③轴之间，从坡道的平面位置可以看出，坡道与③轴向左的距离为 1 740 mm，从墙边缘向下的距离为 1 350 mm。切换到 Revit 软件中，单击【建筑】>【工作平面】命令，单击【参照平面】命令进行绘制，用于坡道的定位，在③轴左侧，距外墙边下侧，水平位置设置参照平面，单击所创建的参照平面，调整参照平面的位置，输入 1 740 mm。单击横向参照平面，该平面拾取的是外墙外边缘，输入 1 350 mm，这两个参照平面的交点处为坡道的最右边端点，从下向上创建坡道。单击【建筑】>【楼梯坡道】>【坡道】命令，激活【修改/创建坡道草图】选项卡，【底部标高】选择【标高 0】，【顶部偏移】为−450 mm。该项目坡道的总高是 450 mm，因而，【顶部标高】也选择【标高 0】，坡道【宽度】设置为"3 000.0"，单击【编辑类型】按钮，在【类型属性】对话框中，设置【坡道最大坡度（1/x）】为 3.0，单击【确定】按钮，如图 2.2.81 所示。

Step 04　接下来绘制坡道，在绘图区域中，从下向上绘制上坡，将鼠标指针捕捉到坡道中心线绘制坡道，单击【完成编辑模式】按钮，完成坡道的创建，选择【移动】命令，选择【中心点】，向左移动坡道，坡道总宽度为 3 m，因此向左移动 1.5 m。切换到三维视图中，室外坡道创建完成，如图 2.2.82 所示。最后，检查坡道上栏杆扶手的类型与二层民居项目图纸一致，均为 900 mm 高，顶部扶栏样式为"矩形−50×50 mm"的类型。

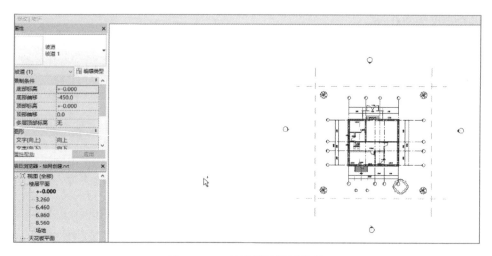

图 2.2.81 坡道属性设置绘制

图 2.2.82 室外坡道模型

练习题

一、单项选择题

1. 不能给以下哪种图元放置高程点（ ）。

A. 墙体　　　　　B. 门窗洞口　　　C. 线条　　　　　D. 轴网

2. 如何在幕墙网格上放置竖梃？（ ）

A. 按 Ctrl 键　　　B. 按 Shift 键　　C. 按 Tab 键　　　D. 按 Alt 键

3. 当旋转主体墙时，与之关联的嵌入墙将（ ）。

A. 随之移动　　　B. 不动　　　　　C. 消失　　　　　D. 与主体墙反向移动

4. 下列哪种方式创建屋顶时，允许通过为轮廓边界线定义坡度形式，生成各种形状坡屋顶（　　）。

A. 拉伸屋　　　B. 迹线屋顶　　　C. 面屋顶　　　D. 以上均可以

5. 关于扶手的描述，错误的是（　　）。

A. 扶手不能作为独立构件添加到楼层中，只能将其附着到主体上，例如楼板或楼梯

B. 扶手可以作为独立构件添加到楼层中

C. 可以通过选择主体的方式创建扶手

D. 可以通过绘制的方法创建扶手

二、多项选择题

1. 关于弧形墙，下面说法错误的是（　　）。

A. 不能直接插入门窗　　　　　　　　B. 不能应用【编辑轮廓】命令

C. 不能应用【附着顶/底】命令　　　　D. 不能直接开洞

2. 在定义垂直复合墙时，可以把下面哪些对象事先定义到墙上？（　　）

A. 墙饰条　　　　　　　　　　　　　B. 墙分割缝

C. 幕墙　　　　　　　　　　　　　　D. 挡土墙

3. 用什么方法指定新的工作面？（　　）

A. 名称　　　　　　　　　　　　　　B. 拾取一个平面（P）

C. 拾取线并使用绘制该线的工作平面（L）　D. 导入一个平面

4. 要在图例视图中创建某个窗的图例，以下正确的是（　　）。

A. 用【绘图–图例构件】命令，从【族】下拉列表中选择该窗类型

B. 可选择图例的"视图"方向

C. 可按需要设置图例的主体长度值

D. 图例显示的详细程度不能调节，总是和其在视图中的显示相同

5. Revit 中创建楼梯说法错误的是（　　）。

A. 通过绘制梯段、边界和踢面线创建楼梯

B. 使用梯段命令可以创建 365°的螺旋楼梯

C. 在完成楼梯草图后，不可以修改楼梯的方向

D. 修改草图改变楼梯的外边界，踢面和梯段不会相应更新

三、简答题

1. 房建项目中，墙体在结构方面的要求有哪些？

2. 在 Revit 软件中，墙体属于系统族。Revit 软件提供有哪几种墙族，功能分别是什么？

3. 幕墙的概念是什么？Revit 软件中提供了哪几种幕墙？

4. Revit 软件中提供了多种屋顶建模工具（如【迹线屋顶】【拉伸屋顶】和【面屋顶】），其各自的创建要点有哪些？

5. 楼梯的组成包括梯段、楼梯平台、扶手，分别解释其概念。

模块三

水暖电设备建模实例

■ **能力目标**

1. 掌握建筑类 CAD 读图识图能力。
2. 熟练掌握 Revit 软件中设备安装模块相关技能操作。
3. 能够进行设备安装模块模型的创建。

■ **知识目标**

1. 了解项目规模，明确项目重难点。
2. 熟悉项目创建的基本信息（包括但不限于项目名称、构件名称命名规则及模型精细程度）。
3. 熟悉设备安装相关图纸，掌握构件相关信息。
4. 掌握给水排水系统模型的创建和编辑方法。
5. 掌握消防系统模型的创建和编辑方法。
6. 掌握通风管道模型的创建和编辑方法。
7. 掌握通风设备模型的创建和编辑方法。
8. 掌握电缆桥架模型的创建和编辑方法。
9. 掌握照明灯具模型的创建和编辑方法。
10. 掌握开关插座模型的创建和编辑方法。

■ **案例导入**

1. 工程介绍

本项目工程为地下一层，地上建筑 12 层，建筑工程分类为一类高层民用建筑，耐火等级为一级，结构采用框架剪力墙结构，高层抗震设防烈度为 7 度，设计使用年限 50 年。

地块项目周边市政道路引入两根 DN150 的给水管作为高层生活及消防用水水源，市政给水压力平均为 0.3 MPa。最高日生活用水量为 50.4 m³。地下室至 3 层为市政直供区，采用市政给水直接供给。

本工程地上建筑室内排水为雨水、污水分流制，卫生间采用污废水合流制。卫生间排水设专用通气立管。室内±0.00 m 以上污水采用重力自流排出室外污水管。最高日污水排放量为 45.4 m³。室内±0.00 m 以上雨水采用重力自流排出室外雨水管。

消防系统市政为两路进水，室外消防用水由市政给水保证。室内消火栓系统

案例工程图纸

竖向不分区，管网均为环状布置，地下室至 9 层采用减压稳压消火栓，压力为 0.35 MPa。消火栓箱采用单栓带轻便消防水龙组合式消防柜。室内配置 φ19 水枪一个、30 m 长公称直径为 25 mm 的轻便消防水龙一条，25 m 长 DN65 有内衬里的消防水袋一条，消防按钮 1 个。消火栓箱大小为 1 600 mm×700 mm×240 mm，留洞大小为背接 1 630 mm×730 mm×240 mm、侧接 1 630 mm×950 mm×240 mm。留洞离地 85 mm，下设 2 只 4 kg 的磷酸铵盐干粉灭火器。消火栓箱在钢筋混凝土柱上为明装，栓口在地坪以上 1.1 m。

自动喷淋灭火系统按照中危 Ⅱ 级设置自喷用水梁，设计灭火用水量 40 L/s，火灾延续时间 1 h，一次火灾设计消防用水量为 144 m³。喷淋给水系统采用临时高压系统。地下室水泵房内设置两台自动喷淋加压泵供给项目自喷用水。由于本工程采用的格栅吊顶通透率大于 75%，故在格栅吊顶的场所采用直立型喷头，在普通吊顶的场所采用吊顶型喷头，无吊顶的场所采用直立型喷头。直立型喷头溅水盘距板面 75~150 mm。凡吊顶净高超过 0.8 m 的吊顶内，宽度大于 1.2 m 的矩形风道或者直径大于 1.0 m 的圆形风道下面均应设置补偿直立型喷头。

空调系统采用变频多联空调系统，空调系统按区域独立设置，并设置独立新风系统，经新风机处理后送入空调机房。

防排烟系统走道内采用可开启外窗自然排烟，不可开启外窗或者开启外窗不满足要求的内走道采用机械排烟。防排烟风道、事故通风风道及相关设备采用抗震支架。

2. 图纸目录

■ 思政点拨

党的十九大提出建设网络强国、数字中国、智慧社会等发展目标，要求推动互联网、大数据、人工智能和实体经济深度融合，为新时代工程建设描绘了一幅宏伟蓝图。

BIM 技术采用了数字化、信息化、智能化等现代化管理手段，正在推动整个工程建设行业的伟大变革。

随着中国建筑业的发展，国内涌现出越来越多的高级办公楼、商业楼、综合楼等，在这些建筑中，往往都会配备中央空调系统、防排烟系统、喷淋系统、消火栓系统等。因此，会导致机房内、走廊内及地下室产生很多管道。这些管道在应用 CAD 设计时，往往只考虑其在平面中大概的排布及位置，并没有很直观具体地去查看，经常会导致在施工过程中遇到很多管线碰撞、穿梁、无法排布等问题。因此需要运用 BIM 软件帮助我们分析各种管道在各个地方的综合排布，分析设备及管道的运行状况，达到优化设计、节省空间、保证功能、方便施工等目的。

项目一　水系统建模

任务 1　给水排水系统模型创建

一、工作任务

① 掌握给水排水常用系统。

② 了解给水系统构成及常用供水方式。

③ 了解排水系统构成及污废水区别。

④ 掌握给水排水系统识图。

⑤ 掌握给水、排水管道创建。

⑥ 掌握附件布置。

二、相关配套知识

1. 给水排水常用基本系统

① 给水系统。生活给水系统、热水系统、饮用水系统。

② 排水系统。排水系统（污水、废水）、雨水系统、冷凝水排水系统。

2. 给水系统

① 构成。小区进水管、楼宇引入管、给水干管、给水立管、给水户内支管。

② 给水系统供水方式：

a. 市政直接供水。直接给水系统、设水箱的直接给水方式（夜间水箱）。

b. 高位水箱供水方式。

c. 气压水箱供水方式。气压水箱供水方式分为气压水箱并列供水方式和气压水箱减压阀供水方式。

d. 无水箱供水方式。根据给水系统中用水量情况自动改变水泵的转速，调整出流量并使水泵具有较高工作效率。无水箱供水方式分为变速水泵并列供水方式和变速水泵减压阀供水方式。

3. 排水系统

① 污水系统。一般指卫生间内的排水，收集后经此区域化粪池进行初步处理后排放至市政污水管网。

② 废水系统。一般指除卫生间以外的排水，有些建筑会采取污废合流方式将废水进行排放，经此区域的化粪池或污水处理站进行统一处理再排放到市政污水管网，而有些项目会将处理过的废水（即中水）进行循环使用。

③ 雨水系统。一般将雨水收集排放到地表或集中汇集排放到市政雨水管网，而有些项目会将处理过后的雨水进行循环使用（即中水）。

④ 冷凝水排水系统。空调中产生的冷凝水，一般采取的排放方式有直接外排、

收集后排放至此区域的排水主管等。

4. 给水排水系统识图

建筑给排水施工图一般由图纸目录、主要设备材料表、设计说明、图例、平面图、系统图（轴测图）、施工详图等组成。

① 系统图。

a. 查明给水管道系统的具体走向，干管的布置方式、管径尺寸及其变化情况，阀门的设置，引入管、干管及各支管的标高。

b. 查明排水管道的具体走向，管路分支情况，管径尺寸与横管坡度，管道各部分标高，存水弯的形式，清通设备的设置情况，弯头及三通的选用等。识读排水管道系统图时，一般按卫生器具或排水设备的存水弯、器具排水管、横支管、立管、排出管的顺序进行。

c. 系统图上对各楼层标高都有注明，识读时可据此分清管路是属于哪一层的。

② 平面图。

a. 查明卫生器具、用水设备和升压设备的类型、数量、安装位置、定位尺寸。

b. 弄清给水引入管和污水排出管的平面位置、走向、定位尺寸、与室外给排水管网的连接形式、管径及坡度等。

c. 查明给排水干管、立管、支管的平面位置与走向、管径尺寸及立管编号。从平面图上可清楚地查明是明装还是暗装，以确定施工方法。

d. 在给水管道上设置水表时，必须查明水表的型号、安装位置以及水表前后阀门的设置情况。

e. 对于室内排水管道，还要查明设备的布置情况，清扫口和检查口的型号和位置。

③ 详图。

室内给排水工程的详图包括节点图、大样图、标准图，主要是管道节点、水表、消火栓、水加热器、开水炉、卫生器具、套管、排水设备、管道支架等的安装图及卫生间大样图等，如图 3.1.1 所示。

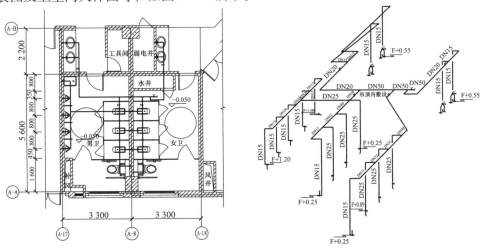

卫生间1给水详图 1:50

图 3.1.1　卫生间详图

5. 创建模型前基本操作

（1）创建工程

Step 01　启动 Revit，默认将打开【最近使用的文件】页面。单击左上部【新建】按钮，打开【新建项目】对话框，单击【样板文件】的下拉三角，选择【机械样板】，确保新建为【项目】，单击【确定】按钮，Revit 2016 将以【机械样板】为样板建立新项目，如图 3.1.2 所示。

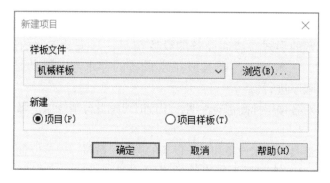

图 3.1.2　项目创建

默认将打开 F1 楼层平面视图。在项目浏览器中展开【视图】>【卫浴】>【立面】视图类别，双击【东】立面视图名称，切换至东立面视图。在东立面视图中"标高 2"处输入首层楼层标高，如图 3.1.3、图 3.1.4 所示。

图 3.1.3　项目浏览器

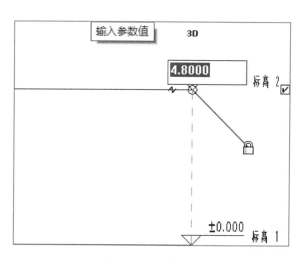

图 3.1.4　创建标高

（2）导入图纸

Step 02　导入 CAD 图纸。在【插入】选项卡下单击【链接 CAD】（或者【导入 CAD】）按钮将图纸导入 Revit 中，如图 3.1.5 所示。

图 3.1.5　CAD 图纸导入示意图

三、应用案例

工程名称：实验实训楼项目。

建筑面积：241.96 m²（标准层）。

建筑层数：地上 12 层（以一层为例讲解）。

层高：4.8 m。

1. 模型创建要求

① 管道材质及连接方式设置如表 3.1.1 所示。

表 3.1.1　管材及连接方式

名　　称	材　　质	连接方式
生活给水管	内衬塑复合管	热熔连接
室内排水管	UPVC 塑料管	粘接
压力排水管	涂塑钢管	丝扣
雨水管	UPVC 塑料管	粘接

② 塑料排水管道坡度设置如表 3.1.2 所示。

表 3.1.2　塑料排水管道坡度设置

管径/mm	50	75	100	150
污废水管	0.026	0.026	0.01	0.005
雨水管	混凝土砌块	—	0.01	0.005

③ 该项目需用到的图例如表 3.1.3 所示。

表 3.1.3　该项目需用到的图例

图　　例	名　　称	图　　例	名　　称
—— JS ——	市政生活给水管	---YF---	压力排水管
—— JZ ——	中区生活给水管	---Y---	雨水管
—— JG ——	高区生活给水管	——⋈——	闸阀
—— XH ——	消火栓给水管	——✕——	截止阀
—— ZP ——	自动喷淋供水管	——↗——	止回阀
---W---	污水管	——■——	蝶阀
---F---	废水管	——∅——	计量水表
—— T ——	通气管	——✕——	液动阀

续表

图 例	名 称	图 例	名 称
	电动阀		消火栓箱
	减压阀		闭式自动喷洒头（直立型）
	浮球阀		湿式报警阀
	倒流防止器		遥控信号阀
	可曲挠橡胶接头		水流指示器
	异径管		水泵接合器
	防水套管		磷酸铵盐干粉灭火器
	自动排气阀		清扫口
	压力表	YD	雨水斗
	压力开关		侧向型雨水斗
	流量开关		圆形地漏
P	压力检测装置		立管检查口
L	流量测试装置		潜污泵

2. 项目主要图纸

本实验楼项目包括生活给排水及消防平面图、给水系统和集水井系统原理图两部分图纸。图纸尺寸在距离表达上的单位是 mm，在标高表达上的单位是 m，创建模型时，应严格按照图纸的尺寸进行创建。

① 生活给排水及消防平面图如图 3.1.6 所示。

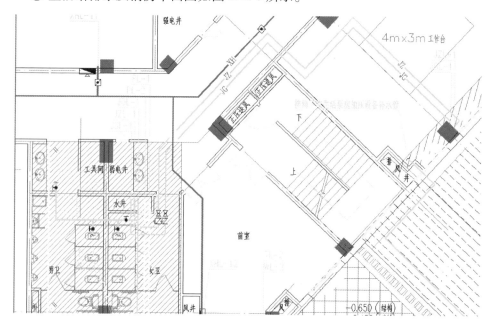

图 3.1.6　生活给排水及消防平面图

② 给水系统和集水井系统原理图如图 3.1.7 所示。

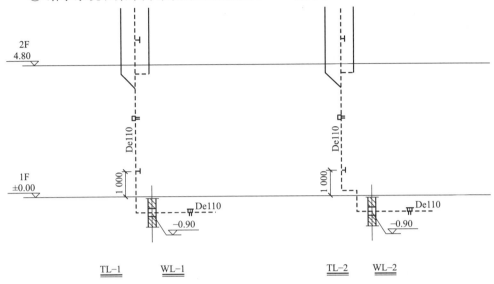

图 3.1.7 给水系统和集水井系统原理图

3. 设置管道类型及系统

Step 01 设置管道类型。在项目浏览器中单击【族】展开后，找到【管道】>
【管道类型】，使用鼠标右键单击并复制后，打开并对名称进行修改，按照设计说明
修改管道名称，如本工程中所用给水管为内衬塑复合管，将管道类型改为内衬塑复合
管。名称修改结束后，单击【布管系统配置】>【编辑】命令对管段材质、连接件、
管径等按照图纸要求进行设置。其他管道均按照该方法添加，如图 3.1.8 所示。

给排水识图

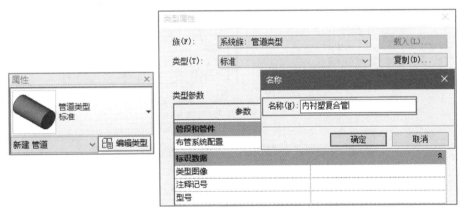

图 3.1.8 排水管道属性编辑

Step 02 设置管道系统。在项目浏览器中单击【族】展开后，找到【管道】>
【管道系统】，展开后单击【家用冷水】，可进行添加或修改系统名称，如将【家用
冷水】系统改为【生活冷水系统】。生活冷水系统添加结束后，可继续添加其他系
统，如排水系统、雨水系统，管道设置如图 3.1.9 所示。

图 3.1.9　排水管道重命名

4. 绘制管道及布置附件

给排水 BIM
建模（1）

Step 01　水管横管绘制。单击【系统】>【管道】命令可绘制水管管道。在【属性】>【管道类型】下拉列表中选择管道类型，本次绘制生活冷水管道，按照设计说明选择内衬塑复合管即可；在【系统类型】>【生活冷水系统】选项栏中输入管道尺寸，在偏移量中输入管道标高。管道的绘制需要两次单击鼠标左键，第一次指定管道的起点，第二次指定管道的终点。绘制好一段管道后，可继续绘制管道，需要变径处，可直接在选项栏中输入需要的管径，继续沿管路绘制，直到绘制结束，按 Esc 键退出绘制命令，如图 3.1.10、图 3.1.11 所示。

图 3.1.10　给排水管道类型选择

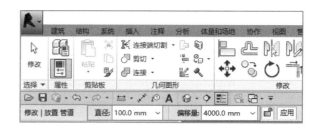

图 3.1.11　管道直径标高调整

Step 02　水管立管的绘制。遇到管道高度不一致情况，高度不一致的地方需要立管连接起来。选择【系统】选项卡下【管道】命令，输入管道的管径、标高，绘制一段管道，在管道变标高处单击，然后在【偏移量】栏输入变标高后的标高值，单击【应用】按钮。在变标高的地方就会自动生成一段管道的立管，如图 3.1.12 所示。

图 3.1.12   管道立体模型

Step 03   水管坡度的绘制。选择【系统】选项卡下【管道】命令，单击【更改坡度】按钮，根据图纸要求选择【向上坡度】或者【向下坡度】，在【坡度值】处输入数值，即可绘制坡度，如图 3.1.13 所示。

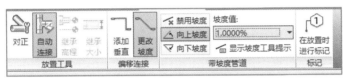

图 3.1.13   水管坡度的绘制

Step 04   添加水管阀门。管道绘制好后，需要将阀门放置于管道上。单击【系统】>【构件】命令，单击【放置构件】按钮，单击属性下拉三角，在搜索对话框中输入放置的构件名称（如闸阀），选择阀门放置管道的管径，将之放置于管道，如图 3.1.14 所示。

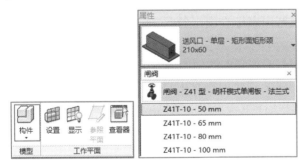

图 3.1.14   水管阀门创建

任务 2   消防系统模型创建

一、工作任务

① 了解消防系统原理。
② 了解自动喷淋系统原理。

给 排 水 BIM 建模（2）

给 排 水 BIM 建模（3）

③ 掌握消防给排水识图要点。

④ 掌握消防管道的创建。

⑤ 掌握附件布置。

二、相关配套知识

本项目包含消防管道、消火栓、自动喷淋系统、水闸等相关模型构件，其中消防管道可采用 Revit 软件中系统选项卡下面的管道模块进行创建，消火栓、自动喷淋系统、水闸、灭火器、消防带等相关构件，可在系统选项卡下面，单击构件进行添加，也可以在"构件坞""族库大师"等相关插件中寻找与项目类似的构件进行放置，然后手动改变其相应尺寸规格。

本任务除掌握相应模型创建外，还需了解消火栓系统的组成、布设规则、构件名称及工作原理。掌握自动喷淋系统的工作原理以及消防给排水的识图要点。熟悉自动喷淋系统的分类和工作原理。

三、应用案例

工程名称：实验实训楼项目。

建筑面积：$241.96\,m^2$（标准层）。

建筑高度：49.25 m。

建筑层数：地上 12 层（本项目以一层作为案例进行讲解）。

地下室耐火等级为一级，设计使用年限 50 年。

结构采用框架剪力墙结构，高层抗震设防烈度为 7 度。

1. 消防系统识图

学会看图例是识图的首要基准，不同的设计，图例可能不一样。识读消防工程图时，首先要仔细识读总平面图，明确各类建筑，再熟悉图纸设计说明和图例（包括各种符号标识），以了解最新国家标准图形符号，在此基础上去识读项目施工图。

① 消防系统符号识图。本项目需用到的图例如表 3.1.3 所示。

② 项目主要图纸。本任务主要采用民用建筑项目中的给水排水部分图纸。图纸中除标高单位以 m 计外，其他均以 mm 为单位。在创建本项目模型过程中，应严格按照图纸的尺寸进行建模，相关图纸见模块三案例导入中的工程图纸给排水消防部分。

2. 消防系统绘制

微课

消防给排水识图

Step 01　设置管道类型。

在【属性】面板中，选择【类型属性】>【消防管道】>【管径】>【标高】命令，如图 3.1.15 所示。

微课

消防系统绘制

Step 02　消防管道绘制。

绘制好一段管道后可继续绘制管道，需要变径处，可直接在选项栏中输入管径，继续沿管路绘制，直到绘制结束按 Esc 键退出，绘制时如遇到管道类型没转变过来，需在【属性】面板中手动切换，如图 3.1.16 所示。

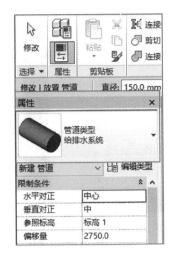 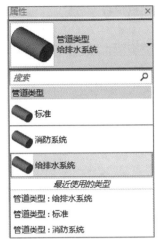 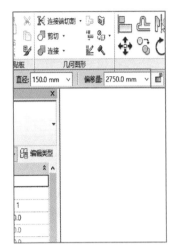

图 3.1.15 管道类型设置

图 3.1.16 消防管道绘制

Step 03 消防立管绘制。

遇到管道高度不一致的情况，需要用立管连接起来。选择【系统】>【管道】命令，输入管道的管径、标高，绘制一段管道，在管道变标高处单击，然后在【偏移量】栏输入变标高后的标高值，双击【应用】按钮，如图 3.1.17 所示。

Step 04 消防管道坡度设置。

选择【系统】>【管道】命令，单击【更改坡度】按钮，根据图纸要求选择【向上坡度】或者【向下坡度】，在【坡度值】处输入数值，即可绘制坡度，如图 3.1.18 所示。

Step 05 添加消防阀门。

管道绘制好后，需要将阀门放置于管道上。单击【系统】>【构件】命令，单

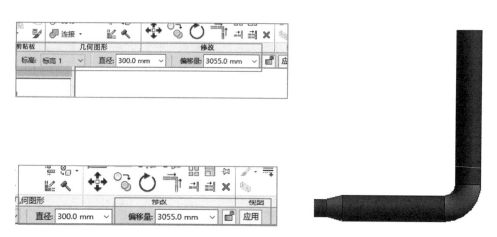

图 3.1.17 消防立管绘制

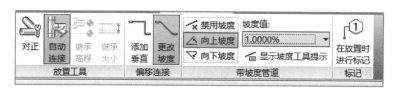

图 3.1.18 消防管道坡度设置

击【放置构件】按钮，单击属性下拉三角，然后在搜索对话框中输入放置的构件名称（如闸阀），选择阀门放置管道的管径，将之放置于管道上，如图 3.1.19 所示。

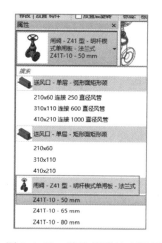

图 3.1.19 消防管道坡度设置

项目二　通风系统建模

任务 1　通风设备模型创建

一、工作任务

① 了解暖通专业定义和内容。

② 了解暖通通风类型和原理。

③ 熟悉暖通识图要点及图例。

④ 风管系统的设置。

二、相关配套知识

本项目包含空调系统、防火闸、风管碟阀、阻抗消声器、天花板排气扇、送风口、连接件等相关模型构件，其设备模型构件可在 Revit 软件中【系统】面板下面，单击【放置构件】进行添加，在系统族库无法满足项目需求时，也可以在"构件坞""族库大师"等相关插件中寻找与项目类似的构件进行放置，然后手动改变其相应尺寸规格。

本任务除掌握相应模型创建外，还需了解暖通专业的定义及分类，掌握其工作原理，熟悉图纸设计内容，掌握识图读图能力。

三、应用案例

工程名称：实验实训楼项目。

建筑面积：241.96 m²（标准层）。

建筑高度：49.25 m。

建筑层数：地上 12 层（本项目以一层作为案例进行讲解）。

地下室耐火等级为一级，设计使用年限 50 年。

结构采用框架剪力墙结构，高层抗震设防烈度为 7 度。

1. 通风设备识图

建筑暖通施工图的图样一般有设计、施工说明、图例、设备材料表、平面图、详图、系统图。

在绘制暖通专业模型前，首先应熟悉设计施工说明，了解其设计意图，包括但不限于构件性能、构件材质、构件连接方式、构件耐火等级。其次应了解设计图例、设备材料表、暖通平面图、暖通系统图、暖通系统原理图、大样图。最后掌握识图、读图能力。

① 本项目需用到的图例如表 3.2.1 所示。

② 项目主要图纸。本任务主要采用民用建筑项目中的暖通设备部分图纸。图纸

中除标高单位以 m 计外，其他均以 mm 为单位。在创建本项目模型过程中，应严格按照图纸的尺寸进行建模。相关图纸见模块三案例导入中的工程图纸暖通部分。

表 3.2.1　项目所用图例

编号	名　称	图　例	编号	名　称	图　例
1	空调系统	KT-	9	阻抗消声器	
2	新风系统	KX-	10	冷媒管	
3	冷媒分歧管		11	冷凝水管	
4	单层百叶风口	DB	12	冷凝水立管	LN
5	手动对开多叶调节阀		13	天花板管道式排气扇	
6	70℃防火阀	70℃	14	排烟（风）系统	PY(F)-
7	280℃防火阀	280℃	15	铝合金多叶送风口	
8	风管碟阀		16	天圆地方	

2. 通风设备模型创建

Step 01　启动 Revit，单击左上角【新建】>【新建项目】>【机械样板】命令，或在【项目】栏下单击【机械样板】命令进行新建，如图 3.2.1 所示。

图 3.2.1　工程创建

Step 02　在项目浏览器中找到【族】>【风管系统】选项，进行展开，根据项目具体类型进行风管类型的添加，如图 3.2.2 所示。

Step 03　在菜单栏中选择【系统】>【风管】命令，在【属性】面板中找到【系统类型】，切换至加压送风，在选项栏中设置宽度、高度和标高，如图 3.2.3 所示。

Step 04　风管立管的绘制。遇到管道高度不一致的情况，高度不一致的地方需要用立管连接起来。选择【系统】>【管道】命令，输入管道的管径、标高，绘制一段管道，在管道变标高处单击，然后在【偏移量】栏输入变标高后的标高值，单击【应用】按钮，也可以在项目浏览器中切换到立面视图，在立面视图中进行绘制，如图 3.2.4 所示。

Step 05　风管设备绘制。在菜单栏中选择【系统】>【风管管件】命令进行

图 3.2.2　风管新建

图 3.2.3　风管设置（1）

图 3.2.4　风管设置（2）

各类风管接头的创建，单击【风管附件】按钮进行各类附件设备的创建，如图 3.2.5 所示。

图 3.2.5　风管设置（3）

任务 2　通风管道模型创建

一、工作任务

① 风管绘制、对正。

② 风管管件的添加与编辑。

③ 风管附件的放置。

④ 风管末端的添加。

⑤ 机械设备的放置与连接。

二、相关配套知识

通过【系统族库】和第三方插件在管件位置处放置相应的风管管件，在放置完相应风管管件之后，单击菜单栏下的【系统】面板，选择【风管】选项，设置其尺寸、标高后，按图进行风管绘制，最后在【风管附件】位置，通过【系统】选项卡下面的【构件】，单击【放置构件】进行风管附件的创建，如系统族库无法满足项目需求，可在第三方插件中载入与项目相适应的风管附件，第三方插件有"构件坞""族库大师"等。

本任务除掌握相应模型创建外，还需了解暖通专业的定义及分类，掌握其工作原理，熟悉图纸设计内容，掌握识图读图能力。

三、应用案例

工程名称：实验实训楼项目。

建筑面积：241.96 m²（标准层）。

建筑高度：49.25 m。

建筑层数：地上 12 层（本项目以一层作为案例进行讲解）。

地下室耐火等级为一级，设计使用年限 50 年。

结构采用框架剪力墙结构，高层抗震设防烈度为 7 度。

1. 通风设备识图

① 本项目需用到的图例见表 3.2.1。

② 项目主要图纸。本任务相关图纸见模块三案例导入中的工程图纸暖通部分。

2. 通风设备模型创建

Step 01　新建项目文件。

单击【应用程序菜单】>【新建】>【项目】命令，在【新建项目】对话框中选择【机械样板】选项，【新建】类型选择【项目】单选按钮，如图 3.2.6 所示。

Step 02　拆分并导入 CAD 图纸。

单击菜单栏下的【插入】>【导入 CAD】命令，打开【导入 CAD 格式】对话框，选择要导入的 CAD 文件，选择【定位】>【自动-原点到原点】选项，在【导入单位】下拉列表中按图纸选择相应的单位，如没具体要求，一般选择毫米，如图 3.2.7 所示。

微课

暖通专业识图（3）

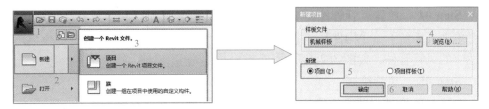

图 3.2.6　新建项目

暖通专业识
图（4）

图 3.2.7　CAD 图纸导入

Step 03　链接土建模型。

单击菜单栏下【插入】>【链接 Revit】命令，打开【导入/链接 Revit】对话框，选择要链接的模型进行导入，选择【定位】>【自动-原点到原点】选项，如图 3.2.8 所示。

暖通 BIM 建
模（1）

图 3.2.8　土建模型链接

暖通 BIM 建模（2）

Step 04　放置风管管件。

单击【系统】>【构件】>【放置构件】命令，在【属性】面板中选择与图纸相适应的风管管件，如图 3.2.9 所示。

Step 05　风管绘制。

在绘制风管时，设置完宽度、高度、系统类型后，偏移量暂按顶部贴梁底布置，局部问题后期调整，系统默认对正中心是"中心对中心"，管道类型为"加压排风"，宽度为 500 mm，高度为 200 mm，标高为 3 000 mm，经计算风管顶部标高为2 900 mm，如图 3.2.10 所示。

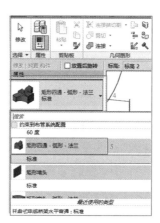

图 3.2.9　风管管件放置

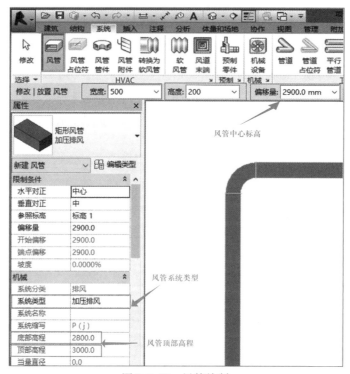

图 3.2.10　风管绘制

项目三 电气设备建模

任务 1 电缆桥架模型创建

一、工作任务

① 了解建筑电气概念和分类。

② 掌握电气识图，了解电气设备图例。

③ 了解强弱电供给对象，区分强弱电工作原理。

④ 熟悉电缆桥架分类。

⑤ 掌握电缆桥架模型创建。

⑥ 掌握电缆桥架布置方式。

二、相关配套知识

电缆桥架是由托盘、梯架的直线段、弯通、附件以及支、吊架等构成，用以支承电缆的具有连续的刚性结构系统的总称。

电缆桥架可分为两大类：一类为带配件的电缆桥架，主要有槽式电缆桥架、梯级式电缆桥架及实体底部电缆桥架；另一类为无配件的电缆桥架，主要有单轨电缆桥架和金属丝电网桥架。

电缆桥架绘制时，通过菜单栏下面的【系统】选项卡，单击【电缆桥架】按钮，在【属性】面板中设置电缆桥架相应参数，最后按图绘制。

电缆桥架配件在【系统】选项卡下面【电缆桥架配件】选项卡中，通过软件族库载入相应的电缆桥架配件。

本任务除掌握相应模型创建外，还需了解机电专业的图形标识，熟悉图纸设计内容，掌握识图读图能力。

三、应用案例

工程名称：实验实训楼项目。

建筑面积：241.96 m²（标准层）。

建筑高度：49.25 m。

建筑层数：地上12层（本项目以一层作为案例进行讲解）。

地下室耐火等级为一级，设计使用年限50年。

结构采用框架剪力墙结构，高层抗震设防烈度为7度。

1. 电气设备识图

① 本项目需用到的图例见表3.3.1。

② 项目主要图纸。本任务相关图纸见模块三案例导入中的工程图纸电气设备部分。

表 3.3.1　项目所用图例

序号	图例	说　　明	序号	图例	说　　明
1	▬	电力配电箱	17		风扇开关
2	▬	照明配电箱	18		单管荧光灯
3	▭	一般配电箱符号	19		双管荧光灯
4	▨	事故照明配电箱	20	⊗	花灯
5	▮	断路器箱	21		壁灯
6		单相带熔丝两极插座	22		顶棚灯
7		单相两极插座	23		负荷开关
8		单相带接地三极插座	24		断路器
9		单相密闭两极插座	25		隔离开关
10		三相四极插座	26		带熔丝负荷开关
11		单相两极加三极插座	27		熔断器
12		单控两联开关	28		线圈
13		单控单联开关	29		触点开关
14		单控单联密闭开关	30		电压互感器
15		单控延时开关	31		变压器
16		双控单联开关	32		电流互感器

2. 电气设备模型创建

Step 01　新建项目文件。

单击【应用程序菜单】>【新建】>【项目】命令，在【新建项目】对话框中选择【机械样板】选项，【新建】类型选择【项目】单选按钮，如图 3.3.1 所示。

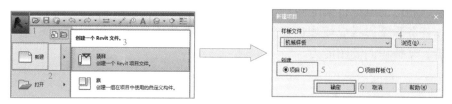

图 3.3.1　新建项目

Step 02　拆分并导入 CAD 图纸。

单击菜单栏下的【插入】>【导入 CAD】命令，打开【导入 CAD 格式】对话框，选择要导入的 CAD 文件，选择【定位】>【自动-原点到原点】选项，在【导入单位】下拉列表中按图纸设置相应的单位，如没有具体要求，选择毫米，如图 3.3.2 所示。

Step 03　电缆桥架基本设置。

单击菜单栏下的【管理】>【MEP 设置】>【电气设置】命令，在【电气设置】对话框中单击【电缆桥架设置】选项。

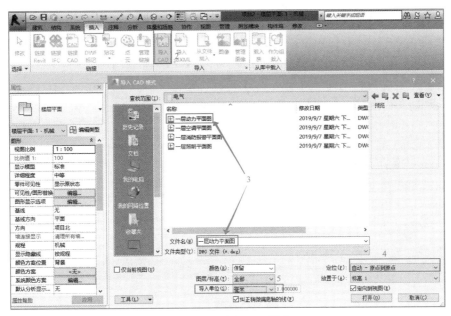

图 3.3.2 项目 CAD 导入

【电缆桥架设置】下有【升降】和【尺寸】两个选项，可在相应选项下设置
参数类型，如图 3.3.3、图 3.3.4 所示。

电气识图（2）

图 3.3.3 电缆桥架基本设置

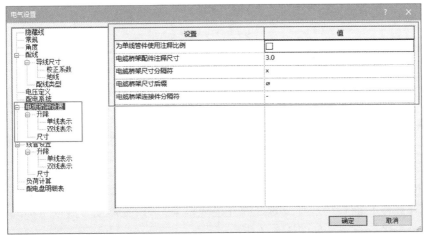

图 3.3.4 电缆桥架基本设置

Step 04　电缆桥架绘制。

单击菜单栏下的【系统】>【电缆桥架】>【属性】面板>【编辑类型】>【复制】>【管件】命令，设置相应连接管件，如图3.3.5所示。

电气 BIM 建模（1）

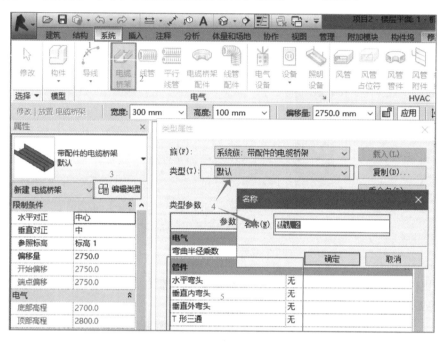

图 3.3.5　电缆桥架基本设置

如【管件】下拉列表中无选择构件，单击【系统】>【电缆桥架配件】命令，在弹出的【Revit】提示框中单击【是】按钮，选择【载入族】>【机电】>【供配电】>【配电设备】>【电缆桥架配件】命令，选择所需要的配件进行载入，如无特定要求，全部选中，载入项目，如图3.3.6所示。

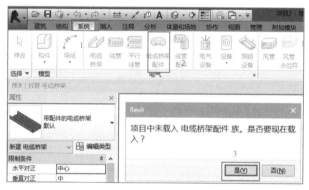

图 3.3.6　电缆桥架配件载入

【电缆桥架配件】设置完成后，单击菜单栏下的【系统】>【电缆桥架】命令，在【属性】面板中选择设置好的【电缆桥架】，设置宽度、高度、标高，在制图区域单击进行绘制，如图3.3.7所示。

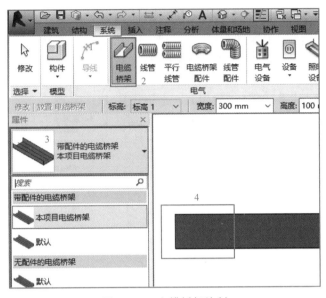

图 3.3.7　电缆桥架绘制

Step 05　电缆桥架过滤器设置。

电缆桥架作为一个特殊系统，在【属性】面板中没有其系统属性类型，在添加过滤器时，需要单独设置其属性，如建立一个强电、一个消防的电缆桥架。

单击【系统】>【电缆桥架】>【编辑类型】>【复制】命令，输入强电电缆桥架和消防电缆桥架，如图 3.3.8 所示。

电气 BIM 建模（2）

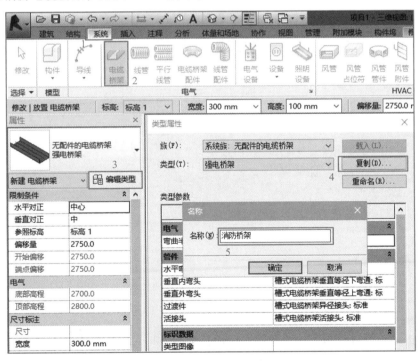

图 3.3.8　电缆桥架设置

在项目浏览器中，选择【族】>【电缆桥架配件】>【槽式电缆桥架配件】命令，将标准配件复制成两个，一个为强电，另一个为消防，如图 3.3.9 所示。

选择【过滤器】>【编辑/新建】>【新建】命令，在【过滤器】对话框中输入【强电】【消防】，在【类别】属性栏中勾选【电缆桥架】【电缆桥架配件】复选框，在【过滤器规则】栏中设置【过滤器条件】>【类型名称】>【包含】选项，名称输入"强电"或"消防"，选择【三维识图】>【添加】命令，选择【添加过滤器】>【强电】或【消防】命令，单击【投影/表面】>【填充图案】>【替换】命令，在【填充样式图形】>【填充图案】下拉列表中选择【实体填充】选项，在【颜色】选项栏设置相应颜色，如图 3.3.10 所示。

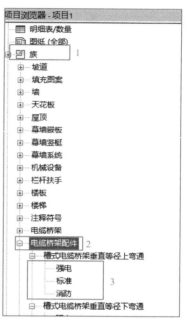

图 3.3.9 电缆桥架配件设置

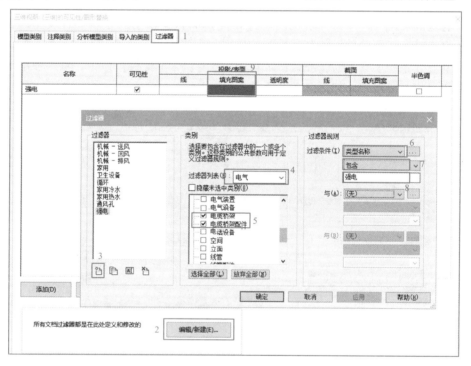

图 3.3.10 电缆桥架过滤器设置

Step 06 电缆桥架标记。

单击菜单栏【注释】>【按类别标记】命令，即可标记电缆桥架，单击菜单栏【系统】命令，打开【电气设置】对话框，单击【电缆桥架设置】选项，调整其相应格式，如图 3.3.11 所示。

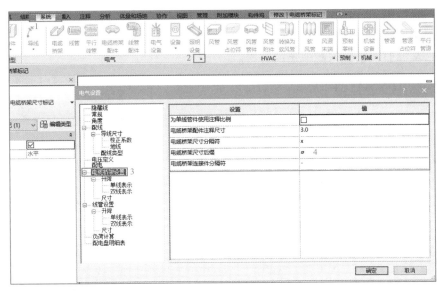

图 3. 3. 11　电缆桥架标记

Step 07　平行线管绘制。

单击菜单栏【系统】>【平行线管】命令，在【平行线管】选项卡下有【相同弯曲半径】和【同心弯曲半径】两种选择，按自己实际需求选择其中一种，设置偏移量和偏移距离，拾取已绘制管道中的一段或者按 Tab 键选择整条管线，如图 3. 3. 12 所示。

图 3. 3. 12　平行管线创建

任务 2　照明灯具模型创建

一、工作任务

① 了解强弱电供给对象、区分强弱电工作原理。
② 熟悉照明灯具图例。

③ 熟悉照明灯具相关 CAD 图纸。

④ 掌握照明灯具模型创建。

⑤ 掌握照明系统与配电箱的链接。

二、相关配套知识

照明灯具在电气系统中属于强电系统，与其链接的配电设施是配电箱，而与之对应的电话、指示、预警属于弱电系统。

室内照明灯具需依靠墙体、天花板进行创建，故照明灯具的创建需依附建筑结构。

在 Revit 当中，灯具模型的创建在【系统】选项卡中，单击【系统】>【照明设备】命令实现。

三、应用案例

工程名称：实验实训楼项目。

建筑面积：241.96 m^2（标准层）。

建筑高度：49.25 m。

建筑层数：地上 12 层（本项目以一层作为案例进行讲解）。

地下室耐火等级为一级，设计使用年限 50 年。

结构采用框架剪力墙结构，高层抗震设防烈度为 7 度。

1. 电气设备识图

① 本项目需用到的图例见表 3.3.1。

② 项目主要图纸。本任务相关图纸见模块三案例导入中的工程图纸电气设备部分。

2. 照明灯具模型创建

Step 01 新建项目文件。

单击【应用程序菜单】>【新建】>【项目】命令，在【新建项目】对话框中选择【机械样板】选项，【新建】类型选择【项目】单选按钮，如图 3.3.13 所示。

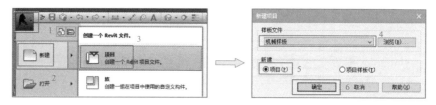

图 3.3.13 新建项目

Step 02 导入土建模型。

单击菜单栏【插入】>【链接 Revit】命令，在弹出【导入/链接 RVT】对话框中选择要导入的土建模型，如图 3.3.14 所示。

Step 03 照明设备载入。

单击菜单栏【插入】>【从库中载入】>【载入族】命令，在弹出【载入族】对话框中选择要导入的照明设备，如图 3.3.15 所示。

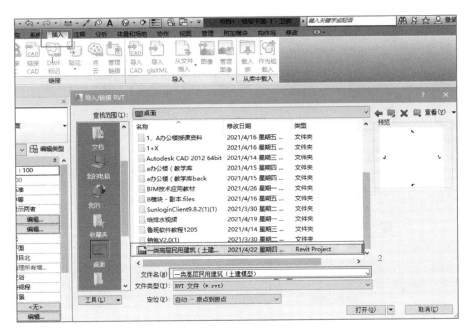

图 3.3.14　土建模型导入

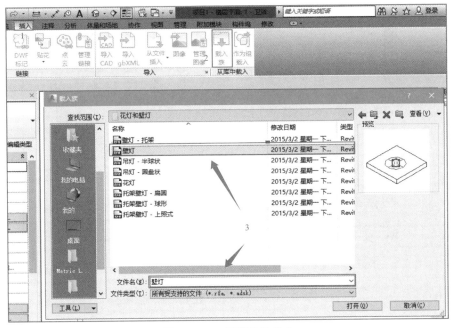

图 3.3.15　照明设备载入

Step 04　照明设备布置。

单击菜单栏【系统】>【照明设备】>【属性】面板>【类型属性】命令,选择与项目相适应的照明设备,按图纸进行布置,如图 3.3.16 所示。

Step 05　照明导线布置。

单击菜单栏【系统】>【导线】命令,选择制图区域已创建的照明设备和配电箱,在 Revit 中,导线会自动链接照明设备和配电箱,如图 3.3.17 所示。

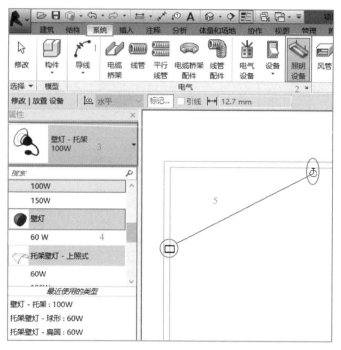

图 3.3.16　照明设备布置

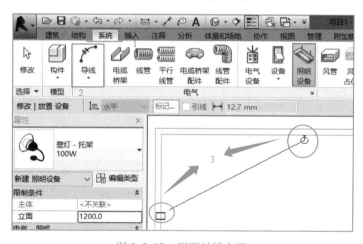

图 3.3.17　照明导线布置

任务 3　开关插座模型创建

一、工作任务

① 了解强弱电供给对象。

② 熟悉开关插座图例。

③ 熟悉开关插座相关 CAD 图纸。

④ 掌握开关插座模型创建。

⑤ 掌握开关插座与配电箱的链接。

二、相关配套知识

开关插座在电气系统中属于强电系统，与其链接的配电设施是配电箱，而与之对应的电话、指示、预警属于弱电系统。

室内开关插座需依靠墙体进行创建，故开关插座的创建需依附建筑结构。

在 Revit 当中，开关插座模型的创建在【系统】选项卡中，单击【系统】>【设备】>【插座】或【开关】命令实现。

三、应用案例

工程名称：实验实训楼项目。

建筑面积：241.96 m² （标准层）。

建筑高度：49.25 m。

建筑层数：地上 12 层 （本项目以一层作为案例进行讲解）。

地下室耐火等级为一级，设计使用年限 50 年。

结构采用框架剪力墙结构，高层抗震设防烈度为 7 度。

1. 电气设备识图

① 本项目需用到的图例见表 3.3.1。

② 项目主要图纸。本小节相关图纸见模块三案例导入中的工程图纸电气设备部分。

2. 开关插座模型创建

Step 01 插座开关载入。

单击菜单栏【插入】>【从族库中载入】>【载入族】命令，在弹出【载入族】对话框中选择要导入的插座开关，如图 3.3.18 所示。

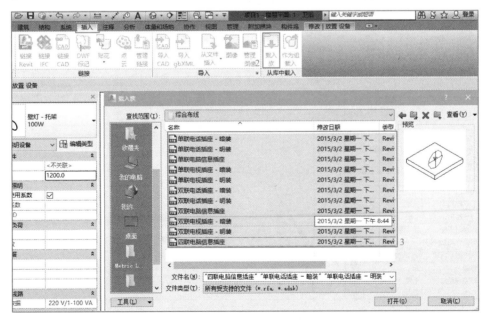

图 3.3.18 插座、开关族载入

Step 02　插座开关布置。

单击菜单栏【系统】>【设备】>【电气装置】>【属性】面板>【类型属性】命令，选择与项目相适应的插座或开关，按图纸布置，如图 3.3.19 所示。

图 3.3.19　插座、开关布置

Step 03　插座、开关导线布置。

单击菜单栏【系统】>【导线】命令，选择制图区域已创建的插座、开关和配电箱，在 Revit 中，导线会自动链接插座、开关和配电箱，如图 3.3.20 所示。

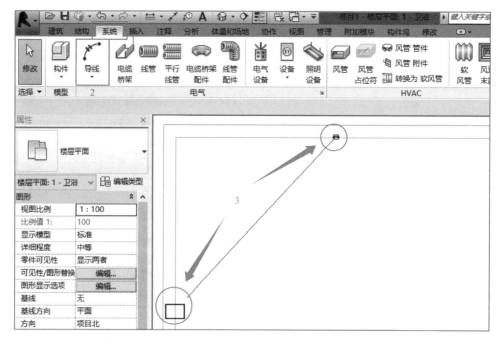

图 3.3.20　插座、开关导线布置

练习题

一、单项选择题

1. 给水系统按构成划分，不包括（　　）。

A. 直接给水管　　　B. 小区进水管　　　C. 楼宇引入管　　　D. 给水户内支管

2. 一般情况下，以 DN 表示管道直径的是（　　）。

A. 无缝钢管　　　B. 塑料管　　　　C. 铸铁管　　　　D. 耐酸陶瓷管

3. 以下不属于通风机的是（　　）。

A. 插板式风机　　　B. 离心式通风机　　C. 轴流式通风机　　D. 贯流式通风机

4. 下列系统中，不属于强电工程的是（　　）。

A. 动力工程　　　B. 防雷接地工程　　C. 照明工程　　　　D. 安全防范系统

5. 下列构件中，属于强电构件的是（　　）。

A. 配线箱　　　　B. 配电箱　　　　C. 电话　　　　　　D. 预警

二、多项选择题

1. 下列场所中，应设置室内消火栓的是（　　）。

A. 建筑占地面积大于 300 m^2 的厂房和仓库

B. 高层公共建筑和建筑高度大于 21 m 的住宅建筑

C. 体积大于 5 000 m^3 的车站、码头、机场的候车（船、机）建筑

D. 特等、甲等剧场及超过 800 个座位的其他等级的剧场和电影院

E. 超过 1 100 个座位的礼堂、体育馆等单、多层建筑

2. 暖通系统包括（　　）。

A. 采暖　　　　　　B. 通风　　　　　　C. 空气调节

D. 排风　　　　　　E. 送风

3. 暖通系统中，防、排烟系统一般分为（　　）。

A. 自然排烟　　　　B. 机械排烟　　　　C. 防烟加压送风

D. 密闭防烟　　　　E. 强烈式排烟

4. 电缆桥架按结构类型可分为（　　）。

A. 有孔托盘　　　　B. 无孔托盘　　　　C. 梯架

D. 槽盒式托盘　　　E. 直线托盘

5. 电缆桥架选择时，应根据以下（　　）确定。

A. 经济性、技术可行性、运行安全性等，满足施工安装、维护检修及电缆敷设要求

B. 水平敷设距地面不低于 2.5 m，垂直敷设距地面 1.8 m，并加金属盖板保护

C. 不同电压、不同用途的电缆不宜敷设在同一层桥架内，若不同等级的电缆敷设在同一层时，中间应增加隔板隔离

D. 电缆桥架托臂的间距，一般水平敷设时不大于 2 000 mm，垂直敷设时不大于 1 500 mm

E. 电缆桥架填充率，动力电缆 40% ~ 50%，控制电缆 50% ~ 70%，宜预留 25%

工程发展裕量

三、简答题

1. 什么是给排水?

2. 简述消火栓的工作原理。

3. 简述消防系统的工作原理及消防竖管的绘制方法。

4. 什么是强弱电? 简述强弱电的划分原则及工作原理。

5. 简述电缆桥架过滤器设置的原理及步骤。

■ **能力目标**

   1. 能够熟悉族的基本知识。

   2. 具备识读相关族 CAD 图纸的能力。

   3. 能够进行注释族、模型族构件的创建。

■ **知识目标**

   1. 掌握族的概念及其相关术语。

   2. 掌握族的几何参数、材质参数。

   3. 掌握族的实例参数、类型参数。

   4. 掌握窗族、矩形柱、嵌套族的创建方法。

■ **案例导入**

    随着人们对建筑造型、舒适度、高科技应用发展的要求，工程建设行业涌现出越来越多的造型复杂、施工难度高、协同程度难的项目。传统二维 CAD 平台以及设计模式已经无法满足这些项目的需求。应对这个挑战的前提是必须找到一个基于三维的协同设计平台，于是 BIM 应运而生。

    而在一个项目模型中，族是一个非常必要而且强大的功能，Revit 中的所有图元都是基于族的。我们可以通过建立不同的族，像搭积木一样将模型构建起来。建模的核心和灵魂是族，其扩展名为".rfa"。模型中所有的构件（门、窗、墙、柱等）都被称为图元，所有的图元都是使用"族"来创建的，因此"族"是建模设计的基础，同时也是参数信息的载体。本模块将对构件创建与编辑进行系统讲解，分别介绍族的基本知识，如何创建注释族与模型族，将为参数化建模提供灵活的自定义构件。

■ **思政点拨**

    随着教育工作的不断深化，当前专业认证已经成为高校土建类专业发展当中的重要组成部分，以土木工程专业为例，工程教育是我国高等教育的重要组成部分，其明确提出，学生在毕业时或者是毕业后在工作当中所体现出来的创新，要能够考虑到社会环境等多方面因素的影响；明确在工程当中的复杂问题，能够基于工程本身的背景进行合理的分析；对于工程时间以及复杂的工程问题进行分析解决；并能够认识到自身所承担的责任，具有人文、社会、科学、责任感；能够在工程当中真正地规范职业道德，履行自身的责任；能够在多学科知识学习的背景当中承担负责人的角色；也能够对复杂的问题与其他工种进行有效的沟通和交流，其中包括陈述发言、清晰地表达、具备国际化的视野；能够在这种背景下，强化沟通交流，并且具备终身学习的意识，不断地适应社会的持续发展。

项目一　族的基本知识

任务 1　族的概念及其相关术语

一、工作任务

在利用族的命令创建建筑构件前，需要首先了解族的概念及其在 Revit 软件中的相关术语表达，包括族的形式、族的分类、族的类型等。本任务主要基于 Revit Architecture 项目的基础，基于二层民居模型对族的概念及其族类型、族参数进行讲解，为后续族实体模型创建打下理论基础。

二、相关配套知识

族是 Revit Architecture 项目的基础。不论是模型图元还是注释图元，均由各种族及其类型构成。安装完 Revit Arhircture 后，默认在 C：\Program Data\Autodesk\RAC 2012\Library\China 目录下提供了内容丰富的族库，供用户在项目设计时使用。在设计过程中常常需要自定义各种类型的模型族和注释族，以满足设计的要求。Revit Architecture 提供了族编辑器，允许用户在族编辑器中创建和修改各类族。

1. 族概念

族（Family）是构成 Revit 项目的基本元素。Revit Architecture 中的族有两种形式：系统族和可载入族。系统族已在 Revit Architecture 中预定义且保存在样板和项目中，用于创建项目的基本图元，如墙、楼板、天花板、楼梯等。系统族还包含项目和系统设置，这些设置会影响项目环境，如标高、轴网、图纸和视图等。可载入族为由用户自行定义创建的独立保存为 .rfa 格式的族文件。Revit Architecture 不允许用户创建、复制、修改或删除系统族，但可以复制和修改系统族中的类型，以便创建自定义系统族类型。由于可载入族的高度灵活的自定义特性，因此，在使用 Revit Architecture 进行设计时，最常创建和修改的族为可载入族。Revit Architecture 提供了族编辑器，允许用户自定义任何类别、任何形式的可载入族。

2. 族的分类

族可分为系统族、可载入标准构件族、内建族。

① 系统族。系统族是 Revit 已做配置的族，即软件自带族，如墙体、楼板、管道等，这些族在使用时，只能修改默认提供的参数，无法随心所欲对其修改，也无法将其保存到本地。

② 可载入标准构件族。是指可以从外部载入 Revit 项目中使用的族，它可以是 Revit 自带族库中的，也可以是建模人员自行创建的。这些族灵活性是最高的，在功能可实现的情况下，可以对其进行任意修改，以匹配使用环境。可载入标准构件族可以被保存到本地，以便重复使用。

③ 内建族。是指在项目文件中直接绘制的族，不具有可参变性，只能通过族的创建命令对其进行修改，常用于仅依附当前项目且不需要重复利用的族构件。

可载入族分为 3 种类别：体量族、模型类别族和注释类别族。模型类别族用于生成项目的模型图元、详图构件等；注释类别族用于提取模型图元的参数信息，例如，在综合楼项目中使用"门标记"族提取门"族类型"参数。

族属于 Revit 项目中的某一个对象类别，如门、窗、环境等。在定义 Revit 族时，必须指定族所属的对象类别。Revit Architecture 提供扩展名为 ".rft" 的族模板文件。该模板决定了所创建的族所属的对象类别。根据族的不同用途与类型，提供了多个对象类别的族模板。在模板中预定义了构件图元所属的族类别和默认参数。当族载入项目中时，Revit Architecture 会根据族定义的所属对象类别进行归类。在族编辑器中创建的每个族都可以保存为独立的格式为 ".rfa" 的族文件。

Revit Architecture 的模型类别族分为独立个体族和基于主体的族。独立个体族是指不依赖于任何主体的构件，例如，家具、结构柱等。基于主体的族是指不能独立存在而必须依赖于主体的构件，例如门、窗、幕墙等图元必须以墙体为主体而存在。基于主体的族可以依附的主体有墙、天花板、楼板、屋顶、线、面，Revit Architecture 分别提供了基于这些主体图元的族样板文件。

3. 族相关术语

① 族类型与族参数：在建立综合楼项目模型时多次应用图元【属性】面板和【类型属性】对话框来调节构件实例参数和类型参数，例如，门的宽度、高度等。Revit Architecture 允许用户在族中自定义任何需要的参数。可以在定义族参数时选择"实例参数"或"类型参数"，实例参数将出现在【图元属性】对话框中，类型参数将出现在【类型属性】对话框中。

图 4.1.1 所示为在定义窗族时定义的各类型参数。当在项目中使用该族时，可以在【类型属性】对话框中调节所有族中定义的参数。

如图 4.1.2 所示，在使用该族时，【类型属性】对话框中显示的参数与族中定义的参数完全相同。

图 4.1.1　【类型属性】对话框（1）

图 4.1.2　【类型属性】对话框（2）

在使用族时，可以将经常使用的类型参数组合保存为族类型。在项目中应用族时，均是插入该族的某一个类型的实例。

图 4.1.3 所示为【族类别和族参数】对话框，在【过滤器列表】中，所选的是【建筑】类的族参数，【建筑】类族包括建模所用到的常规建筑构件。

② 类别：以族性质为基础，对各种构件进行归类的一组图元。例如门、窗为两个类别。

③ 类型：可用于表示同一类族的不同的参数值。

④ 实例：放置在项目中的图元，在项目模型、实例中都有特定的位置。

定义族时所采用的族样板中会提供该类型对象默认的族参数。在统计明细表时，这些族参数可以作为统计字段使用。可以在族中根据需要定义任何族参数，这些参数可以将定义的参数类型呈现在【属性】面板或【类型属性】对话框中，但无法在明细表统计时作为统计

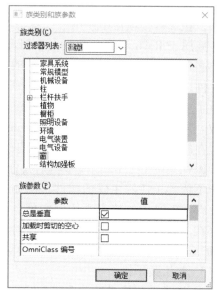

图 4.1.3 【族类别和族参数】对话框

字段使用。如果希望自定义的族参数出现在明细表统计中，必须使用共享参数。在接下来的任务讲解中，将详细介绍如何定义注释族和模型族，如何创建族参数及共享参数。

三、应用案例

Revit Architecture 提供了族类型和族参数用于定义项目的族类型，下面以二层民居为例，说明该项目中包括哪些族，并说明其中系统族——墙、门、窗的族参数有哪些。

模块二中的二层民居中包含的族均为系统族。其中包括标高、轴网、柱、墙、梁、板、门窗构件、楼梯、坡道、屋顶和场地等。该部分族直接从软件中调用，即可创建相应的实体模型。

1. 族参数——墙体

二层民居中的墙体包括外墙与内墙，首先来看墙体的参数。

一层外墙 240 mm 参数如图 4.1.4 所示。从【属性】面板可以读出外墙的实例参数，即一层外墙是从 ±0.000 楼层平面开始浇筑直至 3.260 m，平面布置是依据"墙中心线"。从【编辑部件】对话框可读出外墙的三要素，即功能层名称、材质、厚度，外墙核心层为【结构 1】，材质为混凝土砌块，厚度为 200.0 mm；从核心边界向外部边依次为：【衬底】材质为水泥砂浆，厚度 15 mm；【保温层/空气层】材质为刚性隔热层，厚度为 10.0 mm；【面层】材质为外墙面砖，厚度为 5 mm；从核心边界向内部边有一个功能层，【面层】材质为涂料-白色，厚度为 10.0 mm。

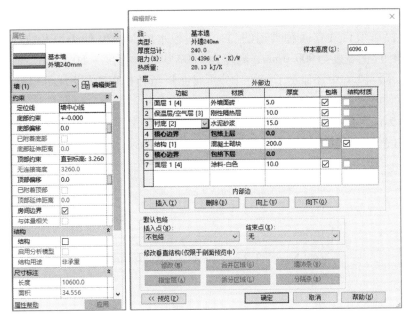

图 4.1.4　外墙【属性】面板与【编辑部件】对话框

二层内墙 200 mm 参数如图 4.1.5 所示,从【属性】面板可以读出内墙的实例参数,与外墙一致,即二层内墙是从±0.000 楼层平面开始浇筑,直至 3.260 m,平面布置依旧为墙中心线。从【编辑部件】对话框可读出内墙的三要素,即功能层名称、材质、厚度,内墙核心层为【结构 1】,材质为混凝土砌块,厚度为 180.0 mm;从核心边界向内、外部边各有一个功能层,即【面层】,材质为涂料-白色,厚度为 10.0 mm。

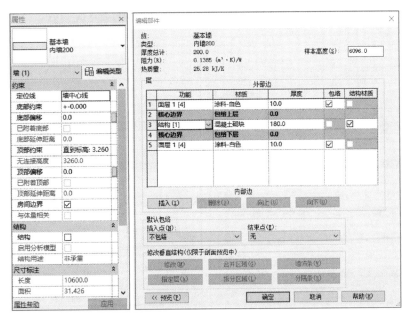

图 4.1.5　内墙【属性】面板与【编辑部件】对话框

2. 族参数——门

二层民居项目共有 4 种类型的门：单嵌板木门 M0920 的类型参数如图 4.1.6 所示，其中门的宽度为 900.0 mm、高度为 2 000.0 mm、厚度为 50.0 mm、框架宽度为 45.0 mm，图 4.1.6 中还显示了门的【分析属性】与【标识数据】（可根据需要手动添加）。双面嵌板木门 M1524 的类型参数如图 4.1.7 所示，包括构造、材质和装饰、尺寸标注等参数。双面嵌板格栅门 M1524 的类型参数如图 4.1.8 所示，与双面嵌板木门一样，包括构造、材质和装饰、尺寸标注等参数。

图 4.1.6　单嵌板木门 M0920【类型属性】对话框

图 4.1.7　双面嵌板木门
M1524【类型属性】对话框

图 4.1.8　双面嵌板格栅门
M1524【类型属性】对话框

3. 族参数——窗

二层民居项目共有 2 种类型的窗——上下推拉窗和左右推拉窗。上下推拉窗 C0918 的实例参数与类型参数如图 4.1.9 所示，该实例参数显示的是二层推拉窗，其约束标高为 3.260 m，底高度为 940.0 mm。在【类型属性】对话框中显示了窗的类型参数，包括约束、构造、材质和装饰、尺寸标注等。左右推拉窗 C1518 的实例参数与类型参数如图 4.1.10 所示，该实例参数显示的是一层墙面上的推拉窗，其约束标高为±0.000，底高度为 930.0 mm，【类型属性】对话框中依旧显示窗的类型参数，包括约束、构造、材质和装饰、尺寸标注等。

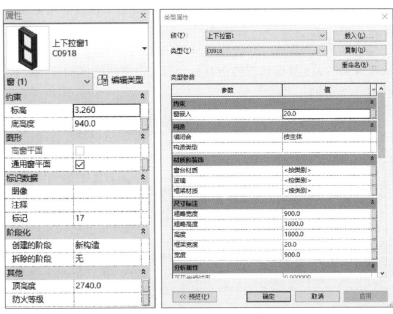

图 4.1.9 上下推拉窗 C0918【属性】面板与【类型属性】对话框

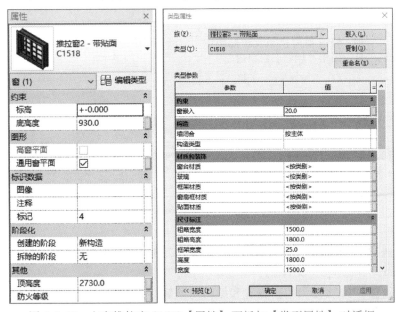

图 4.1.10 左右推拉窗 C1518【属性】面板与【类型属性】对话框

任务 2　族编辑器界面、功能区介绍

一、工作任务

在利用 Revit Architecture 软件进行族模型创建前，需要对族编辑器界面、功能区有一定的了解，本任务在熟知族概念及其相关术语的基础上，对软件中族板块"编辑器界面"中的功能区选项卡进行详细的介绍，使读者在进行族实体模型或注释族创建前，对族界面有清晰的认知，以便后续更好地掌握族的相关知识。

二、相关配套知识

Autodesk Revit 2018 族编辑器将所有命令都集中在功能区面板上，包含七大选项卡，如表 4.1.1 所示。

表 4.1.1　功能区选项卡

选项卡	功 能 介 绍	选项卡	功 能 介 绍
创建	可以创建模型需要的工具：属性、形状、模型、控件、连接件、基准、工作平面、族编辑器等命令	管理	编辑现有图元、数据及系统的工具：设置、管理项目、查询、宏命令
插入	导入其他文件的工具：链接、导入、从库中载入命令	附加模块	将 Revit 族文件转化为可以加载到 Formlt360 的内容，共享模型：BIM360、Formlt360 命令
注释	可将二维信息添加到设计的工具中：尺寸标注、详图、文字命令	修改	系统参数的设置及管理：剪贴板、几何图形、修改、测量、创建命令
视图	管理、修改当前视图及切换视图的工具：图形、创建、窗口命令		

1. 创建

【创建】选项卡集合了九种基本常用功能，如图 4.1.11 所示。

图 4.1.11　【创建】选项卡

①【选择】选项板：用于进入选择模式，然后通过移动光标选择要修改的对象。

②【属性】选项板：用于查看和编辑对象属性，如属性、族类型、族类别和族参数、类型属性。

③【形状】选项板：汇集了用户可能用到的创建三维形状的所有工具。

④【模型】选项板：提供模型线、构件、模型组的创建和调用。

⑤【控件】选项板：可将控件添加到视图。

⑥【连接件】选项板：可将连接件添加到构件中。

⑦【基准】选项板：可提供参照线和参照平面两种参照样式。

⑧【工作平面】选项板：用于为当前的视图或所选定图元指定工作平面。

⑨【族编辑器】选项板：用于将族载入打开的项目或族文件中。

2. 插入

①【链接】选项板：可将其他 Revit 模型、IFC 文件、CAD 文件、标记的 DWF 文件、点云文件链接至本模型，并进行有效管理。

②【导入】选项板：可将 CAD 文件、gbXML 文件、族类型文本文件、光栅图像导入到本模型中，并进行管理。

③【从库中载入族】选项板：可将 Revit 族载入当前文件，将 Revit 族作为组载入。

3. 注释

①【尺寸标注】选项板：提供尺寸标注各类工具，包括对齐、角度、半径、直径、弧长。

②【详图】选项板：可对模型创建符号线、详图构件、详图组、符号、遮罩区域工具。

③【文字】选项板：可将文字注释添加至当前视图，或对文字注释进行检查、查找、替换。

4. 视图

①【图形】选项板：提供控制视图的可见性与细线模式操作工具。

②【创建】选项板：提供三维视图、相机、剖面视图操作工具。

③【窗口】选项板：提供控制视图的工具——切换窗口、关闭隐藏对象、复制、层叠、平铺，并可通过【用户界面】对视图进行控制。

5. 管理

①【设置】选项板：提供对项目图元的材质、对象样式、共享参数、项目单位等的设置按钮，以及其他设置工具。

②【管理项目】选项板：提供项目图像、贴花类型操作工具，并可对项目各类文件进行管理链接。

③【查询】选项板：可查询某一图元的标识符，或按照项目标识符来锁定图元。

④【宏】选项卡：提供"宏管理器"的运行、创建、删除工具，对"宏"指定默认安全设置。

6. 附加模块

①【BIM360】选项板：提供利用 BIM360 工具来共享当前模型，并在 BIM360 工具中显示模型构件的冲突，将 Revit 族文件转化为可以加载到 Formlt360 的内容，共享模型；包括 BIM360、Formlt360 命令。

②【Formlt360】选项板：转换 Revit 族文件，使之加载到 Formlt360 插件中，并提供 Formlt360 插件的学习教程。

7. 修改

①【属性】选项板：提供族类别、族参数、族类型属性工具。

②【剪贴板】选项板：提供复制、粘贴、剪切、匹配类型属性工具。

③【几何图形】选项板：提供剪切、连接图元工具，以及将图元拆分、填色工具。

④【修改】选项板：提供对视图图元进行移动、复制、旋转、镜像、对齐、阵列等工具。

⑤【测量】选项板：提供对视图图元进行测量的工具。

⑥【创建】选项板：可将图元创建为组。

任务 3　几何参数和材质参数

一、工作任务

族参数所包含的内容众多，而几何参数与材质参数是创建模型族的关键，通常所说的一个可以灵活运用于各种项目的族构件，至少包含几何参数与材质参数，在某种程度上，该族被称为"活族"，反之，被称为"死族"，可见几何参数与材质参数的重要程度。本任务以创建立方体的几何参数与材质参数为例，讲解如何给自定义立方体构件添加几何参数与材质参数。使读者对以上两参数有直观的认识。

二、相关配套知识

1. 几何参数

Revit 是一个参数化驱动的应用，也就是说，里边的很多元素都可以通过参数对它的形体或行为进行调整，其中几何参数的驱动是最基本且最重要的，族构件是否可通过参数驱动，成为一个可用于各个项目的"活族"，几何参数起到了关键的作用。

几何参数包括模型中构件的尺寸参数，如窗户的底高度、宽度、高度等，在进行族构件创建时均可对其添加几何参数，用几何参数来约束构件的相对尺寸。二层民居建筑物中的窗构件的几何参数如图 4.1.12 所示。

以族中【拉伸】命令为例，创建拉伸构件，其有一个截面形状和高度（或深度）参数。对于截面形状，可以通过尺寸标注来控制截面大小；对于长度、宽度、高度，可以通过添加参照平面，将拉伸立方体的上下两个面对齐锁定到参照平面，同时给两个参照平面增加尺寸标注，或将标注关联到族参数来控制，如图 4.1.13所示，图中所示的长度、宽度、高度三个参数共同驱动着立方体模型。

2. 材质参数

模型中构件的材质是否可通过选择构件进行材质替换，关键在于是否对该构件进行材质参数化，对创建的拉伸立方体构件集进行材质参数添加，如图 4.1.14

所示，在【族类型】对话框中，分别显示立方体的材质参数与几何参数，可通过几何参数调整立方体模型的材质。

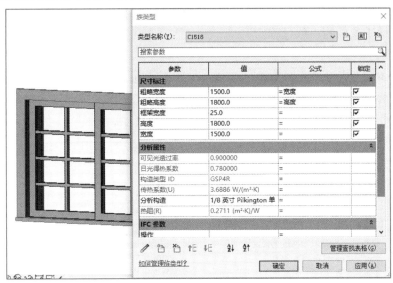

图 4.1.12　C1518【族类型】中几何参数

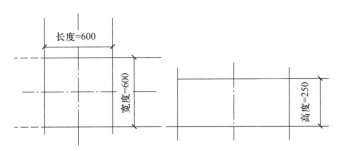

图 4.1.13　【拉伸】命令中各尺寸参数

图 4.1.14　在【族类型】对话框中调整立方体模型的材质

三、应用案例

下面创建立方体构件集，对其进行几何参数和材质参数的调整，说明创建几何参数和材质参数的一般过程。

1. 正方体族创建

Step 01　启动 Revit Architecture，在族下面板中单击【新建】命令，弹出【新族-选择样板文件】对话框，如图 4.1.15 所示，选择"公制常规模型.rft"，单击【打开】按钮。

图 4.1.15　【新族-选择样板文件】对话框

Step 02　选择【创建】>【拉伸】命令，选择【拾取线】绘制命令，在【偏移量】处输入"500.0"，如图 4.1.16 所示，拾取竖向参照平面，生成平行于竖向参照平面的两根模型线；继续在【偏移量】处输入"300.0"，拾取横向参照平面，生成平行于横向参照平面的两根模型线，如图 4.1.17 所示；选择【修剪│延伸为角】命令，将模型线修剪成边长为 1 000 mm×600 mm 的矩形，如图 4.1.18 所示；在【属性】面板>【约束】中，在【拉伸起点】输入"0.0"，【拉伸终点】输入"50"，如图 4.1.19 所示，单击【应用】按钮，最后单击【完成编辑模式】按钮，生成立方体实体模型，如图 4.1.20 所示。

图 4.1.16　【修改│创建拉伸】拾取线命令

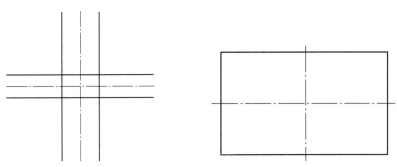

图 4.1.17　偏移、拾取参照平面生成的模型线　　图 4.1.18　1000×600 矩形模型线

图 4.1.19　【拉伸】命令属性面板　　　　　　图 4.1.20　立方体实体模型

2. 几何参数

Step 01　在项目浏览器中双击"楼层平面"中的【参照标高】命令，使中间的绘图区域跳转到参照标高平面，选择【注释】>【对齐】命令，如图 4.1.21 所示。对立方体模型俯视图的长边与短边进行尺寸标注，如图 4.1.22 所示。

图 4.1.21　选择【注释】>【对齐】命令

Step 02　选择 1000 的尺寸标注，激活【修改│尺寸标注】选项卡，在【标签】栏单击【添加参数】按钮，如图 4.1.23 所示，弹出【参数属性】对话框，在【名称】处输入"长度"，如图 4.1.24 所示，单击【确定】按钮，退出【参数属性】对话框。

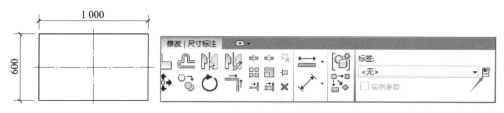

图 4.1.22 标注过的四边形   图 4.1.23 【修改 | 尺寸标注】选项卡下【添加参数】

Step 03 用相同的方法，选择 600 的尺寸标注，为其添加【名称】为"宽度"的参数，如图 4.1.25 所示，添加完长度与宽度参数的"参照标高"楼层平面视图如图 4.1.26 所示。

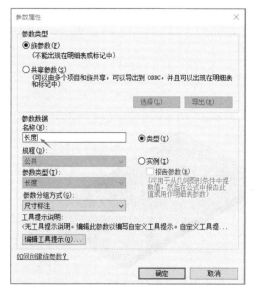

图 4.1.24 【参数属性】对话框中添加长度参数

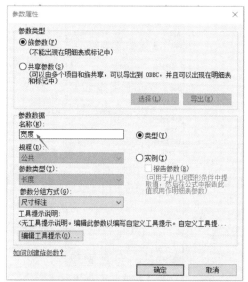

图 4.1.25 【参数属性】对话框中添加宽度参数

Step 04 双击项目浏览器>【立面】>【前】命令，中间绘图区域跳转到前立面视图中，选择【注释】>【对齐】命令，对立方体进行厚度方向的尺寸标注，如图 4.1.27 所示。

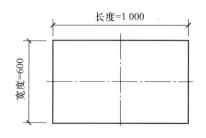

图 4.1.26 添加完参数的参照标高视图

图 4.1.27 立方体厚度尺寸标注

Step 05 选择 50 的尺寸标注，激活【修改 | 尺寸标注】上下文选项卡，在【标签】栏单击【添加参数】按钮，弹出【参数属性】对话框，在【名称】处输入

"厚度"，如图 4.1.28 所示，单击【确定】按钮，退出【参数属性】对话框。

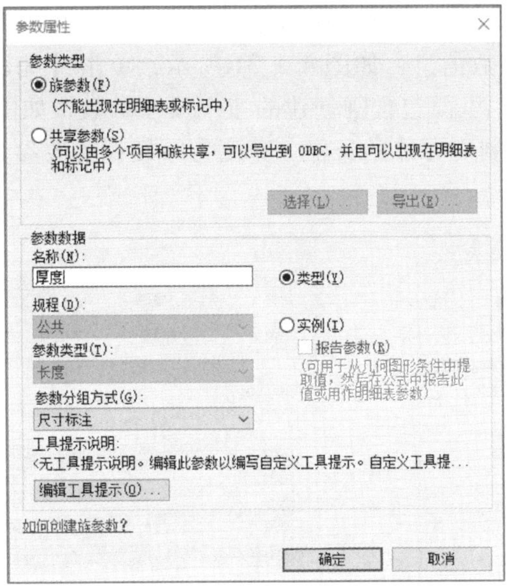

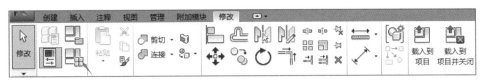

图 4.1.28 【参数属性】对话框

Step 06 选择【修改】>【族类型】按钮，如图 4.1.29 所示，弹出【族类型】对话框，可以看到刚设置的尺寸参数，分别为厚度、宽度、长度，选中三个尺寸参数后面数字，更改参数值，如图 4.1.30 所示，立方体模型的宽度、长度、厚度会发生相应变化。

图 4.1.29 【修改】选项卡下【族类型】按钮

图 4.1.30 【族类型】对话框

Step 07　将立方体模型保存为"立方体.rfa"的文件，载入新建项目中，单击放置立方体构件，即将模型布置在新建项目中，选中模型，在【属性】面板中显示立方体模型的参数信息，如图4.1.31所示，单击【编辑类型】按钮，打开【类型属性】对话框，里面包含刚创建的三个尺寸参数，如图4.1.32所示，可通过更改尺寸参数值控制立方体的长度、宽度与厚度；更改参数值后的立方体模型见图4.1.33所示。

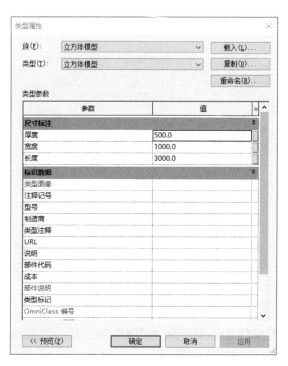

图4.1.31　立方体模型的【属性】面板　　　图4.1.32　立方体模型的【类型属性】对话框

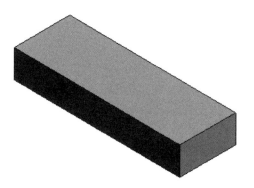

图4.1.33　更改参数值后的立方体模型

以上三个尺寸参数值均为几何参数，该立方体添加宽度、长度、厚度参数后，变为可用参数驱动的"活族"。

3. 材质参数

Step 01 选择创建好的立方体模型，【属性】面板>【材质和装饰】中【材质】显示"默认"，如图 4.1.34 所示，单击【材质和装饰】右边按钮，弹出【关联族参数】对话框，单击【添加参数】按钮，弹出【参数属性】对话框，在【名称】处输入"材质"，设置为【类型】参数，【参数分组方式】为【材质和装饰】，单击两次【确定】按钮，退出【参数属性】与【关联族参数】对话框，如图 4.1.35 所示。

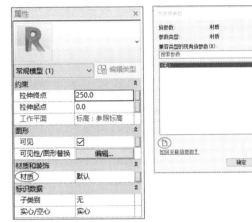

图 4.1.34 【属性】面板
中的材质参数

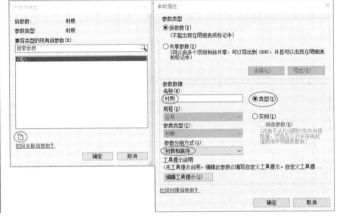

图 4.1.35 添加材质参数

Step 02 单击【创建】>【族类型】命令，打开【族类型】对话框，在【材质和装饰】一栏，显示材质参数，单击后面的按钮，在材质浏览器中选择【水泥砂浆】作为立方体构件的材质，单击【确定】按钮退出材质浏览器，为立方体模型添加材质参数，如图 4.1.36 所示。

图 4.1.36 给材质参数赋予材质

任务 4 实例参数和类型参数

一、工作任务

一个构件的实例参数与类型参数有着本质的区别，通过设置构件的实例参数与类型参数来控制该实例或者一类的构件的属性或性质。本任务是在上一个任务的基础上，将几何参数或者材质参数分别设置成实例参数与类型参数，分析实例参数与类型参数的不同，并找出其对构件的影响。

二、相关配套知识

参数化是 Revit 最重要的特性之一，Revit 本身就是利用参数化构件（即族）进行实体化模型创建的。在 Revit 中，设计师可以通过调整参数来创建各种形状的构件，参数化使得设计师能够更加自由和更加精细地进行设计意图的表达。

1. 实例参数

实例参数是针对单个个体构件的，主要应用于个体。也就是说，在项目中每个个体的参数都是独立的，如果修改实例参数，只会影响当前实体的变化，而不会影响整个类型的变化，例如系统族墙体的标高、长度等均为实例参数，可修改系统族——墙体的标高、长度等，实例参数主要在构件的属性框中表达，如图 4.1.37 所示，可在【属性】面板中直接进行修改。

在实例参数中还有一种参数类型，即为报告参数。

报告参数不能进行修改，根据关联参数进行变化，可用于数值读取、查看和制作明细表。

假设我们要绘制一个与墙关联的族，宽度跟随墙厚的变化进行变化，墙厚就是关联参数，将其设为报告参数，并将要变化的参数与关联参数用公式连接，载入项目中，之后就能进行关联变化了。

图 4.1.37 基本墙【属性】面板中的实例参数

2. 类型参数

类型参数是针对同一类型的，主要应用于全体。也就是说，在项目中只要修改一个类型参数的数值，其他数值也会跟着发生变化，并且要在【属性】面板中的【编辑类型】中进行修改，如图 4.1.38 所示。这里要提醒一点的是，一个族可以有多个类型，如果有同一个族的多个相同的类型被载入项目中，类型参数的值一旦被修改，则利用该类型所创建的所有个体都会发生相应的改变。

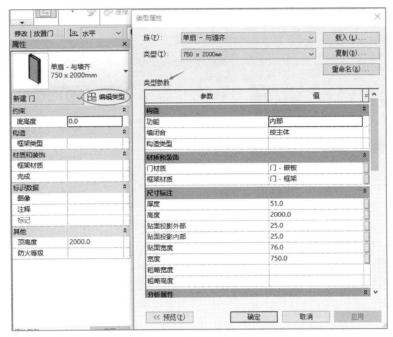

图 4.1.38　单扇门【类型属性】中的类型参数

三、应用案例

1. 将几何参数设置为实例参数

Step 01　打开"立方体.rfa"族文件,选择【创建】>【族类型】命令,打开【族类型】对话框,如图 4.1.39 所示,其中包含上节任务添加的三个尺寸参数,分别为厚度、宽度、长度,选中尺寸标注中的厚度参数,单击【族类型】>【编辑参数】命令,弹出厚度【参数属性】对话框,看到厚度参数为实例参数,如图 4.1.40 所示。单击【确定】按钮,退出【参数属性】对话框。

图 4.1.39　立方体【族类型】对话框

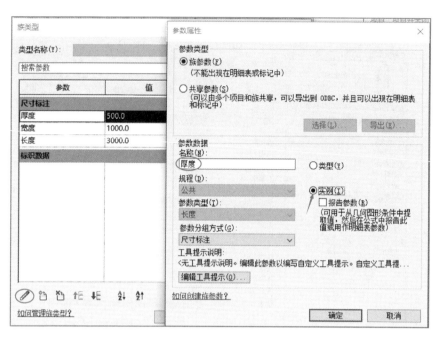

图 4.1.40   厚度的【参数属性】对话框

Step 02   用同样的方法打开宽度、长度参数，其【参数属性】对话框如图 4.1.41、图 4.1.42 所示，显示宽度、长度参数均为实例参数。

图 4.1.41   宽度的【参数属性】对话框

Step 03   将"立方体.rfa"族文件载入新建项目中，单击放置立方体构件，放置两个立方体构件，即将模型布置在新建项目中，立方体三维模型

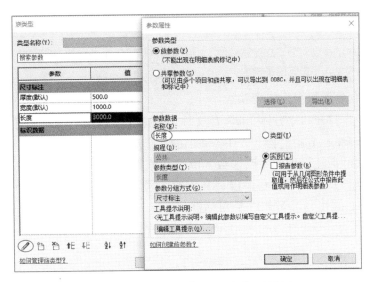

图 4.1.42　长度的【参数属性】对话框

如图 4.1.43 所示。

Step 04　在视图中选中一个立方体模型，在【属性】面板显示其实例参数，即在【尺寸标注】中设置厚度、宽度、长度，如图 4.1.44 所示；现将立方体【属性】面板中的尺寸标注信息更改为厚度 1 000.0 mm，宽度 500.0 mm，长度 1 500.0 mm，该立方体三维模型如图 4.1.45 所示，很明显与另一个立方体模型形成明显的对比。

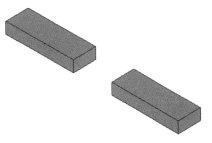

图 4.1.43　两个立方体模型

图 4.1.44　立方体【属性】面板　　图 4.1.45　更改过【实例参数】的立方体模型

两个立方体的类型均为"立方体模型"，但是尺寸标注三个参数均为实例参数，实例参数只影响本实例模型，不影响同类模型。

2. 将几何参数设置为类型参数

Step 01　打开"立方体.rfa"族文件，选择【创建】>【族类型】命令，打开【族类型】对话框，其中包含上节任务添加的三个尺寸参数，分别为厚度、宽度、长度，选中【尺寸标注】中的厚度参数，单击【族类型】>【编辑参数】命令，弹出厚度【参数属性】对话框，将厚度参数调整为类型参数，如图4.1.46所示。单击【确定】按钮，退出【参数属性】对话框。

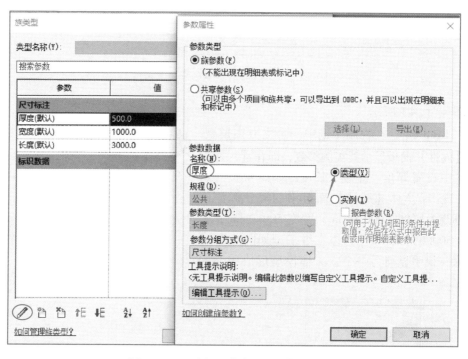

图4.1.46　厚度的【参数属性】对话框

Step 02　用同样的方法打开宽度、长度参数，将宽度、长度参数调整为类型参数，其【参数属性】对话框如图4.1.47、图4.1.48所示。

Step 03　将"立方体.rfa"族文件载入新建项目中，单击放置两个立方体构件，即将模型布置在新建项目中，立方体三维模型如图4.1.49所示。

Step 04　在视图中选中一个立方体模型，选择【属性】面板>【编辑类型】命令，弹出【类型属性】对话框，显示其类型参数，即"立方体模型"这一类构件的类型参数——厚度、宽度、长度，如图4.1.50所示；现将立方体【属性】面板中的【尺寸标注】信息更改为厚度1 000.0 mm、宽度500.0 mm、长度1 500.0 mm，两个立方体模型均发生了变化，如图4.1.51所示。

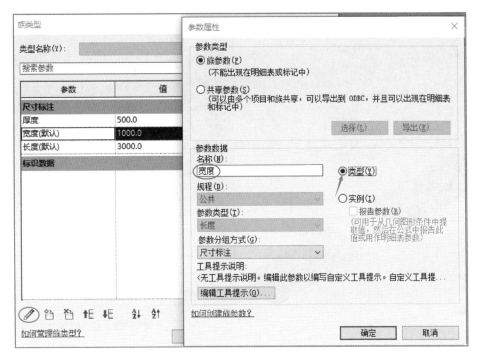

图 4.1.47 宽度的【参数属性】对话框

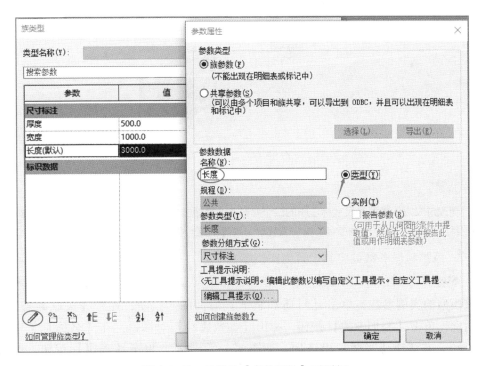

图 4.1.48 长度的【参数属性】对话框

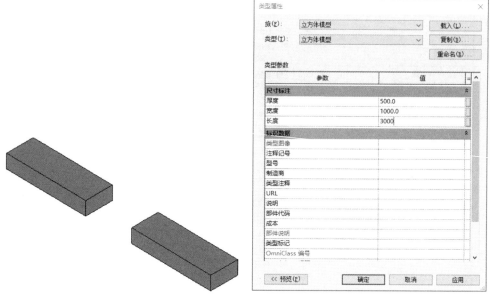

图 4.1.49　两个立方体模型　　　　图 4.1.50　立方体模型的【类型属性】对话框

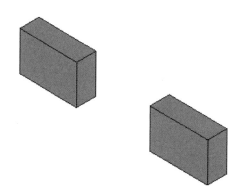

图 4.1.51　更改过【类型属性】的立方体模型

　　更改过立方体模型的尺寸标注中的三个参数后，两个立方体均发生了变化，是因为该参数为"类型参数"，即"类型参数"发生变化时，其影响这一类模型。

　　3. 添加材质参数并将其设置为实例参数

　　Step 01　　打开"立方体.rfa"族文件，单击立方体模型，在【属性】面板显示该模型的实例参数，单击【材质和装饰】后面的⬚按钮，打开【关联族参数】对话框，单击【添加参数】按钮，弹出【参数属性】对话框，在【名称】下输入"材质"，并选择【实例】单选项，如图 4.1.52 所示，单击【确定】按钮，退出【参数属性】对话框，打开【关联族参数】对话框，如图 4.1.53 所示。该立方体模型的材质参数已被添加，单击【确定】按钮，退出【关联族参数】对话框。

　　Step 02　　保存"立方体.rfa"族文件，将"立方体.rfa"族文件载入新建项目中，单击放置两个立方体构件，选择其中一个立方体构件，单击【材质-按类

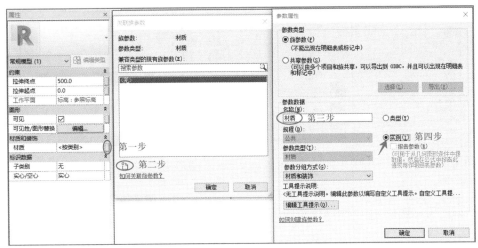

图 4.1.52　添加"材质参数"步骤

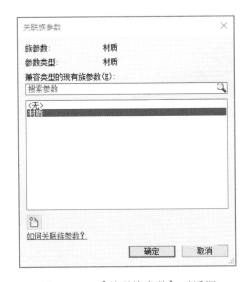

图 4.1.53　【关联族参数】对话框

别】后面的 按钮，在弹出的材质浏览器中手动输入"水泥"，选择【水泥砂浆】，并将【图形】中的【颜色】调整为"蓝色"，如图 4.1.54 所示，单击【确定】按钮，退出材质浏览器。立方体模型如图 4.1.55 所示。

注意

更改过立方体模型的【材质】参数后，其中被更改的立方体的材质发生了变化，是因为该参数为"实例参数"，即"实例参数"发生变化时，只影响该实例模型。

4. 将材质参数设置为类型参数

Step 01　打开"立方体.rfa"族文件，单击【族类型】按钮，打开【族类型】对话框，选中"材质"，单击【编辑参数】按钮，在弹出的【参数属性】对话框中将【材质】参数改为"类型"，如图 4.1.56 所示。

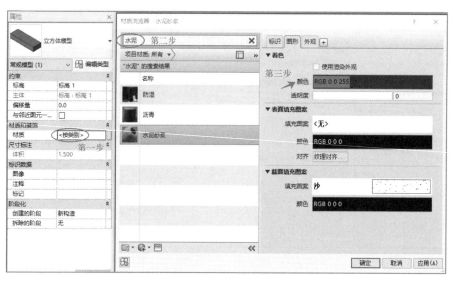

图 4.1.54　设置立方体【实例参数】"材质"步骤

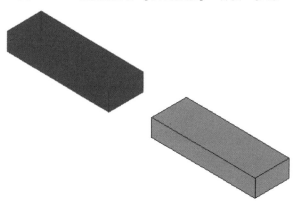

图 4.1.55　更改过【实例参数】"材质"的立方体模型

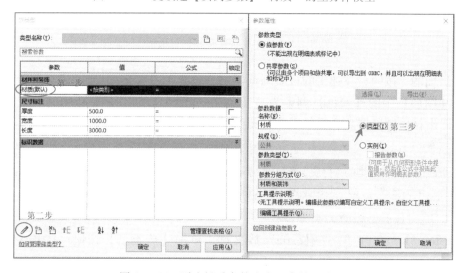

图 4.1.56　更改材质参数为类型参数的步骤

Step 02　保存"立方体.rfa"族文件，将"立方体.rfa"族文件载入新建项目中，单击放置两个立方体构件，选择其中一个立方体构件，单击【编辑类型】按钮，在弹出的【类型属性】对话框中单击"材质"后面的▉按钮，弹出材质浏览器，在搜索栏输入"水泥"关键字，选择【水泥砂浆】，并将【图形】中的【颜色】调整为"蓝色"，如图4.1.57所示，单击两次【确定】按钮，退出材质浏览器与【类型属性】对话框，立方体模型如图4.1.58所示。

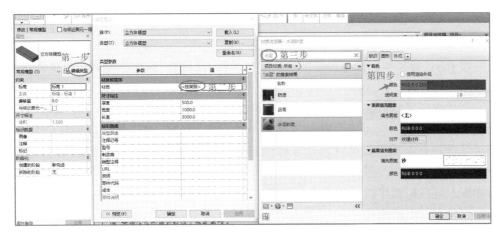

图4.1.57　设置立方体【类型参数】"材质"步骤

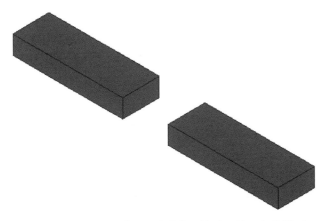

图4.1.58　更改过【类型参数】"材质"的立方体模型

更改过立方体模型的材质参数后，其中未被选中的立方体的材质也发生了变化，是因为该参数为"类型参数"，即"类型参数"发生变化时，影响这一类实体模型。

项目二　创建注释族

任务1　门标记族

一、工作任务

在 Revit 软件中，常见的出图前的准备工作有标记、标注、注释、可见性设置及视图样板设置。

创建族模型前，需要首先了解注释类型族，注释类型族是 Revit Architecture 非常重要的一种族，它可以自动提取模型族中的参数值，自动创建构件标记注释。使用【注释】类族模板可以创建各种注释类族，例如，门标记、材质标记、轴网标头等。本任务主要基于 Revit Architecture 项目的基础，利用 "门-门标记 . rft" 族样板，对如何创建门标记族进行讲解，使读者掌握门标记族的方法，并对注释族的创建有一定思路。

二、相关配套知识

微课

构件的标记
创建与编辑

1. 标记

标记的主要用处是对构件（如门、窗、柱等构件）或是房间、空间等概念进行标记，用以区分不同的构件或房间。标记分为按类别标记、全部标记、房间标记、空间标记等，如图 4.2.1 所示。

图 4.2.1　标记种类

按类别标记：即对不同类别的构件单个进行标记，使用 "按类别标记" 时，需要单击要标记的构件，软件自动按照构件的 "类型标记" 进行标记。

全部标记：即对构件的不同类型进行全部标记，如对窗进行全部标记，会对当前视图中的所有窗进行标记，标记名称同样依据构件的【类型标记】进行标记。

2. 门标记族

门标记族的创建是基于【注释】族类别的【公制门标记】族样板创建的【注释类】族，利用该族样板，可以创建门的【类型属性】对话框中的【类型标记】族，用创建好的门标记族，可载入任何项目中，对项目中的门构件进行类别标记。

三、应用案例

使用 "M_门标记 . rft" 族样板，可以创建任何形式的门标记。创建其他类型

的标记族过程与创建门标记类似。下面以创建二层民居模型中入户门 M0920（图
4.2.2）标记为例，说明创建门标记族的一般过程。该门标记读取门对象类型参数
中的【类型注释】参数值。

1. 创建门标记族

Step 01　启动 Revit Architecture，选择【应用
程序】菜单>【新建】>【族】命令，弹出【新族-
选择族样板】对话框，如图 4.2.3 所示，双击【注
释】文件夹，选择【公制门标记 . rft】作为族样板，
如图 4.2.4 所示，单击【打开】按钮，进入族编辑器
状态。该族样板中默认提供了两个正交参照平面，参
照平面交点位置表示标签的定位位置，如图 4.2.5
所示。

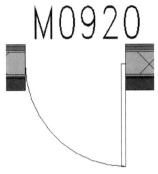

图 4.2.2　M0920

图 4.2.3　新建族样板对话框

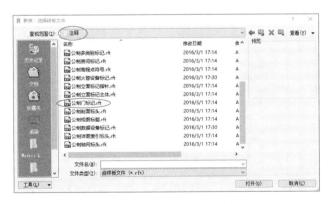

图 4.2.4　族注释样板对话框

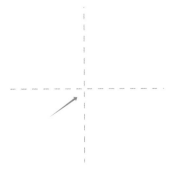

图 4.2.5　正交参照平面

Step 02　单击【创建】>【文字】>【标签】命令，自动切换至【修改 | 放
置标签】选项卡，如图 4.2.6 所示，设置【格式】面板中水平对齐和垂直对齐方
式均为居中。

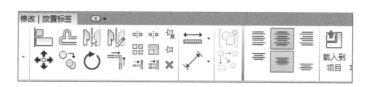

图 4.2.6   【修改 | 放置标签】选项卡

Step 03   确认【属性】面板中的标签样式为"3.0 mm"。打开【类型属性】对话框，复制出名称为"3.5 mm"的新标签类型，如图 4.2.7 所示，该对话框中类型参数与文字类型参数完全一致。文字"颜色"为"黑色"，"背景"为"透明"；设置"文字字体"为"长仿宋体"，"文字大小"为 3.5 mm，其他参数参照图 4.2.7 中所示设置，完成后单击【确定】按钮，退出【类型属性】对话框。

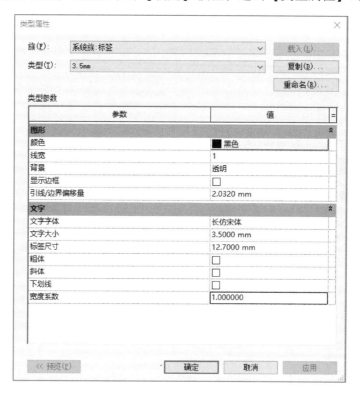

图 4.2.7   标签【类型属性】对话框

标签文字的字体高度会自动随着项目中视图比例的变化而调整。

Step 04   移动鼠标指针至参照平面交点位置后单击，弹出【编辑标签】对话框。如图 4.2.8 所示，在左边【类别参数】列表中列出门类别中所有默认可用参数信息。选择【类型注释】参数，单击【将参数添加到标签】按钮，将参数添加到右侧【标签参数】栏中。修改【样例值】为 M0920，单击【确定】按钮关闭对话框，将标签添加到视图中。

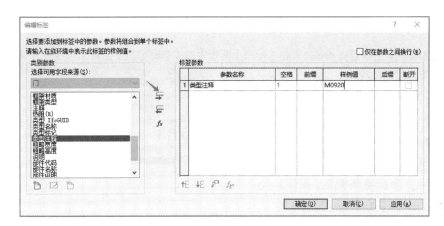

图 4.2.8 【编辑标签】对话框及 M0920 标签视图显示

样例值用于设置在标签族中显示的样例文字，在项目中应用标签族时，该值会被项目中相关参数值替代。

Step 05 适当移动标签，使样例文字中心在"水平"与"垂直"参照平面的交点处，单击【创建】>【详图】面板>【直线】工具，如图 4.2.9 所示，设置线类型为【门标记】，如图 4.2.10 所示；使用矩形绘制模式，按图 4.2.11 中所示位置绘制矩形框。

图 4.2.9 创建直线命令

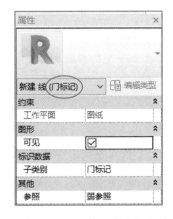

图 4.2.10 【门标记】实例参数

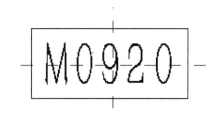

图 4.2.11 "标签"矩形框

添加标签参数后，选择标签参数，单击【标签】面板中的【编辑标签】工具，可打开【编辑标签】对话框进行标签编辑。

2. 将门标记族载入项目中

　　保存文件，命名为"门类型注释.rfa"。新建项目，载入该标签，在项目中创建墙和门图元，标签显示如图4.2.12所示，该标签将提取门【类型属性】对话框中【类型标记】的参数值，如图4.2.13所示。如果项目中门【类型注释】参数值为空，则标记将显示为空白。

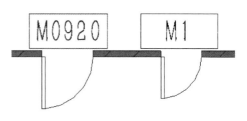

图 4.2.12　门标签示例显示

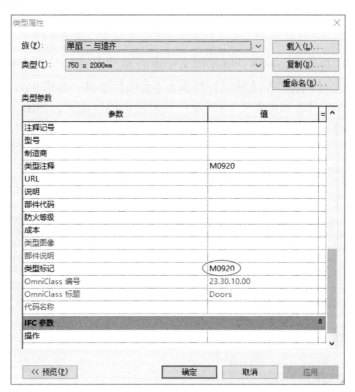

图 4.2.13　门【类型属性】对话框

　　如果已经打开项目文件，单击【族编辑器】>【载入到项目中】工具可以将当前族直接载入项目中。

　　新建的【门标签】中的名称，即门【类型属性】对话框中的【类型标记】名称，可根据门尺寸的不同，手动进行输入。

任务 2　创建材质标签

一、工作任务

在上一任务的练习中，由于"门类型注释.rfa"族文件是基于"M_公制门标记.rft"族样板创建的，在该族样板中，已经预设该族属于"门标记"类别，该族仅可用于提取"门"类别图元的参数信息。Revit Architecture 并未提供全部对象类别的族样板，例如，并未提供"材质标记"的族样板文件。使用"常规标记.rft"族样板，通过定义族类别可以定义 Revit Architecture 任意构件标签。本任务在上一节任务的基础上，以定义材质标记为例，说明如何使用族样板进行材质标签的创建，使读者可灵活运用族样板，并对其进行简单的扩展。

二、相关配套知识

1. 标签

标签可对模型中的构件进行说明解释，例如名称说明、类别说明、材质说明等，标签作为一个二维标识，为模型使用者提供更全面的信息。图 4.2.14 为二层民居项目中门窗标签。

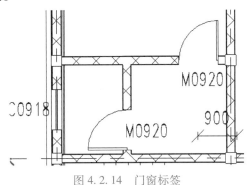

图 4.2.14　门窗标签

2. 材质标签

Rrvit 中材质标签属于【注释】类族，在建筑项目中，单击【管理】>【材质】命令，弹出材质浏览器，如图 4.2.15 所示。其中，【标识】>【说明信息】里面的【说明】是材质的说明，显示在图元的材质标记中；【标识】>【说明信息】里面的【类别】，用于指定材质的类型，例如是玻璃、混凝土还是砌体等的注释，即用于对类别等信息做解说；【标识】>【产品信息】里面指定了材质制造商的名称、材质的代码、价格和制造商的网址等信息，如图 4.2.16 所示。

图 4.2.15　选择【管理】>【材质】命令

图 4.2.16   在材质浏览器中选择【标识】选项

三、应用案例

1. 创建材质标签

Step 01   以"公制常规标记 . rft"为族样板新建注释符号标记族，如图 4. 2. 17 所示。注意：在该族样板中，除提供正交的参照平面外，还以红色字体给出该族样板的使用说明，如图 4. 2. 18 所示。选择该红色文字，按 Delete 键删除，删除过使用说明的"公制常规标记 . rft"样板如图 4. 2. 19 所示。

图 4.2.17   族【注释】样板对话框

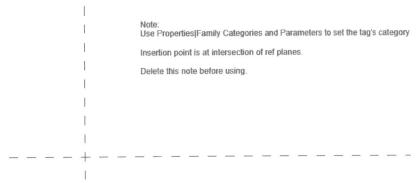

Note:
Use Properties|Family Categories and Parameters to set the tag's category

Insertion point is at intersection of ref planes.

Delete this note before using.

图 4.2.18 "公制常规标记"样板

Step 02　如图 4.2.20 所示，单击【创建】>【属性】>【族类别和族参数】工具，弹出【族类别和族参数】对话框。

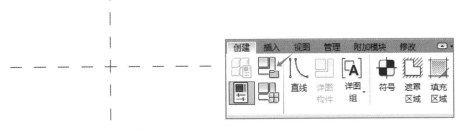

图 4.2.19 "公制常规标记"样板
（删除说明后）

图 4.2.20 族类别和族参数按钮

Step 03　如图 4.2.21 所示，在【族类别】列表中列出 Revit Architecture 默认规程中包括的所有构件类别。选择【材质标记】，勾选下方【族参数】栏中的【随构件旋转】复选框，该标签将随构件的旋转而旋转。单击【确定】按钮，退出【族类别和族参数】对话框。

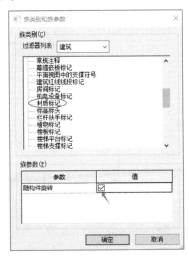

图 4.2.21 【族类别和族参数】对话框

Step 04　选择【创建】>【文字】>【标签】命令，自动切换至【修改|放置标签】上下文选项卡，如图 4.2.22 所示，选择【格式】>【水平对齐】和【垂直对齐】>【左对齐】命令。

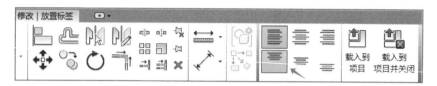

图 4.2.22　【修改|放置标签】选项卡

Step 05　确认【属性】面板中的标签样式为"3.0 mm"。打开【类型属性】对话框，复制出名称为"3.5 mm"的新标签类型，如图 4.2.23 所示，该对话框中【类型参数】与文字类型参数完全一致。文字"颜色"为"黑色"，"背景"为"透明"；设置"文字字体"为"长仿宋体"，"文字大小"为 3.5000 mm，其他参数参照图 4.2.23 所示设置，完成后单击【确定】按钮，退出【类型属性】对话框。

图 4.2.23　标签【类型属性】对话框

标签文字的字体高度会自动随着项目中视图比例的变化而调整。

Step 06　移动鼠标指针至参照平面交点位置后单击，弹出【编辑标签】对话框。如图 4.2.24 所示，在左边【类别参数】列表中列出门类别中所有默认可用参数信息。选择【类型注释】参数，单击【将参数添加到标签】按钮，将参数添加到右侧【标签参数】栏中，并将【样例值】改为"材质名称"，单击【确定】按钮关闭对话框，将标签添加到视图中。

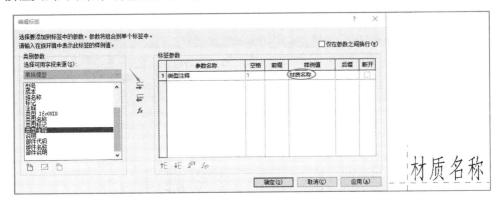

图 4.2.24　【编辑标签】对话框及"材质名称"标签视图显示

样例值用于设置在标签族中显示的样例文字，在项目中应用标签族时，该值会被项目中相关参数值替代。

Step 07　适当移动标签，使样例文字中心在"水平"与"垂直"参照平面的右上角，单击【创建】>【详图】面板>【直线】命令，如图 4.2.25 所示，设置线类型为【材质标记】，如图 4.2.26 所示；使用矩形绘制模式，按图 4.2.27 中所示位置绘制矩形框。

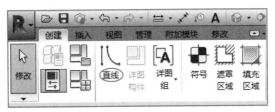

图 4.2.25　创建直线命令

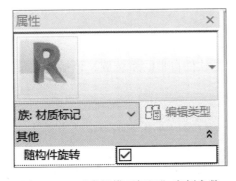

图 4.2.26　"常规模型标记"实例参数

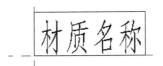

图 4.2.27　"标签"矩形框

2. 将材质标签载入项目中

保存文件，命名为"材质名称标记.rfa"。将该文件载入任意项目中，单击【注释】>【材质标记】命令，如图4.2.28所示，使用【材质标记】工具标记任意对象，该标签将显示材质的名称，如图4.2.29所示。

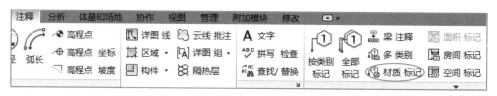

图4.2.28　【注释】选项卡【材质标记】命令

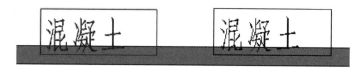

图4.2.29　墙体材质标记名称

任务 3　标题栏与共享参数

一、工作任务

创建标题栏族的过程与注释族过程类似。在新建族时选择"标题栏"目录下的图纸样板即可。在创建标题栏时，除使用标题栏样板中提供的默认族参数外，通常需要使用自定义的参数。使用"新建参数"可以创建自定义的参数。如果希望该参数能出现在图纸统计表中，则可以创建"共享参数"。

本任务主要对如何创建A3图纸标题栏进行讲解，说明创建图纸族的具体过程，使读者掌握创建图纸标题栏的方法；因为在族样板提供的默认标题栏可用参数中并未提供标题栏中的建设单位、项目负责、项目审核、制图等参数，所以在创建好A3图纸标题栏后，将介绍如何使用自定义参数的方式建立共享参数。

二、相关配套知识

1. 标题栏

在Revit Architecture软件中，标题栏是软件自带的系统族，包括各类尺寸的公制图纸，如图4.2.30所示。

2. 共享参数

共享参数是用于参数定义的，而且它不仅可以在族文档中定义参数，还可以在项目文档中再定义参数。不仅如此，它的作用对象是族类别（注意：不是族类型，族类别包括墙、结构柱、公制常规模型等），这些参数随后可以用于创建明细表，这是一般参数所没有的。最重要的是，共享参数定义保存在与任何族文件或Revit项目不相关的txt文件中，这样就可以从其他族或项目中访问此文件，不用重复定义。

图 4.2.30　族中标题栏下的文件

下面创建一简单的文字类型的共享参数，以说明共享参数的创建方法。

Step 01　单击【管理】>【共享参数】命令，如图 4.2.31 所示，弹出【编辑共享参数】对话框。

图 4.2.31　选择【管理】>【共享参数】命令

Step 02　单击【创建】按钮，选择文件保存的路径，如果有已经定义好的文件，直接浏览即可，创建参数组，方便对参数进行管理，如图 4.2.32 所示。

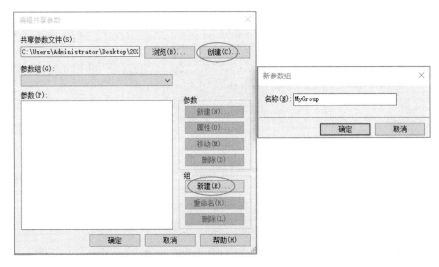

图 4.2.32　新建参数组

Step 03　新建一个参数进行测试，取名为"My Definition"的文字类型参数，单击【确定】按钮，退出【编辑共享参数】对话框，如图4.2.33所示。

图 4.2.33　新建共享参数

Step 04　选择【管理】>【项目参数】命令，弹出【项目参数】对话框，如图4.2.34所示，单击【添加】按钮，弹出【参数属性】对话框，选择【参数类型】为【共享参数】，单击【选择】按钮，弹出【共享参数】对话框，选择"My Group"参数组下的参数定义，如图4.2.35所示，单击【确定】按钮，退出【共享参数】对话框。

图 4.2.34　选择【管理】>【项目参数】命令

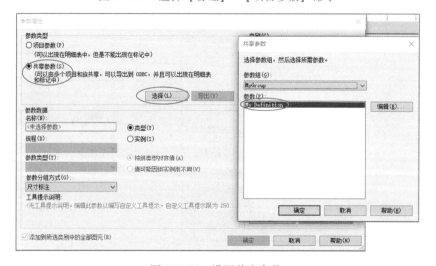

图 4.2.35　设置共享参数

Step 05　在【参数属性】对话框中，设定共享参数的类型和参数的分组位置，选择【实例】参数，【参数分组方式】设置为【文字】，并添加共享参数的作用类别，选中【常规模型】复选框，如图 4.2.36 所示。单击【确定】按钮，退出【参数属性】对话框，此时【项目参数】对话框中就多了一个文字参数 "My Definition"，如图 4.2.37 所示。

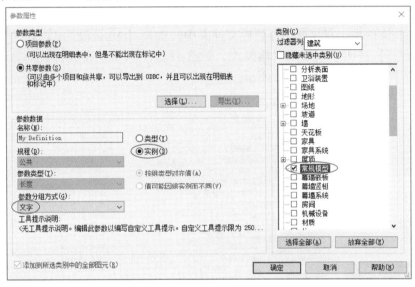

图 4.2.36　【参数属性】对话框

Step 06　新建族 1，载入项目中，选中 "族 1"，在【属性】面板显示族 1 的参数，其中共享参数 "My Definition" 显示在【文字】参数中，如图 4.2.38 所示。

图 4.2.37　【项目参数】对话框

图 4.2.38　族 1 的【属性】面板

三、应用案例

现创建 A3 图纸标题栏进行讲解，说明创建图纸族的具体过程，在创建好 A3
图纸标题栏后，将介绍如何使用自定义参数的方式建立共享参数。

Step 01   单击【应用程序菜单】按钮，如图 4.2.39 所示，选择【新建】>
【标题栏】命令，打开【新族-选择样板文件】对话框，如图 4.2.40 所示。双击
【标题栏】文件夹，在打开的标题栏文件夹中，选择【A3 公制 .rtf】族样板文件，
单击【打开】按钮进入族编辑器模式，如图 4.2.41 所示。在族样板中显示了 A2
图纸的边界范围，如图 4.2.42 所示。

图 4.2.39 "新建"　　　　图 4.2.40 "新建"族文件的标题栏对话框
　　族按钮

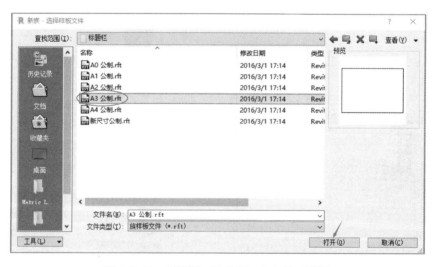

图 4.2.41 "新建"A3 公制 .rft 文件对话框

注意

Revit Architecture 提供了 A0~A4 标准图幅的图纸标题栏样板。 如果需要创建非标准尺寸的标题栏，可以使用"新尺寸公制 . rft"族样板自定义图幅尺寸。

Step 02　选择【管理】>【设置】>【对象样式】命令，如图 4.2.43 所示。打开【对象样式】对话框，如图 4.2.44 所示，单击【图框】，单击【新建】按钮。在【新建子类别】对话框中输入"粗边框线"，新建名称为"粗边框线"的子类别，子类别属于【图框】，如图 4.2.45 所示，确认【线型图案】为"实线"，如图 4.2.46 所示。完成后单击【确定】按钮，退出【对象样式】对话框。

图 4.2.42　A3 公制 . rft
图纸边界

图 4.2.43　选择【管理】>【设置】>
【对象样式】命令

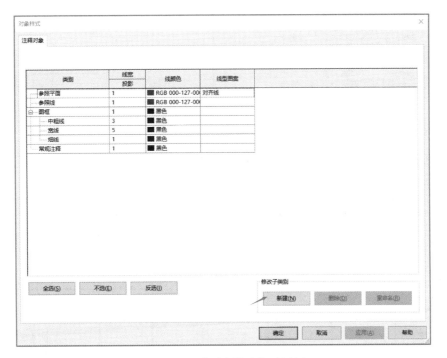

图 4.2.44　【对象样式】对话框

注意

将标题栏导入项目中后，可以修改标题栏各子类别的线宽和线型。

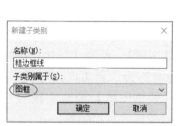

图 4.2.45 【新建子类别】对话框

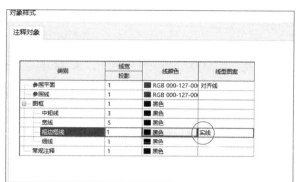

图 4.2.46 新建粗边框线类别提示

Step 03 使用【直线】工具，设置当前线类型为"粗边框线"，其中【子类别】属于"图框"，实例属性面板如图 4.2.47 所示，沿图纸边界内侧绘制 A2 图纸标题栏打印边框，如图 4.2.48 所示。

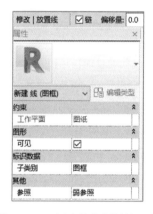

图 4.2.47 新建线实例属性面板

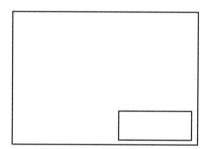

图 4.2.48 A2 图纸标题栏边框

Step 04 设置当前线型为"图框"，按图 4.2.49 所示尺寸绘制标题栏形式。

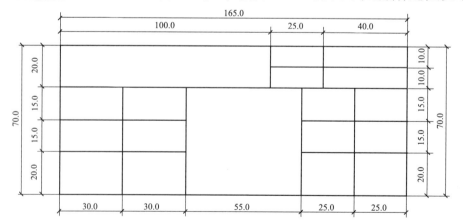

图 4.2.49 A2 图纸标题栏样式

Step 05 选择【创建】>【文字】命令，在【类型属性】对话框中复制，新建名称为"7 mm"新文字类型，修改文字大小为 7 mm，文字"颜色"为"蓝色"；修改字体为"长仿宋体"，如图 4.2.50 所示。在标题栏左上方第一栏中输入"陕西铁路工程职业技术学院"作为标题栏中设计单位名称。使用相同的方式建立"5 mm"新文字类型，修改文字"颜色"为"蓝色"，字体为"长仿宋体"，文字大小为 5 mm，如图 4.2.51 所示。按图 4.2.52 所示，在各栏内输入文字内容。

图 4.2.50　新建 7 mm 大小文字
【类型属性】对话框

图 4.2.51　新建 5 mm 大小文字
【类型属性】对话框

×××××× 职业技术学院		项目名称	
		建设单位	
项目负责		设计指导	
项目审核		图号	
制图		出图日期	

图 4.2.52　图纸标题栏

Step 06 选择【创建】>【标签】命令，分别建立类型名称为"7 mm"和"5 mm"的新标签类型。设置标签文字"颜色"为"红色"，标签文字"背景"为"透明"；设置文字大小为 7 mm 和 5 mm，字体为"长仿宋体"，如图 4.2.53、图 4.2.54 所示。确认【对齐】面板中标签文字的对齐方式为"水平左对齐"，垂直方向"居中对齐"。

Step 07 确认当前标签类型为 7 mm，单击标题栏"设计编号""图号""出图日期"前面的空白单元格，弹出【编辑标签】对话框，将"图纸名称"参数添

图 4.2.53　新建 7 mm 标签【类型属性】对话框

图 4.2.54　新建 5 mm 标签【类型属性】对话框

加到"标签参数"栏中，如图 4.2.55 所示。完成后单击【确定】按钮，退出【编辑标签】对话框。使用类似的方式，选择标签类型为 5 mm，按图 4.2.56 所示将参数添加至标题栏中。

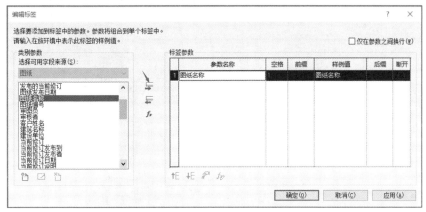

图 4.2.55 【编辑标签】对话框

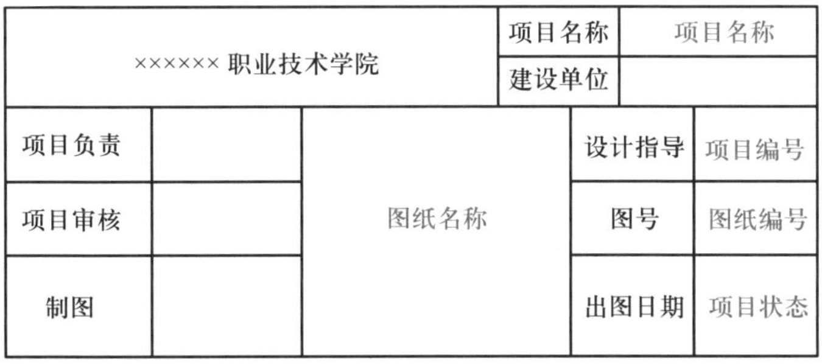

××××× 职业技术学院			项目名称	项目名称
			建设单位	
项目负责			设计指导	项目编号
项目审核		图纸名称	图号	图纸编号
制图			出图日期	项目状态

图 4.2.56 图纸标题栏中标签样式

接下来将使用自定义参数的方式建立共享参数。

Step 08 使用标签工具，确认当前标签类型为 5 mm。在标题栏"建设单位"后的空白单元格内单击，打开【编辑标签】对话框。如图 4.2.57 所示，单击【类别参数】>【添加参数】>【参数属性】>【选择】命令，弹出【未指定共享参数文件】对话框，单击【是】按钮，弹出【编辑共享参数】对话框，如图 4.2.58 所示。

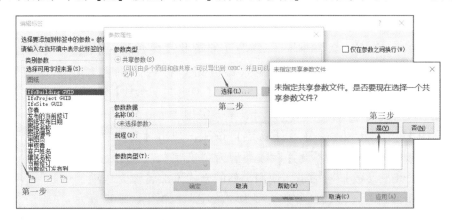

图 4.2.57 添加共享参数操作步骤

安装了不同的 Revit Extensions 之后，会自动根据程序的需要添加共享参数，其名称因程序不同而不同。

图 4.2.58 【编辑共享参数】对话框

Step 09 选择【编辑共享参数】>【创建】命令，弹出【创建共享参数文件】对话框，浏览至硬盘任意文件夹，输入共享参数文件的名称为"标题栏共享参数"，如图 4.2.59 所示，完成后单击【保存】按钮，返回【编辑共享参数】对话框。

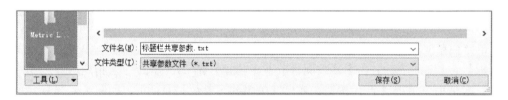

图 4.2.59 创建并保存共享参数文件

Step 10 如图 4.2.58 所示，单击【编辑共享参数】>【组】>【新建】按钮，弹出【新参数组】对话框。输入参数组名称为"标题栏项目信息"，如图 4.2.60 所示，单击【确定】按钮，返回【编辑共享参数】对话框，新建的参数组名称出现在【参数组】列表中，如图 4.2.61 所示。

Step 11 单击【参数】>【新建】按钮，弹出【参数属性】对话框。输入参数名称为"建设单位"，设置参数类型为"文字"，完成后单击【确定】按钮，返回【编辑共享参数】对话框。使用类似的方式添加名称为"项目负责""项目审核"和"项目制图"参数，参数类型为"文字"，如图 4.2.62 所示。

Step 12 单击【编辑共享参数】>【确定】按钮，返回【共享参数】对话框，注意该对话框中列表显示【标题栏项目信息】组中包含上一步中创建的所有

图 4.2.60　新建"标题栏项目信息"参数组

图 4.2.61　创建参数组"标题栏项目信息"

共享参数名称。选择【建设单位】>【确定】按钮，返回【参数属性】对话框；再次单击【确定】按钮，返回【编辑标签】对话框。此时在【类别参数】列表中显示上一步中新建的共享参数名称，即【建设单位】，选择【建设单位】>【添加参数】命令，将其添加至【标签参数】列表中，如图 4.2.63 所示，完成后单击【确定】按钮，退出【编辑标签】对话框。

Step 13　使用标签工具，单击"项目负责"栏后面的空白单元格，在弹出

图 4.2.62   新建共享参数

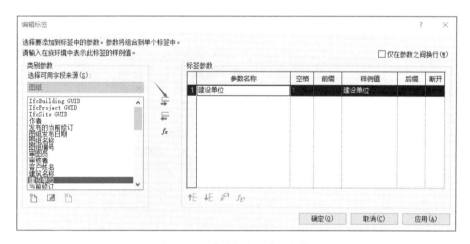

图 4.2.63   【编辑标签】对话框

的【编辑标签】对话框中选择【添加参数】>【参数属性】>【选择】按钮，弹出【共享参数】对话框；确认当前参数组为"标题栏共享参数"，单击【编辑】按钮，弹出【编辑共享参数】对话框，在【参数】下，单击【新建】按钮，弹出【参数属性】对话框，在【名称】处输入"项目负责"，单击【确定】按钮两次，返回【共享参数】对话框，在【参数】下面选择【项目负责】参数，单击【确定】按钮两次，返回【编辑标签】对话框，将【项目负责】参数添加到【标签参数】列表中，完成后单击【确定】按钮，退出【编辑标签】对话框。使用类似的方式，分别在"项目审核"和"制图"空白栏中添加"项目审核"和"制图"共享参数，完成后的标题栏如图 4.2.64 所示。

Step 14   保存该文件并命名为"A3 标题栏 . rfa"族文件。建立任意空白项

×××××× 职业技术学院			项目名称	项目名称
			建设单位	建设单位
项目负责	项目负责	图纸名称	设计指导	项目编号
项目审核	项目审核		图号	图纸编号
制图	制图		出图日期	项目状态

图 4.2.64　已创建共享参数的标题栏

目并载入该标题族。使用该标题栏建立 A3 空白图纸，注意标题栏中的"项目名称""图纸名称"等"标签"参数值已经被当前项目信息和图纸信息中的各参数替代，如图 4.2.65 所示。选择标题栏，注意单击"项目名称""项目编号"等标签进入修改状态，对信息进行修改，但添加的共享参数"项目负责"等显示为"?"，且无法修改上一步中添加的所有共享参数值，如图 4.2.66 所示。

只有"标签"才可以在项目中修改值，在标题栏族中添加的文字无法在项目中修改。

×××××× 职业技术学院			项目名称	项目名称
			建设单位	
项目负责		未命名	设计指导	项目编号
项目审核			图号	J0-2
制图			出图日期	项目状态

图 4.2.65　载入项目的 A3 标题栏

×××××× 职业技术学院			项目名称	项目名称
			建设单位	(?)
项目负责	(?)	未命名	设计指导	项目编号
项目审核	(?)		图号	J0-2
制图	(?)		出图日期	项目状态

图 4.2.66　不可修改共享参数信息的 A3 标题栏

Step 15　单击【管理】>【设置】>【共享参数】命令，如图 4.2.67 所示，弹出【编辑共享参数】对话框，如图 4.2.68 所示，该对话框显示当前项目中使用的共享参数的文件位置、参数组名称及该参数组下的所有可用参数。单击【确定】按钮，退出【编辑共享参数】对话框。

图 4.2.67 【管理】选项卡中【共享参数】　　图 4.2.68 【编辑共享参数】对话框

注意

　　在族中定义共享参数后，如果移动或修改了共享参数文件的位置，可以在【编辑共享参数】对话框中单击【浏览】按钮，浏览至指定的共享参数文件。

　　Step 16　在建筑样板中新建项目，单击【管理】>【项目参数】命令，弹出【项目参数】对话框，如图 4.2.69 所示，该对话框中显示当前项目中所有可用共享参数。单击【添加】按钮，打开【参数属性】对话框。如图 4.2.70 所示，选择【参数类型】为【共享参数】，单击【选择】按钮，弹出【共享参数】对话框，确认当前参数组为【标题栏项目信息】，在【参数】列表中选择【建设单位】，单击【确定】按钮，返回【参数属性】对话框。设置参数为"实例"，在右侧对象类别列表中选择【项目信息】，即该参数将作为【项目信息】

图 4.2.69 【项目参数】对话框

对象类别的实例参数。修改【参数分组方式】为【文字】。

　　Step 17　完成后单击【确定】按钮，返回【项目参数】对话框。重复上一步操作，使用相同的方式为"项目信息"对象类别添加"项目负责""项目审核"和"制图"共享参数。依次单击【确定】按钮，直到退出【项目参数】对话框。

　　Step 18　单击【设置】>【项目信息】命令，如图 4.2.71 所示，打开【项目信息】实例属性对话框，如图 4.2.72 所示，在实例参数中出现"建设单位""项目负责""项目审核"和"制图"几个参数。根据实际情况修改参数值，单击【确定】按钮，退出【项目信息】对话框。注意：Revit Architecture 会自动修改标题栏中对应的参数值。

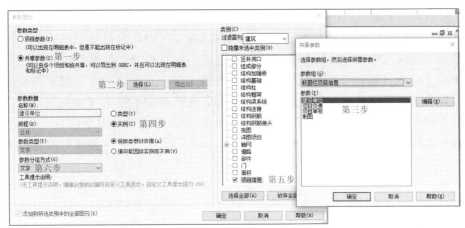

图 4.2.70 项目中添加共享参数

图 4.2.71 管理选项卡下项目信息按钮

图 4.2.72 【项目信息】对话框

使用共享参数可以根据需要灵活地为族和项目添加自定义的且可以统计到明细表和标记中的参数。在制作门标记等标签族时，可以通过在门标签族中载入共享参数的方式，将自定义的参数添加至标签中。要在项目中使用共享参数，必须先使用【共享参数】工具载入指定的共享参数文件，选择该共享参数文件中包括的参数组，再使用【项目参数】工具，将共享参数添加至指定对象类别中。当把应用了共享参数的项目给其他人时，共享参数文件的位置必须随项目一起发送，否则其他用户打开带有共享参数的项目后，虽然可以修改共享参数的值，但却无法在自定义标记族时使用该参数。

共享参数是以文本方式记录的。图 4. 2. 73 所示为本操作中创建的共享参数的文本内容，用户可以使用记事本等文字处理工具，查看共享参数文件中的共享参数内容，可以看到其中包含的共享参数分组名称、共享参数的名称，以及各共享参数的数据类型等信息。在这里并不推荐用户自行修改该文本文件的内容，以防止出现共享参数错误。

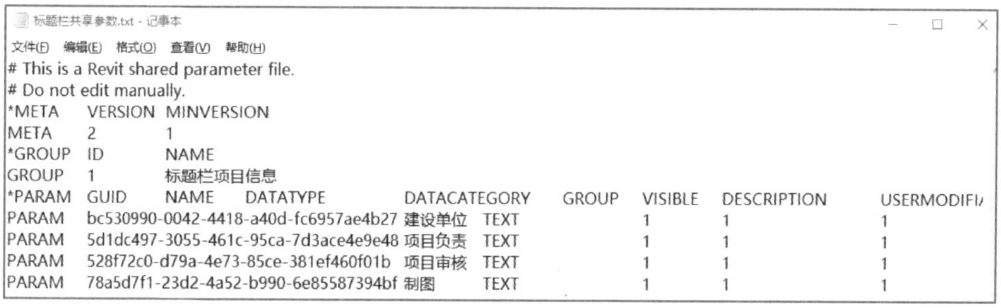
标题栏共享参数.txt - 记事本
文件(F) 编辑(E) 格式(O) 查看(V) 帮助(H)

```
# This is a Revit shared parameter file.
# Do not edit manually.
*META	VERSION	MINVERSION
META	2	1
*GROUP	ID	NAME
GROUP	1	标题栏项目信息
*PARAM	GUID	NAME	DATATYPE	DATACATEGORY	GROUP	VISIBLE	DESCRIPTION	USERMODIFI/
PARAM	bc530990-0042-4418-a40d-fc6957ae4b27	建设单位	TEXT		1	1		1
PARAM	5d1dc497-3055-461c-95ca-7d3ace4e9e48	项目负责	TEXT		1	1		1
PARAM	528f72c0-d79a-4e73-85ce-381ef460f01b	项目审核	TEXT		1	1		1
PARAM	78a5d7f1-23d2-4a52-b990-6e85587394bf	制图	TEXT		1	1		1
```

图 4. 2. 73 标题栏共享参数信息

任务 4 创建符号族

一、工作任务

使用 Revit Architecture 软件建立的 BIM 模型，在生成图纸的过程中，需要使用大量的注释符号以满足二维出图的要求。例如加指北针、可任意书写坡度值的坡度符号、可任意书写标高值的标高符号等。Revit Architecture 提供了注释符号族样板，用于创建这类注释符号族。本小节将以创建可输入任意值的标高值的标高符号为例，说明创建符号族的具体过程。

二、相关配套知识

符号族分为两类：第一类符号族包括标高、轴号、高程点；第二类符号族包括跨方向符号、打断线等。

第一类符号族是 Revit 中很多二维表达信息，例如标高和轴网，它都需要一种特殊的符号——标高标头和轴网标头，这些均属于符号类别；第二类是图形表达时单独制作的族，例如楼板的跨方向符号、视图的打断线等。

三、应用案例

Step 01　以"公制常规注释.rft"为族样板，新建注释符号标记族。注意：在该族样板中，除提供正交的参照平面外，还以红字给出该族样板的使用说明。选择该红色文字，按 Delete 键删除。

Step 02　单击【族类别和族参数】按钮，如图 4.2.74 所示，打开【族类别与族参数】对话框，选择当前族类别为【常规注释】，不勾选【族参数】列表中的【随构件旋转】【使文字可读】和【共享】复选框，单击【确定】按钮，退出【族类别和族参数】对话框，如图 4.2.75 所示。

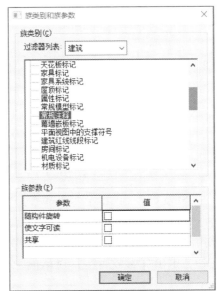

图 4.2.74　【族类别与族参数】按钮　　　图 4.2.75　【族类别和族参数】对话框

在族编辑器中，任何类别的族均具备【族参数】选项。在创建族前，可以根据需要查看族样板中默认的族参数设置。

Step 03　选择【创建】>【直线】工具，设置线样式为"常规注释"，以参照平面交点为起点，向右绘制长度为 35 mm 的直线。使用【填充区域】工具，如图 4.2.76 所示，设置填充区域边界线样式为【不可见线】，填充类型为【实体填充】，按图 4.2.77 所示的尺寸绘制封闭三角形区域。

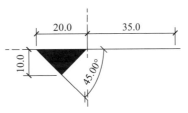

图 4.2.76　创建选项卡下【填充区域】按钮　　图 4.2.77　"标高值"符号样式

Step 04　选择【标签】选项卡下的【标签】命令，在【属性】面板中单击【编辑类型】按钮，打开【类型属性】对话框，复制出名称为 3.5 mm 的新标签类型，设置标签文字"颜色"为"蓝色"，"文字字体"为"长仿宋体"，"文字大小"为 3.5 mm，单击【确定】按钮，退出【类型属性】对话框。移动鼠标指针至直线中间位置空白处单击，弹出【编辑标签】对话框，如图 4.2.78 所示。由于该类型的图元没有任何可用的公共参数，因此【类别参数】列表中未显示任何参数名称。

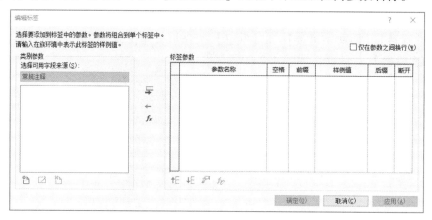

图 4.2.78　【编辑标签】对话框

Step 05　单击【类别参数】>【添加参数】按钮，打开【参数属性】对话框。如图 4.2.79 所示，输入参数名称为"标高值"，调整参数的类别为"实例"，修改【参数类型】为"数值"，【参数分组方式】为"文字"，完成后单击【确定】按钮，退出【参数属性】对话框，返回【编辑标签】对话框。

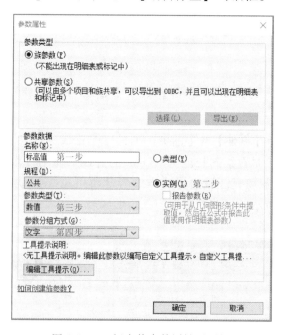

图 4.2.79　标高值参数属性对话框

Step 06　如图 4.2.80 所示，将上一步中创建的【标高值】参数添加到右侧【标签参数】列表中，单击【编辑参数的单位格式】按钮，弹出标高值参数的【格式】对话框，如图 4.2.81 所示。注意该参数默认为【使用默认设置】，即在项目中使用该参数时，值的显示方式将按项目单位设置，单击两次【确定】按钮，退出【编辑标签】对话框，"标高"符号族样式如图 4.2.82 所示。

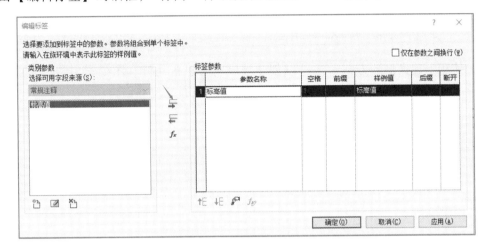

图 4.2.80　将标高值添加至标签参数

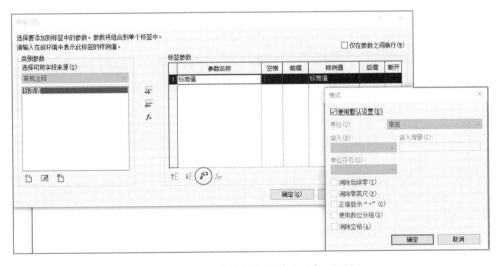

图 4.2.81　标高值参数的【格式】对话框

Step 07　保存"标高值"符号族。在【建筑样板】中新建项目，将该族载入任意空白项目中，使用【注释】>【符号】工具，放置该标高值符号。根据需要修改标高符号的标高值。由于"标高值"参数为实例参数，因此每个标高值符号均可以自由修改标高值，结果如图 4.2.83 所示，注意注释符号可以随当前视图比例的变化而自动缩放，至此完成标高符号族的创建。

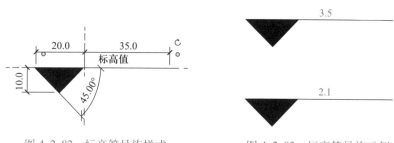

图 4.2.82 标高符号族样式   图 4.2.83 标高符号族示例

　　使用上述类似的方式，还可以创建坡度符号、指北针、图集索引号、多层标高符号等多种注释符号，在此不再赘述，请读者自行尝试并创建。

项目三　创建模型族

除创建注释符号族外，使用模型族样板可以创建各类模型族。创建模型族的过程与创建注释族的过程类似，选择适当的族样板并在族编辑器中建立模型即可。要创建模型族，必须先了解 Revit Architecture 的建模方法。

任务 1　创 建 方 法

一、工作任务

在族编辑器中，可以创建两种形式的模型，分别为实心形式和空心形式。空心形式用于从实体模型中抠减出空心。Revit Architecture 分别为实心建模形式和空心建模形式提供了 5 种不同的建模方式，分别是拉伸、融合、旋转、放样和放样融合，通过绘制草图轮廓并配合这 5 种建模工具即可生成各种不同的模型。

无论在中国图学学会主办的"全国 BIM 技能等级（一级）考试"、在廊坊中科主办的"1+X 建筑信息模型（BIM）职业技能等级证书考试（初级）"以及在实际的 BIM 项目中，对于利用 5 种建模工具生成模型的应用都占据很大比重，本任务讲解如何利用 5 种建模工具创建 BIM 模型。

二、相关配套知识

拉伸、融合、旋转、放样和放样融合这 5 种不同的建模方式是贯穿整个 Revit Architecture 创建模型的过程，熟练掌握这 5 种建模方式是利用 Revit Architectur 创建 BIM 模型的基础。

创建空心三维形状与创建实心三维形状的方法类似，下面以创建一般模型常用的族样板文件"公制常规模型"为样板对 5 种建模方式进行讲解。打开 Revit 软件单击左上角【应用程序菜单】（ ）>【新建】>【族】选项，在弹出的菜单中双击（或选中后单击【打开】按钮）"公制常规模型.rft"文件，即可进入以"公制常规模型"为族样板文件的族编辑器中，如图 4.3.1 与图 4.3.2 所示。

接下来在打开的新建族文件中的单击【创建】选项卡，在工具面板中的【形状】一栏可以看到拉伸、融合、旋转、放样和放样融合这 5 种建模方式的绘图工具，单击工具可以执行相应的命令，进入创建状态，如图 4.3.3 所示。

1. 拉伸

拉伸是由"轮廓草图"沿其所在平面法线方向移动一定距离所扫略过的体积生成的三维形状。

2. 融合

融合是由两个处在平行面上的"轮廓草图"成的模型，两平行面之间的距离为模型的高，软件通过这两个"轮廓草图"的形状和位置关系融合生成模型。

图 4.3.1 进入新建族选项

图 4.3.2 以"公制常规模型"为族样板文件新建族

图 4.3.3 创建三维形状绘图工具

微课

族的创建方法

3. 旋转

旋转是"轮廓草图"通过绕指定轴旋转一定角度,"轮廓草图"所扫略过的体积生成的三维形状。

4. 放样

首先要绘制(或拾取)路径,然后在垂直路径的面上绘制"轮廓草图",放样是"轮廓草图"沿路径切线方向移动所扫略过的体积生成的三维形状。

5. 放样融合

结合了放样和融合模型的特点，通过指定放样路径，并分别给路径起点与终点指定不同的"轮廓草图"，两"轮廓草图"沿路径自动融合生成的三维形状。

注意

上面所述"轮廓草图"为封闭且无重合线段的几何图形。编辑完成后，在单击【模式】工具面板中的✔按钮代表完成当前工作状态创建的同时也退出了先前工作状态，进入下一步骤的编辑工作。无论使用哪种建模方式，均必须首先在指定的工作平面上绘制二维草图轮廓，然后 Revit 再根据二维草图轮廓生成三维实体。

使用【修改】选项卡【编辑几何图形】面板中的【剪切几何图形】和【连接几何图形】工具可以指定几何图形间剪切和连接的关系。Revit Architecture 提供了4 种几何图形编辑工具：【连接几何图形】工具将多个实心模型连接在一起；【取消连接几何图形】工具分离已连接的实心模型；【剪切几何图形】工具使用空心形式模型剪切实心形式模型；【不剪切几何图形】工具不使用剪切实心模型。

三、应用案例

根据给定的投影图（图 4.3.4）及尺寸，用构件集方式创建模型，将模型文件以"纪念碑+考生姓名"为文件名保存到考生文件夹中。

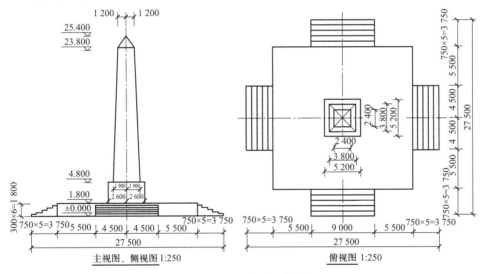

图 4.3.4　纪念碑三视图

建模方法与步骤分析：① 纪念碑台阶、基础与底座都是等截面构件，可以利用【拉伸】或【放样】工具创建，若用【放样】工具创建，则放样路径绘制成直线段即可，通常这种情况用【拉伸】工具来创建更为便捷；② 纪念碑主体部分为四棱台，顶面与底面分别为边长 2 400 mm 与 3 800 mm 的矩形，可以利用【融合】或【放样融合】工具来创建，与上面提到的【拉伸】与【放样】工具的关系类似，若利用【放样融合】工具来创建，也是将路径绘制成一条直线段，同样的，这种情况用【融合】工具来创建更为方便；③ 纪念碑的顶部为四棱锥，可以用【放样】工具一步完成，即放样路径为正方形，放样轮廓为直角三角形；也可以先通过【拉伸】

工具创建一个四棱柱，再通过空心拉伸削去多余的部分，得到目标构件。

Step 01 选择【应用程序菜单】>【新建】>【族】>【公制常规模型】命令，将模型文件保存至桌面，按"Ctrl+S"快捷键，弹出【另存为】对话框，如图 4.3.5 所示将文件保存于桌面。

图 4.3.5 将文件保存于桌面

Step 02 选择【项目浏览器】>【视图（全部）】>【楼层平面】>【参照标高】命令，通过【创建】>【拉伸】工具创建纪念碑基础平台，在参照标高平面绘制 20 000 mm×20 000 mm 的矩形，拉伸起点为"0.0"，拉伸终点为"1 800.0"，完成后单击✔按钮，如图 4.3.6 所示。可以到【项目浏览器】>【视图（全部）】>【三维视图】>【三维】中查看当前创建的模型，如图 4.3.7 所示。

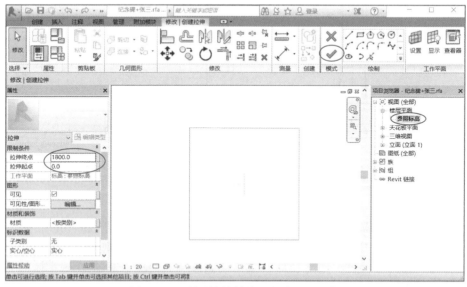

图 4.3.6 利用拉伸创建纪念碑基础平台

Step 03 选择【项目浏览器】>【视图（全部）】>【立面】>【前】视图，通过【创建】>【拉伸】工具创建台阶，按要求绘制楼梯轮廓（封闭图形），如图 4.3.8 所示。把视图转到【参照标高】，如图 4.3.9 所示，在参照标高平面上能

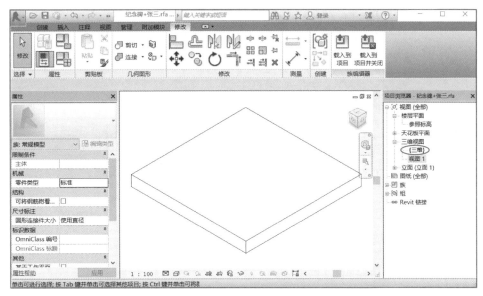

图 4.3.7　纪念碑基础平台

看到"前/后立面""左/右立面"以及前面画的台阶的投影图，通过这几个投影图可以看出，在【前立面】上画的台阶轮廓，在空间上实际是处于"南/北立面"之上，从而可以确定【拉伸起点】和【拉伸终点】分别为"4 500.0"与"−4 500.0"（这里没有对应关系，只要一个设置为"4 500.0"，另一个设置为"−4 500.0"即可），输入完成后单击✔按钮，如图 4.3.9、图 4.3.10 所示。绘制完成一个台阶后，选中改台阶，选择【修改|拉伸】>【阵列】（👜）>【沿径向】（👁）>【项目数】（4）>【移动到】（第二个）>【角度】（90°）>【旋转中心】（地点）>将旋转中心放置于"前/后立面"与"左/右立面"投影交点处（鼠标左键）>按 Enter 键（图 4.3.11），即完成台阶绘制。

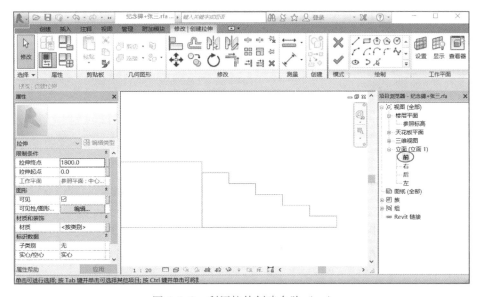

图 4.3.8　利用拉伸创建台阶（一）

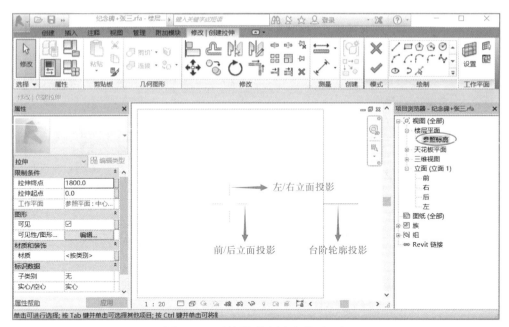

图 4.3.9　利用拉伸创建台阶（二）

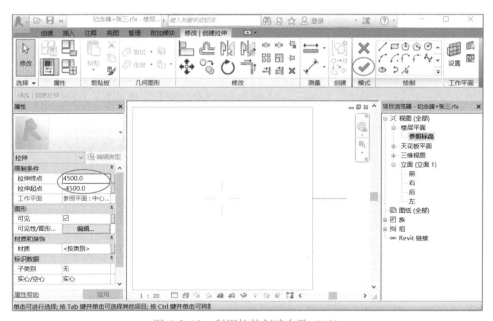

图 4.3.10　利用拉伸创建台阶（三）

在绘制完成一个台阶模型后，其他台阶也可通过【修改 | 拉伸】>【镜像】 （拾取轴或绘制轴均可）>【旋转】 （旋转 90°，勾选 ☑复制 复选框）进行创建。利用【旋转】命令时，先选择要旋转的构件，然后单击 按钮进行旋转， 旋转中心: 地点 默认 在默认状态下可直接用鼠标左键拖曳到目标位置，也可单击 【地点】进行放置。

Step 04　纪念碑底座通过【创建】>【拉伸】工具进行创建，步骤与基础

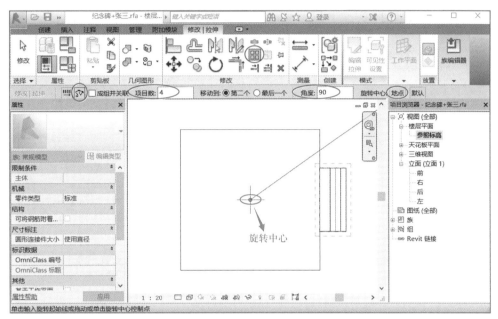

图 4.3.11 利用阵列创建剩余台阶

类似，拉伸轮廓为边长 5 200 mm 的正方形，【拉伸起点】和【拉伸终点】分别为"1 800.0"与"4 800.0"，完成后单击✔按钮，如图 4.3.12 所示。

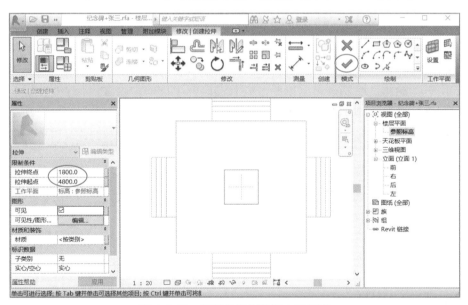

图 4.3.12 利用拉伸创建纪念碑底座

Step 05 纪念碑主体通过【创建】>【融合】（或【放样融合】）工具进行创建，首先绘制底部轮廓，为边长 3 800 mm 正方形，选择【属性】>【限制条件】>【第一端点】（对应融合底部轮廓为 4 800 mm）>【第二端点】（对应融合顶部轮廓为 23 800 mm）命令，完成后单击【编辑顶部】（▱）按钮，绘制顶部轮廓，为边长 2 400 mm 正方形，完成后单击✔按钮，如图 4.3.13 所示。

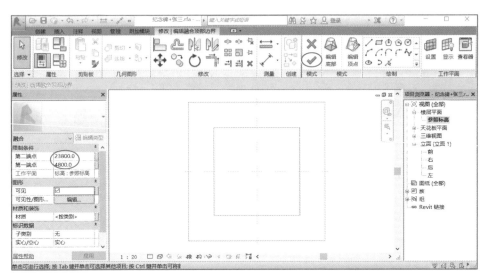

图 4.3.13 利用融合创建纪念碑主体

Step 06 纪念碑顶部通过【创建】>【放样】工具进行创建（放样路径选择纪念碑主体顶部轮廓，放样轮廓为直角三角形），选择【参照标高】（【项目浏览器】>【视图（全部）】>【天花板平面】>【参照标高】）命令，此时，在默认设置状态下，在【楼层平面】>【参照标高】下无法看到纪念碑主体顶部轮廓，需要更改【楼层平面】>【参照标高】>【属性】 **楼层平面: 参照标高** ∨ >【视图范围】命令才能满足要求（此处不赘述），单击 拾取路径 按钮，拾取路径完成后单击 ✓ 按钮，如图 4.3.14 所示。然后单击【编辑轮廓】（ ）按钮，转到前立面（其他面亦可），如图 4.3.15 所示。绘制直角三角形，水平边长 1 200 mm，垂直边长 1 600 mm，如图 4.3.16 所示。绘制完成后单击两次 ✓ 按钮，完成整体模型，如图 4.3.17 所示。

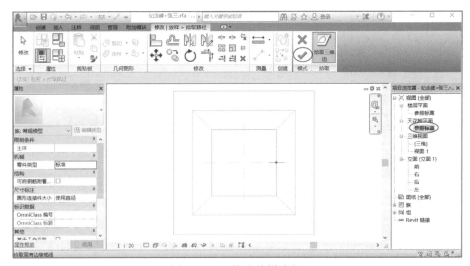

图 4.3.14 拾取放样路径

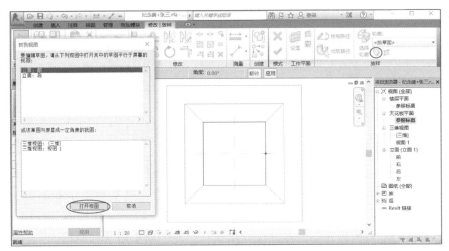

图 4.3.15　选择转到前立面视图

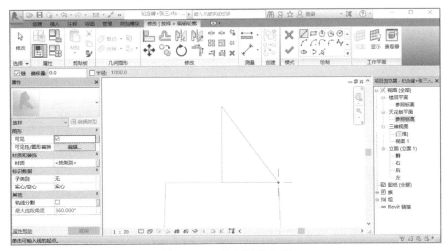

图 4.3.16　绘制放样轮廓

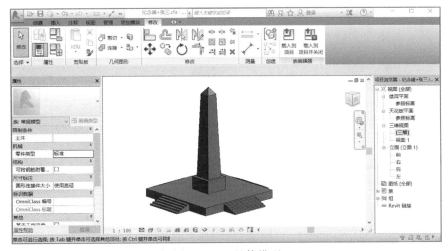

图 4.3.17　整体模型

> 建模的方法不唯一，开始练习建模时不限制方法，只要能完成模型创建即可，待熟练度以及对各种建模方法的理解都提高了以后，可以根据实际情况灵活运用建模方式，提高建模效率。

任务 2   创建矩形结构柱

Revit Architecture 中提供了一系列结构工具，用于完成结构模型。一般情况下，把参与承重的构件，如结构柱、梁、结构楼板、基础、结构墙、桁架等视为结构构件。使用 Revit Architecture 可以在项目中布置并生成这些结构构件。结构构件将不作为本书的重点内容介绍，在此仅介绍结构图元的简单用法和原理。

一、工作任务

创建矩形结构柱参数化族模型是学习参数化建模的基础，参数化建模对于初学者而言稍有难度，需要细心学习，为后面创建复杂的参数化模型打下坚实基础。

二、相关配套知识

Revit 提供两种类型的柱，即结构柱和建筑柱。建筑柱适用于墙垛、装饰柱等。在框架结构模型中，结构柱是用来支撑上部结构并将荷载传递至基础的竖向构件。

三、应用案例

Step 01   打开软件，选择【应用程序菜单】>【新建】>【族】>【公制结构柱】>【打开】命令，默认将进入"低于参照标高楼层平面视图"，首先将模型文件保存至桌面，按"Ctrl+S"快捷键，弹出【另存为】对话框，命名为"矩形结构柱"，并将文件保存于桌面。

>
> Revit Architecture 还提供了"公制柱.rft"族样板文件，该样板用于创建建筑柱。

Step 02   不选择任何对象，注意【属性】面板中显示当前族的族参数特性。不勾选【在平面视图中显示族的预剪切】复选框，该复选框决定所创建的结构柱在楼层平面中显示时是按族中预设的楼层平面剖切位置显示结构柱截面，还是按项目中实际的楼层平面视图截面位置显示结构柱截面。不勾选该复选框，表示按项目中的实际视图截面位置显示结构柱剖切截面。不修改其他任何参数，单击【应用】按钮应用该设置，如图 4.3.18 所示。

>
> 【属性】面板在族编辑器中默认显示为当前族类别的族参数属性。不同类别的族参数有所不同。该面板中的内容与【族类别和族参数】对话框中【族参数】列表中的内容相同。

Step 03   确认当前视图为"低于参照标高"楼层平面视图，图 4.3.19 所示为公制结构柱族样板中提供的信息，参照平面 A、B 分别代表结构柱左右和前后方向的中心线，参照平面 A 与参照平面 B 的交点代表结构柱的插入定位点。参照平面 A1、A2 的位置代表结构柱宽度方向的边界，参照平面 B1、B2 的位置代表结构柱深度方向的边界。在族样板中，默认已经为各参照平面标注了尺寸，且使用了等分约束，将约束代表中心位置的参照平面 A 和参照平面 B，并为参照平面 A1 和 A2、B1 和 B2 的尺寸标注加了标签"宽度"和"深度"，这些标签称为族参数。

图 4.3.18　设置结构柱属性

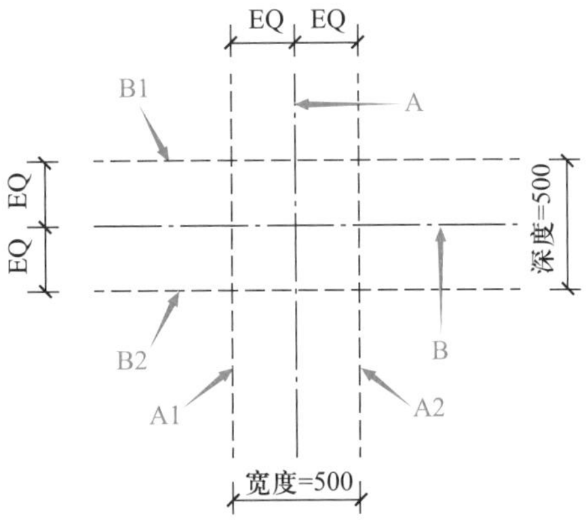

图 4.3.19　用参照平面绘制柱的尺寸界线

Step 04　如图 4.3.20 所示，单击【属性】面板中的【族类型】工具，打开【族类型】对话框。

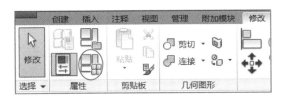

图 4.3.20　族类型工具

　　在族编辑器中结束操作后，默认将返回【修改】选项卡中。可以在 Revit Architecture【视图】对话框【用户界面】选项卡中修改族编辑器中的默认工具选项卡位置。

Step 05　如图 4.3.21 所示，在【族类型】对话框中显示了当前族中所有可用的族控制参数。修改【深度】值为"600.0"，单击【应用】按钮。注意视图中标签名称为"深度"的尺寸标注值被修改为 600，同时该尺寸标注所关联的 B1、B2 参照平面位置也随尺寸值的变化而移动。由于使用了等分约束，参照平面 B 将与参照平面 B1、B2 保持等分关系。分别修改【深度】和【宽度】值为任意其他值，观察各参照平面的位置变化。

Step 06　如图4.3.22所示，在【创建】选项卡的【形状】面板中单击【拉伸】工具，进入【修改｜创建拉伸】选项卡。

图4.3.21　【族类型】对话框

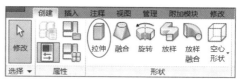

图4.3.22　创建拉伸

Step 07　单击【创建】>【工作平面】>【设置】命令，弹出【工作平面】对话框，如图4.3.23所示，注意当前工作平面为【标高：低于参照标高】，即当前视图所在的标高平面，不修改任何参数，单击【确定】按钮，退出【工作平面】对话框。

Step 08　使用【矩形】绘制方式，如图4.3.24所示，分别捕捉参照平面的交点作为矩形的对角线顶点，沿参照平面绘制矩形。

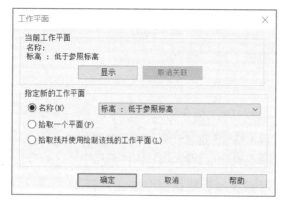

图4.3.23　工作平面对话框

图4.3.24　沿参照平面绘制矩形

不要使用【创建】选项卡【模型】面板中的【模型线】工具绘制矩形，该矩形无法生成拉伸形状。

Step 09 打开【族类型】对话框，分别修改【深度】和【宽度】值，注意所绘制的轮廓线将随着参照平面位置的变化而自动变化。完成后单击【确定】按钮，退出【族类型】对话框。

Step 10 单击【完成编辑模式】按钮，完成拉伸草图。切换至默认三维视图，Revit Architecture 已经生成了三维立方体，如图 4.3.25 所示。再次打开【族类型】对话框，修改【深度】和【宽度】值，注意立方体的宽度和深度将随着参数的变化而变化。

图 4.3.25 生成三维立方体

> 每完成一步操作，就通过【族类型】对话框修改参数值进行验证，可避免族在使用时出现不可预知的问题。

Step 11 选择拉伸立方体，在【属性】面板中给出所选择拉伸的工作平面、拉伸起点、拉伸终点的位置等信息，其中拉伸终点与拉伸起点的差值为当前拉伸的厚度，如图 4.3.26 所示。因结构柱高度需根据项目的需要而自动变化，因此需要控制结构柱族的拉伸高度随着项目的需要而变化。

Step 12 切换至前立面视图，如图 4.3.27 所示，选择拉伸立方体，按住并拖动拉伸高度操作点直到【高于参照标高】位置时松开鼠标左键，出现锁定标记，单击该标记，锁定拉伸顶面与【高于参照标高】标高平面位置。使用类似的方式锁定拉伸底面与【低于参照标高】标高平面位置。

图 4.3.26 拉伸属性   图 4.3.27 在前立面视图锁定柱顶、底面标高

> 要在拉伸底部出现锁定符号，可先将拉伸底部拖离低于参照标高的位置，再拖回低于参照标高的位置即可。

Step 13   再次按"Ctrl+S"快捷键保存该族。新建任意空白项目，载入该族至项目中。在项目中放置结构柱，分别修改结构柱的宽度和深度参数，并修改底部标高和底部偏移、顶部标高和顶部偏移为任意值，注意【矩形结构柱】族已随参数的变化而自动变化，可调整各项数据观察模型变化情况，多加练习，加深对该部分内容的理解。

在族编辑器中，任何时候均可单击【族编辑器】面板中的【载入到项目中】选项，将当前族编辑器中的族载入指定项目中。要创建拉伸实体，必须先在指定的工作平面上创建封闭的二维草图轮廓，再通过指定拉伸的【拉伸起点】和【拉伸终点】值确定拉伸的厚度。如果需要将高度作为可变参数，在结构柱样板中，仅需要将拉伸的顶部和底部附着于族样板中提供的高于参照平面标高和低于参照平面标高即可。

如果需要将工作平面设置为其他位置，在绘制拉伸草图时，在【工作平面】对话框中使用【指定新的工作平面】选项拾取新的工作平面即可指定。创建模型后，单击选择模型，单击【修改|拉伸】选项卡【工作平面】面板中的【编辑工作平面】工具，可以为拉伸构件重新设置工作平面。

并不是所有的族样板中均提供"高于参照标高"和"低于参照标高"标高平面。使用其他族样板创建的拉伸还可以创建自定义的参数来控制拉伸的高度，也可以通过【族类型和族参数】对话框，将族类别修改为其他指定类别。修改族类别后，仍然可以使用原公制结构柱族样板中提供的高于参照标高和低于参照标高的族高度定位方式。

任务 3   创 建 窗 族

一、工作任务

通过本任务内容的学习，掌握建筑模型中窗所涉及的基本概念、创建窗族的要点及创建参数化窗族的主要步骤。

二、相关配套知识

常用的窗的类型有固定窗、平开窗、推拉窗、百叶窗等。

窗需要基于墙创建，即在项目中必须先有墙才能在墙上创建窗。

三、应用案例

上一节创建的矩形结构柱族中，可以修改结构柱族中的宽度、深度及高度，仅利用【公制结构柱】样板中默认提供的参数，无法在项目中修改柱材质、模型可见性等参数。在定义族时，可以根据需要添加任意控制参数，达到参数化修改的目的。下面以创建图 4.3.28 所示的窗族为例，说明如何在 Revit Architecture 中创建模型族。该窗族除可以调节窗宽度和高度尺寸外，还可以通过参数控制窗中间横梃是否显示。与注释族类似，可以通过【族类别和族参数】对话框修改模型族的族类别，以扩展有 Revit Architecture 默认提供的族样板的功能。

Step 01　单击【应用程序菜单】>【新建】>【族】>【基于墙的公制常规模型族】>【打开】命令，进入族编辑器模型，首先将模型文件保存至桌面，按"Ctrl+S"快捷键，弹出【另存为】对话框，以"双扇窗"命名，先将文件保存于桌面。

双扇窗创建

Step 02　进入项目浏览器>【视图（全部）】>【楼层平面】>【参照标高】楼层平面视图，该族样板默认提供了主体墙和正交的参照平面。打开【族类别和族参数】对话框，在【族类别】列表中选择【窗】，勾选【总是垂直】复选框，设置窗始终与墙面垂直，不勾选【共享】复选框，单击【确定】按钮关闭对话框，如图 4.3.29 所示。

图 4.3.28　窗族

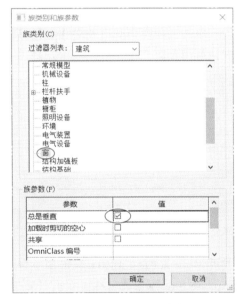

图 4.3.29　族类别和族参数

Step 03　使用【绘制参照平面】工具在【中心（左/右）】参照平面两侧绘制两个参照平面，如图 4.3.30 所示。

Step 04　选择上一步中绘制的左侧参照平面，如图 4.3.31 所示，修改【属性】面板中的【名称】参数为【左】，【是参照】选项为【左】，不勾选【定义原点】复选框。使用相同的方式修改右侧参照平面的【名称】参数为【右】，设置【是参照】选项为【右】。

【墙闭合】参数用于指定当构件插入墙后墙的包络位置。

Step 05　如图 4.3.32 所示，使用【对齐标注】（╱）工具，单击拾取平面中 3 个参照平面处，放置尺寸线，在各参照平面间创建尺寸标注。选择尺寸标注，单击尺寸线上方的"EQ"选项添加等分约束；使用【对齐标注】工具在【左】、【右】参照平面间添加尺寸标注。

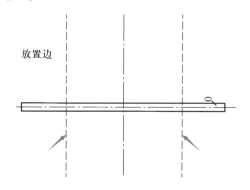

图 4.3.30   绘制两个参照平面   图 4.3.31   设置【是参照】选项为【左】

Step 06   如图 4.3.33 所示，选择上一步创建的【左】【右】参照平面间的尺寸线。单击选项栏中的【标签】下拉列表，该列表显示【窗】族类别中系统提供的默认可用参数，在参数列表中选择【宽度】作为尺寸标签。

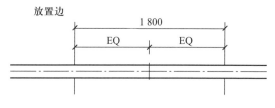

图 4.3.32   放置尺寸线   图 4.3.33   尺寸标签

不能为连续标注的尺寸标注添加标签。

Step 07   此时尺寸标注线将显示标签名称，如图 4.3.34 所示，尺寸标签即 Revit Architecture 族参数名称。双击【宽度】尺寸标注，进入尺寸值修改状态，输入"2 000"，按 Enter 键确认，注意该尺寸将驱动左、右参照平面调整距离。该功能与【族类型】对话框中修改参数值的功能相同。

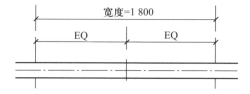

图 4.3.34   尺寸标注线显示为标签名称

如果在【族类型】对话框中的【宽度】参数未勾选【锁定】复选框，还可以直接拖动参照平面位置修改宽度参数值。

Step 08   切换至【放置边】立面视图，按图 4.3.35 所示绘制参照平面，

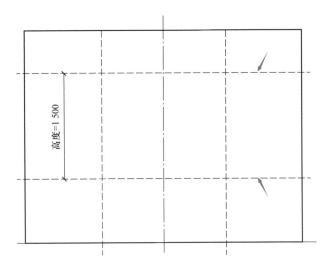

图 4.3.35　绘制参照平面

分别修改上、下参照平面名称为【顶】和【底】，设置【是参照】分别为【顶】和【底】，使用【对齐尺寸标注】工具标注顶、底参照平面距离，并设置尺寸标签为【高度】。

Step 09　使用【对齐尺寸标注】工具在"底"参照平面与参照标高之间增加尺寸标注。选择标注尺寸，设置选项栏中标签选项为【添加参数】，弹出【参数属性】对话框。如图 4.3.36 所示，选择【参数类型】为【族参数】，设置参数名称为"默认窗台高度"，【参数分组方式】为"尺寸标注"，设置参数为【类型】。单击【确定】按钮关闭对话框，尺寸标签将设置为"默认窗台高度"。

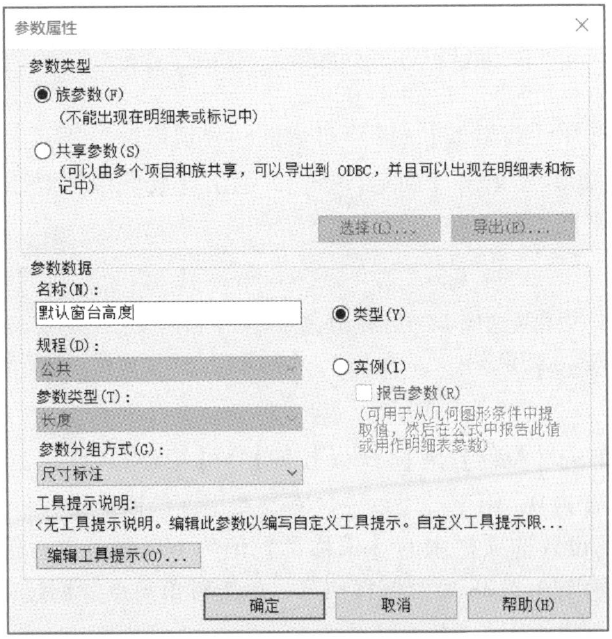

图 4.3.36　【参数属性】对话框

自定义的"默认窗台高度"属于"族参数"，它不能在明细表中统计，也不能通过窗标记族将其显示在标签中。Revit Architecture 提供了 13 种不同的"参数类型"，分别是文字、整数、编号、长度、面积、体积、角度、坡度、货币、URL、材质、是/否和族类型。

Step 10　单击【创建】>【模型】>【洞口】工具，自动切换至【修改｜创建洞口边界】选项卡。使用【矩形】（▭）绘制模式，分别捕捉至宽度与高度参照平面交点，作为矩形对角线顶点，按图 4.3.37 所示沿上、下、左、右参照平面绘制矩形洞口轮廓，单击【锁定】（🔓）符号标记，锁定轮廓线与参照平面之间的位置。单击【完成编辑模式】（✔）按钮，完成洞口编辑，创建窗洞口。

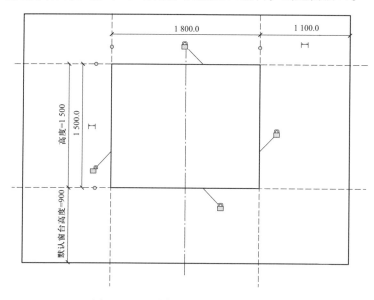

图 4.3.37　绘制矩形洞口轮廓并锁定

Step 11　打开【族类型】（🗒）对话框，分别修改【宽度】值为"1 000"，【高度】值为"1 200"，单击【确定】按钮，退出【族类型】对话框，观察洞口位置、大小与参照平面参数关联。

在创建族时，可以直接选择"公制窗"作为族模板，该模板已经预定义了上述步骤中所有参照平面及洞口信息。如果要创建放置于屋顶上的天窗，可以使用"基于屋顶的常规模型"族样板。

Step 12　单击【拉伸】>【修改｜拉伸】>【矩形】（▭）命令，在选项栏中将【偏移量】设置为 0，沿上、下、左、右参照平面绘制矩形拉伸轮廓。确认绘制模式为【矩形】，设置选项栏中的【偏移量】值为 60 mm；选中轮廓的一个角点，按空格键直到显示图 4.3.38 所示偏移预览，单击对角角点，创建内部轮廓。

在放置边视图中绘制时，默认将工作平面设置为墙核心层中心。

Step 13　打开【族类型】对话框，分别修改【宽度】【高度】和【默认窗台高度】参数值为 1 200、1 500、600，测试所绘制的轮廓已随各参数值的变化而变化。

Step 14　如图 4.3.39 所示，设置【属性】面板中的【拉伸终点】为"30.0"，【拉伸起点】为"−30.0"，即在当前工作平面两侧分别拉伸 30 mm；修改【子类别】为【框架/竖梃】，即设置所建拉伸模型为窗"框架/竖梃"子类别。

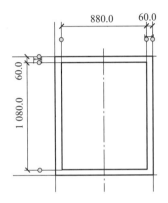

图 4.3.38　绘制窗框轮廓　　　　　　　图 4.3.39　设置属性

使用【管理】选项卡【设置】面板的【对象样式】工具，打开【对象样式】对话框，在该对话框中可以修改窗子类别名称及线型等。

Step 15　单击【属性】>【材质】参数列最后的【关联族参数】按钮，打开【关联族参数】对话框，单击【添加参数】按钮，弹出【参数属性】对话框，选择【参数类型】为【族参数】，【名称】为"窗框材质"，选择参数类型为◉类型(Y)，如图 4.3.40 所示。

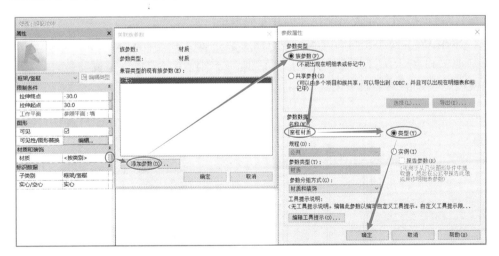

图 4.3.40　关联族参数

在【关联族参数】对话框【兼容类型的现有参数】列表中，仅显示当前族中所有【材质】类型参数名称，Step 09 中添加的"默认窗台高度"参数属于长度类型参数，不会出现在该列表中。

Step 16   完成后单击【确定】按钮，返回【关联族参数】对话框，选择【窗框材质】选项，单击【确定】按钮，如图 4.3.41 所示，退出【关联族参数】对话框。单击【完成编辑模式】（✔）按钮完成拉伸，创建拉伸窗框。

图 4.3.41   关联族参数对话框选择【窗框材质】

添加参数后，【材质】后若显示▣，表示已经有参数与该材质参数关联。

Step 17   切换至三维视图，观察绘制的窗框。打开【族类型】对话框，分别修改宽度、高度值，观察当参数改变时窗框的变化情况。

Step 18   切换至放置边立面视图。使用相同的方式，按图 4.3.42 所示尺寸和位置创建左侧窗扇草图轮廓。设置拉伸实例参数中的【拉伸终点】为"20.0"，【拉伸起点】为"−20.0"，其余设置与窗框拉伸实例参数相同。单击【完成编辑状态】（✔）按钮，完成当前拉伸创建左侧窗框。

Step 19   使用相同的方式拉伸右侧窗框。切换至三维视图，此时窗模型显示如图 4.3.43 所示。打开【族类型】对话框，分别调节各宽度、高度参数，观察窗框模型随参数的调整而变化。

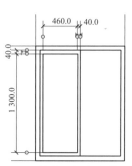

图 4.3.42   创建左侧窗扇草图轮廓

图 4.3.43   窗框三维模型

注意

由于拉伸草图中不能出现重合的边界，因此左右窗框必须分开使用两个单独的拉伸工具创建。

Step 20 切换至放置边立面视图，使用实体拉伸工具，按图4.3.44所示绘制窗玻璃拉伸轮廓。设置拉伸图元属性中的【拉伸终点】为"3.0"，【拉伸起点】为"−3.0"，拉伸图元子类型为【玻璃】。单击【完成编辑模式】按钮，为窗添加玻璃。

Step 21 切换至【放置边】立面视图。使用【绘制参照平面】工具，按图4.3.45所示在窗中间位置绘制水平参照平面，并对该参照平面添加 EO 等分约束。

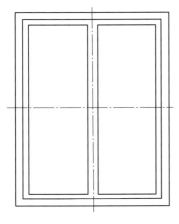

图4.3.44　创建玻璃

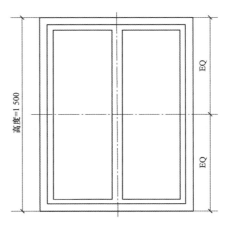

图4.3.45　绘制水平参照平面并对参照平面添加等分约束

Step 22 使用拉伸工具，按图4.3.46所示在左、右窗扇内绘制拉伸轮廓。沿水平轮廓边界和参照平面间添加对齐尺寸标注，分别添加轮廓边界至参照平面的距离锁定约束。设置拉伸实例参数中的【拉伸终点】为"20.0"，【拉伸起点】为"−20.0"；指定【材质】参数为【窗框材质】；设置【子类别】为【框架/竖梃】。完成后单击【完成编辑模式】按钮完成拉伸，为窗添加中间横梃。

Step 23 切换至三维视图，打开【族参数】对话框，调节族中各参数，测试模型随族的变化。注意无论窗【高度】如何修改，上一步中创建的横梃都将位于窗中间位置。

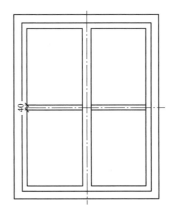

图4.3.46　为窗添加中间横梃

Step 24 选择横梃拉伸图元，单击【属性】面板【可见】参数后的按钮关联参数按钮，添加名称为"横梃可见"，注意该【参数类型】为【是/否】。

设置完【横梃可见】控制参数后，不能在族中控制横梃显示与否，需要将该族载入项目后，才能通过窗的【类型属性】实现对横梃可见性的控制。使用相同的方式，还可以为拉伸起点、拉伸终点添加控制参数。

Step 25　选择所有窗框和玻璃模型，注意不要选择【洞口】图元。自动切换至【修改|选择多个】选项卡。单击【模式】面板中的【可见性设置】工具，打开【族图元可见性设置】对话框。如图 4.3.47 所示，取消勾选【平面/天花板平面视图】和【当在平面/天花板平面视图中被剖切时（如果类别允许）】复选框，单击【确定】按钮关闭对话框。切换至【参照标高】楼层平面视图，所有拉伸模型已灰显，表示在平面视图中将不显示模型的实际剖切轮廓线。

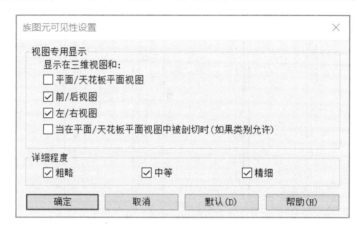

图 4.3.47　族图元可见性设置对话框

在族编辑器中，不会隐藏设置不可见的图元。

Step 26　单击【注释】选项卡【详图】面板中的【符号线】工具，自动切换至【修改|放置符号线】选项卡。设置符号线【子类别】为【窗［截面］】，绘制样式为【直线】，设置选项栏中的【放置平面】为【标高：参照标高】。单击捕捉"左"参照平面为起点，"右"参照平面为结束点，在窗模型两侧绘制水平符号线。

每种子图元均提供对应子图元名称的两种符号线类型——截面线和投影线，分别用于控制子图元对象在视图中被剖切和投影时的线形和线样式。

Step 27　使用【对齐尺寸】标注工具，如图 4.3.48 所示，使用【对齐标注】方式，【修改|放置尺寸标注】选择【参照墙面】，标注墙面与符号线尺寸，并为该尺寸添加等分约束。

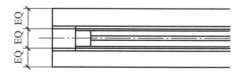

图 4.3.48　添加等分约束

Step 28　使用类似的方法，在【族图元可见性设置】对话框中，取消勾选【左/右视图】复选框，在族中添加剖面视图，在剖面视图中绘制符号线。当窗被剖面视图符号剖切时，将显示符号线。

 注意

在剖面视图中绘制符号线时，需指定符号线的【放置平面】为【参照平面：中心（左/右）】。

Step 29　切换至【参照标高】楼层平面视图。单击【创建】选项卡【控件】面板中的【控件】（＋）工具，自动切换至【修改 | 放置控制点】选项卡。如图 4.3.49 所示，确认【控制点类型】面板中当前控制点为【双向垂直】，在参照标高视图墙"放置边"一侧窗中心位置单击，放置内外翻转控制符号，如图 4.3.50 所示。

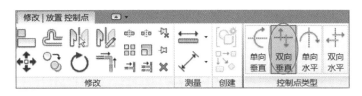

图 4.3.49　确认【控制点类型】面板中当前控制点为【双向垂直】

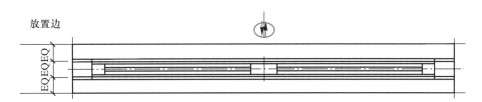

图 4.3.50　放置内外翻转控制符号

 注意

在族中可以同时放置多个控制符号。

Step 30　打开【族类型】对话框，分别修改宽度、高度、默认窗台高度值为"1 500.0"、"1 800.0"和"900.0"，勾选【横梃可见】复选框，单击【重命名】按钮，修改族类型名称为 C1518，如图 4.3.51 所示。单击【新建】按钮，输入新族类型名称为 C0912，修改宽度、高度和默认窗台高度值分别为"900.0"、"1 200.0"和"900.0"，不勾选【横梃可见】复选框，单击【确定】按钮，退出【族类型】对话框。按"Ctrl+S"快捷键保存该族。

Step 31　以建筑样板为项目样板新建空白项目，绘制任意墙体，载入该窗族，注意窗族默认包含 C1518 和 C0912 两个类型。分别创建该窗族两个类型的实例，平面中已显示为符合中国制图规范要求的 4 线窗。新建不同的窗类型，通过勾选类型参数中的【横梃可见】复选框，控制窗中间横梃是否可见。至此完成窗族创建。

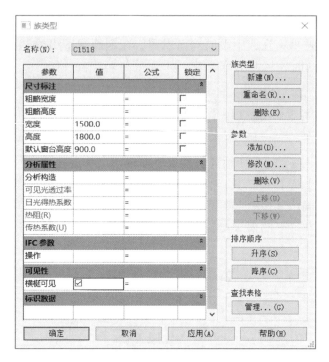

图 4.3.51 族类型对话框

在绘制族二维表达符号线时，不要使用【常用】选项卡【模型】面板中的【模型线】命令。模型线属于模型图元，它可以在任何视图中显示。而符号线属于注释图元，只会在绘制的视图类型中显示。Revit Architecture 提供了模型线与符号线之间相互转换的工具。选择已绘制的线后，单击【修改|线】选项卡【编辑】面板中的【转换线】工具，如图 4.3.52 所示，可以在符号线与模型线之间互相转换。

图 4.3.52 线型转换工具

在 Revit 中，并非所有类型的模型族都允许被剖切。家具、家具系统、RPC、照明设备、植物、停车场等类别的族不允许被剖切，即该类别的族仅能显示为在视图中的投影。

可以在【族类型】对话框中单击【新建】按钮，建立不同的族类型，并分别指定族各类型的参数。当在项目中载入设置了类型的族时，Revit Architecture 会同时载入族的所有预设类型和参数值。

Revit Architecture 还允许用户直接在项目中单击设计栏【常用】选项卡【构件】面板中的【构件】工具下拉列表，在列表中选择【内建模型】工具，在项目中直接创建族。这类在项目中直接创建的模型称为"在位族"。使用在位族可以方便地在项目中创建各种自由样式模型，但在位族仅能应用在本项目中，无法像其他族那样与其他项目共享。一般来说，不建议过多地使用在位族。

任务 4 嵌 套 族

一、工作任务

本任务讲解嵌套族的使用方法，当目标模型比较复杂时，通常利用嵌套族的方法把模型分成几个部分分别进行创建，最后把各个族载入一个族里按照空间位置进行组装，生成整体族模型。通过本部分内容的学习，掌握嵌套族的创建方法以及参数化嵌套族的创建流程及要点，能够独立完成一般嵌套族的创建。

二、相关配套知识

可以在族中载入其他族，被载入的族称为嵌套族。为节约建模时间，可将现有的族嵌套在其他族中，此时嵌套族可被多个族重复利用。

三、应用案例

在定义族时可以在族编辑器中载入其他族（包括模型、轮廓、详图构件、注释符号等族），并在族编辑器中组合使用这些族。将多个简单的族嵌套组合在一起形成复杂的族构件，并进而形成嵌套族在实际应用中是经常用到的。下面以百叶窗为例，讲解参数化窗族的创建过程。

根据给定的尺寸标注建立"百叶窗"构件集。

① 按图 4.3.53 中的尺寸建立模型。

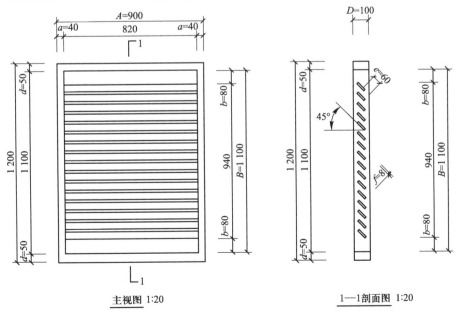

图 4.3.53 百叶窗

② 所有参数采用图中参数名字命名，设置为类型参数，扇叶个数可以通过参数控制，并对窗框和百叶窗赋予合适材质，将模型文件以"百叶窗"为文件名保存到文件夹中。

③ 将完成的"百叶窗"载入项目中，插入任意墙面中进行示意。

基本思路：首先将参照平面与模型边界线锁定，然后为参照平面添加尺寸标注，再对该尺寸标注添加参数，最后通过修改相应参数值达到控制模型变化的目的。首先进入（双击）【放置边】（选择项目浏览器>【视图（全部）】>【立面】>【放置边】命令）平面，【放置边】相当于公制常规模型的前立面，其平面在【参照标高】的投影位置处于墙的中心。由于要求百叶窗的各项尺寸都能通过参数控制，所以需要通过创建足够的参照平面来实现对各部分尺寸的控制，选择【创建】>【参照平面】（ ✐ ）命令，先用参照平面画出最外层窗框的大致轮廓，然后为参照平面添加尺寸标注。为了使左右参照平面到中心的距离相等，在把左侧参照平面、中心线、右侧参照平面采用连续尺寸标注后，单击该尺寸标注，然后单击其下的"EQ"。

Step 01　采用"基于墙的公制常规模型族"作为族模板。打开软件，选择【应用程序菜单】>【新建】>【族】>【基于墙的公制常规模型族】命令，首先将模型文件保存至桌面，按"Ctrl＋S"快捷键，弹出【另存为】对话框，如图4.3.54所示，将文件保存于桌面。

图4.3.54　保存文件

Step 02　用参照平面绘制百叶窗外围轮廓，由于没有指定窗台高度，按照常用值900 mm设置（此处不要进行尺寸标注，可通过临时尺寸标注修改窗框下轮廓到参照标高距离，在所有模型建成以及所有锁定工作完成以后，再进行尺寸标注）。

Step 03　创建洞口，单击如图4.3.55所示的 🔓 图标将洞口边缘与窗框外边缘轮廓的参照平面锁定，如果没能在创建之处单击 🔓 图标进行锁定，也可利用【修改】>【对齐】（ ▱ ）命令，分别单击参照平面与对应的轮廓，随后弹出 🔓 图标，单击进行锁定（ 🔒 ），如图4.3.55所示。

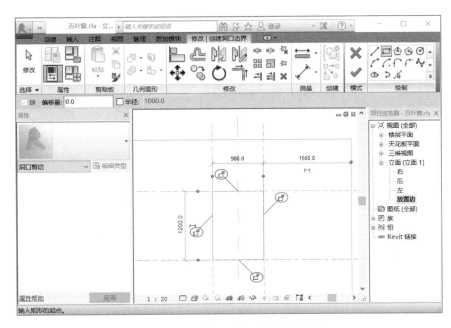

图 4.3.55 创建洞口并对边界进行锁定

Step 04 利用拉伸创建百叶窗窗框（图 4.3.56），创建完成后，分别将窗框外侧线条（图 4.3.57）及内侧线条（图 4.3.58）与对应的参照平面锁定。

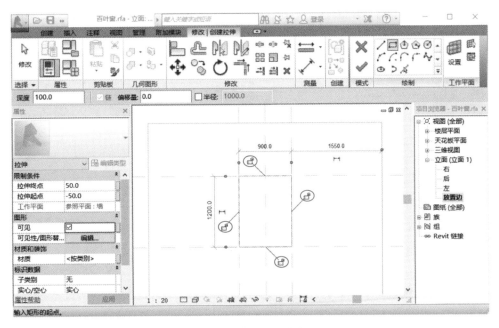

图 4.3.56 创建百叶窗窗框（一）

Step 05 为参照平面添加尺寸标注，如图 4.3.59 所示。非必要尺寸不要标注，否则容易造成过约束。

Step 06 为尺寸标注添加参数，如图 4.3.60、图 4.3.61 所示。

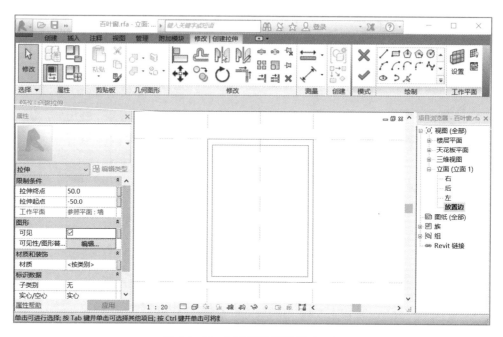

图 4.3.57　创建百叶窗窗框（二）

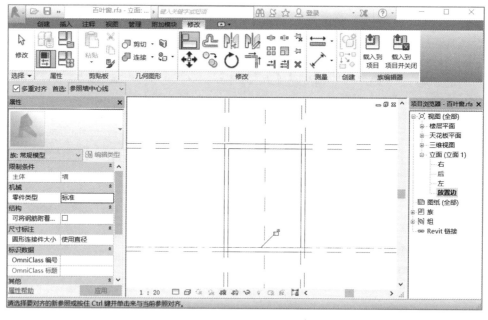

图 4.3.58　创建百叶窗窗框（三）

Step 07　以"公制常规模型"为族样板，按照尺寸在左立面利用拉伸绘制扇叶，可以先绘制一个矩形截面，再将截面旋转45°，为三个方向尺寸标注添加参数（实例参数），最后为扇叶添加关联材质，如图4.3.62所示。

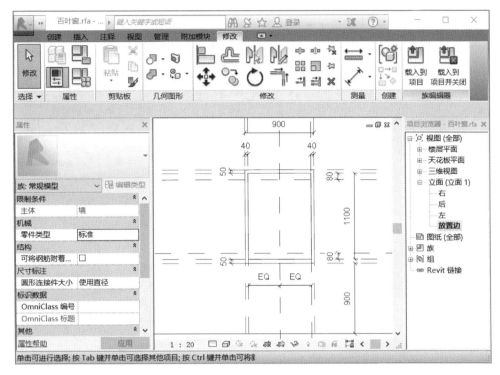

图 4.3.59　为参照平面添加尺寸标注

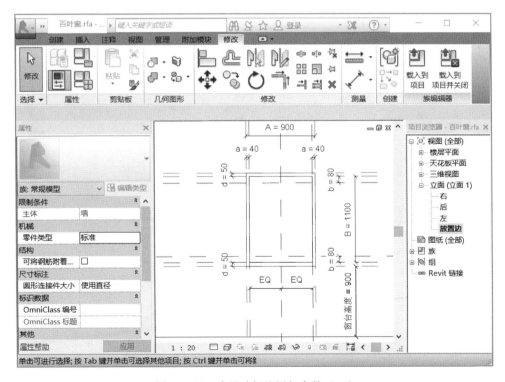

图 4.3.60　为尺寸标注添加参数（一）

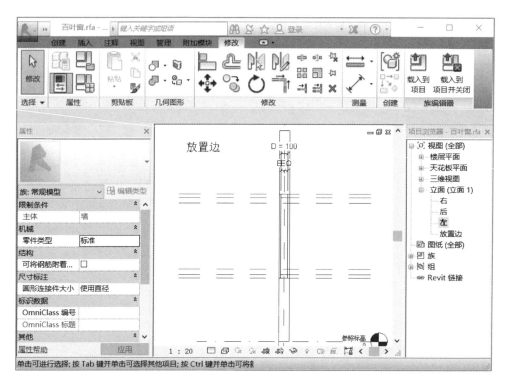

图 4.3.61　为尺寸标注添加参数（二）

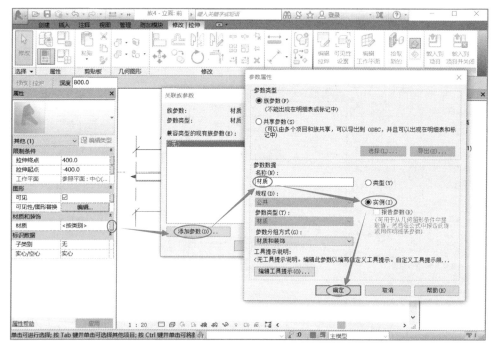

图 4.3.62　为扇叶添加关联材质

Step 08　将扇叶族载入百叶窗族中，如图 4.3.63、图 4.3.64 所示。可在【参照标高】平面，选择【项目浏览器】>【族】>【常规模型】命令，找到对应的族（本例中为"族 4"），并将之拖到绘图区。

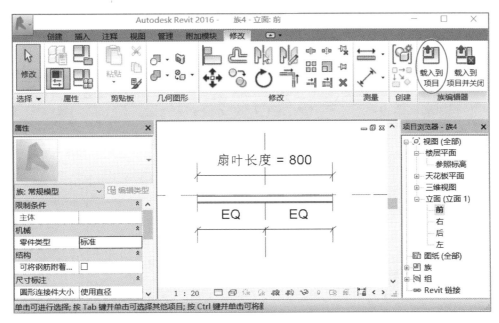

图 4.3.63　将扇叶族载入到百叶窗族（一）

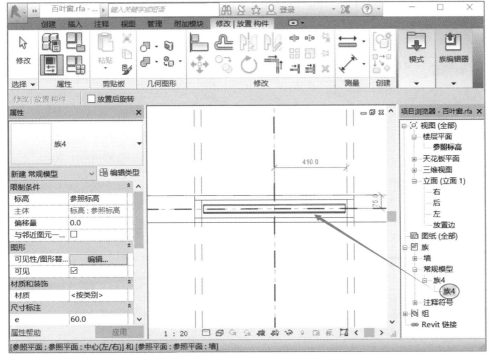

图 4.3.64　将扇叶族载入到百叶窗族（二）

Step 09 将扇叶在前视图（放置边）中移动到要求位置，将上边缘与定位参照平面进行锁定，如图4.3.65所示。接下来在该族（百叶窗族）中再一次为扇叶添加尺寸标注，并为尺寸标注添加参数（类型），如图4.3.66~图4.3.69所示。

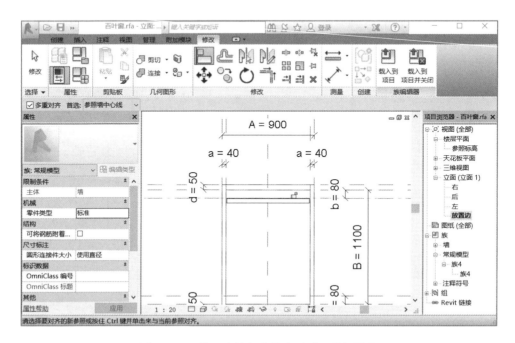

图4.3.65 将上边缘与定位参照平面进行锁定

图4.3.66 为尺寸标注添加参数（一）

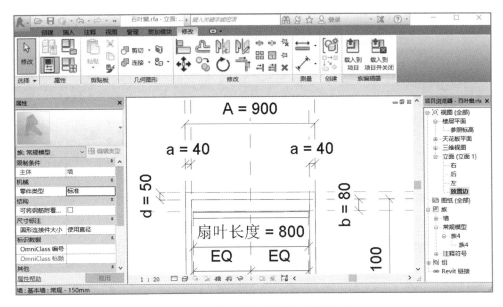

图 4.3.67 为尺寸标注添加参数（二）

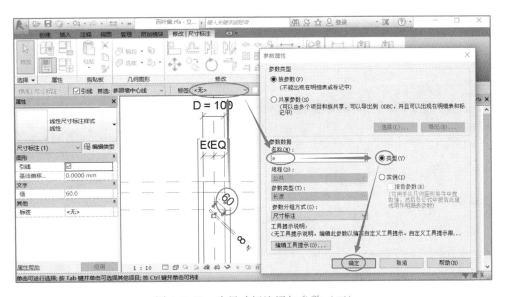

图 4.3.68 为尺寸标注添加参数（三）

Step 10 将扇叶实例参数（即利用"公制常规模型"创建扇叶族时所创建的参数）与族参数（利用"基于墙的公制常规模型"创建的百叶窗族中的参数）进行关联。首先选中扇叶（将鼠标指针放在扇叶轮廓上，逐次按 Tab 键进行选择），选择【属性】>【尺寸标注】命令，在对应的尺寸后侧单击【关联族参数】命令，与对应的参数进行关联，完成关联后，实例参数中尺寸变为灰显。如图 4.3.70、图 4.3.71 所示。

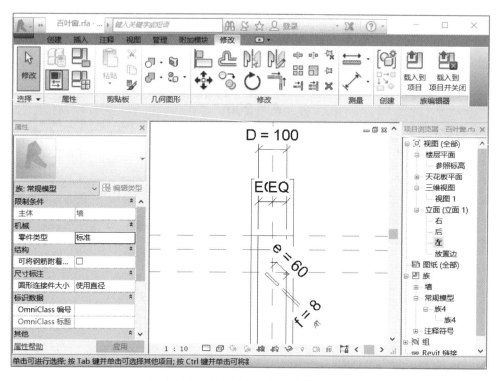

图 4.3.69　为尺寸标注添加参数（四）

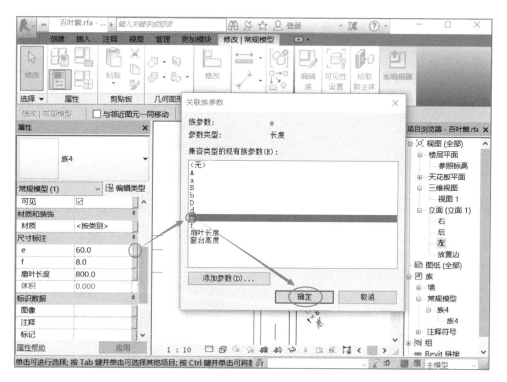

图 4.3.70　尺寸标注关联族参数（一）

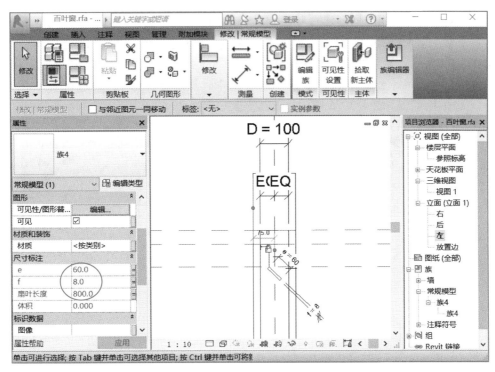

图 4.3.71　尺寸标注关联族参数（二）

Step 11　为百叶窗扇叶长度输入参数化控制（扇叶长度 = A − 2 ∗ a），如图 4.3.72 所示。

参数	值	公式	锁定
尺寸标注			
A	900.0	=	☐
B	1100.0	=	☐
D	100.0	=	☐
a	40.0	=	☐
b	80.0	=	☐
d	50.0	=	☐
e	60.0	=	☐
f	8.0	=	☐
扇叶长度	820.0	= A − 2 ∗ a	☐
窗台高度 (报告)	900.0	=	
标识数据			

图 4.3.72　参数化控制

Step 12   利用阵列创建百叶窗扇叶，选择【移动到】>【最后一个】，输入项目个数，如图4.3.73所示，对最后一窗扇位置通过参照平面进行锁定，如图4.3.74所示。为百叶窗扇叶个数添加参数（选择阵列数时注意Tab键的运用，先单击一个扇叶，出现竖条，单击Tab键选中，然后添加参数），进行参数化控制，如图4.3.75、图4.3.76所示。

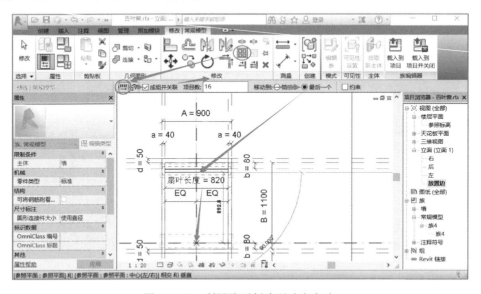

图4.3.73   利用阵列创建百叶窗扇叶

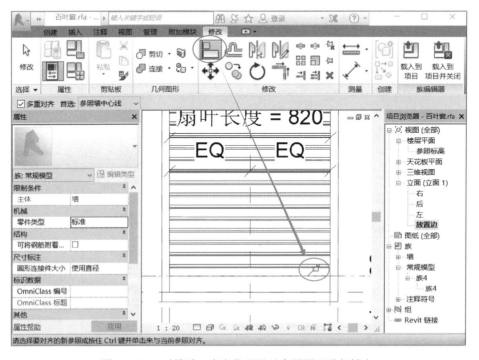

图4.3.74   对最后一窗扇位置通过参照平面进行锁定

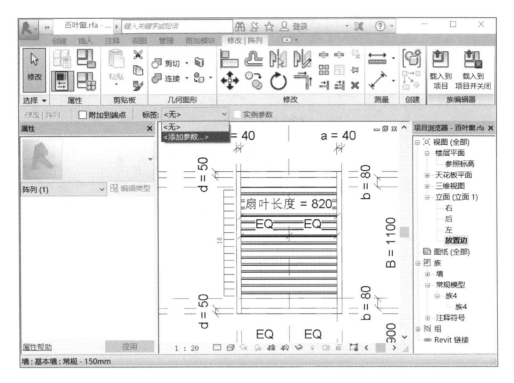

图 4.3.75　为百叶窗扇叶个数添加参数（一）

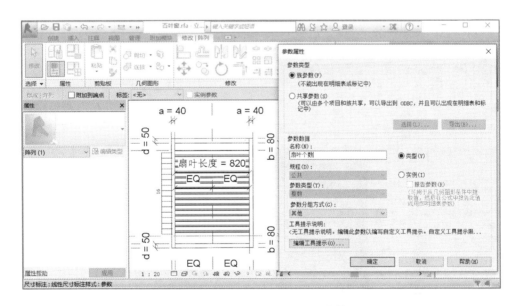

图 4.3.76　为百叶窗扇叶个数添加参数（二）

Step 13　为百叶窗窗框和百叶窗扇叶赋予合适材质，此处步骤与前面演示的赋予材质过程完全相同，不再赘述，赋予材质后，如图 4.3.77 所示。

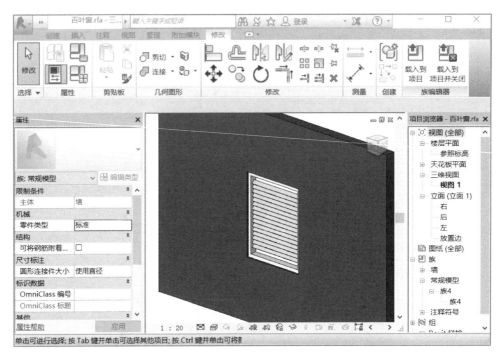

图 4.3.77 赋予材质后显示效果

Step 14 以建筑样板为模板新建一个项目文件，可以任意画一段墙，将百叶窗族载入项目，如图 4.3.78 所示。

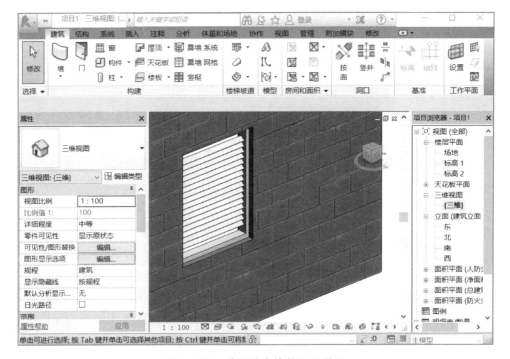

图 4.3.78 将百叶窗族载入至项目

练习题

一、单项选择题

1. 采用旋转命令创建族，边界线轮廓及轴线如图所示，则生成的模型为（　　）。

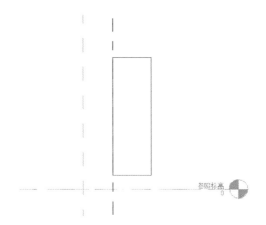

A. 空心圆柱　　　　B. 实心圆柱　　　　C. 空心立方体　　　　D. 实心立方体

2. 下列图元不属于系统族的是（　　）。

A. 墙　　　　　　　B. 楼板　　　　　　C. 门　　　　　　　　D. 楼梯

3. 下图所示模型用（　　）命令可一次性进行创建。

A. 拉伸　　　　　　B. 融合　　　　　　C. 放样　　　　　　　D. 旋转

4. 族创建命令总共有（　　）个。

A. 4　　　　　　　　B. 6　　　　　　　C. 7　　　　　　　　D. 8

5. 族与项目之间的关系是（　　）。

A. 族组成了项目　　　　　　　　　　B. 项目组成了族

C. 族大项目小　　　　　　　　　　　D. 项目中不包括族

二、多项选择题

1. "实心放样"命令的用法，下列说法正确的有（　　）。

A. 必须指定轮廓和放样路径

B. 路径可以是样条曲线

C. 轮廓可以是不封闭的线段

D. 路径可以是不封闭的线段

2. 下列选项中，哪些是 Revit Architecture 族的类型（　　　）。

A. 系统族　　　　　B. 外部族　　　　　C. 可载入族　　　　　D. 内建族

3. 以下说法错误的是（　　　）。

A. 实心形式的创建工具要多于空心形式

B. 空心形式的创建工具要多于实心形式

C. 空心形式和实心形式的创建工具都相同

D. 空心形式和实心形式的创建工具都不同

4. 下列选项中哪项族样板属于基于主题的样板（　　　）。

A. 基于墙的样板　　　　　　　　　　B. 基于天花板的样板

C. 基于屋顶的样板　　　　　　　　　D. 基于面的样板

5. 关于融合，下列说法错误的是（　　　）。

A. 空心融合一旦完成，无法修改为实心融合

B. 融合底部轮廓可以有两个闭合的环

C. 融合路径可以任意指定

D. 融合顶部轮廓只能是一个闭合的环

三、简答题

1. 什么是轮廓族？

2. 简述拉伸命令生成实体模型的步骤。

3. 简要说明族尺寸参数设置的步骤。

4. 简要阐述如何创建共享参数？

5. 简要说明族中类型参数与实例参数的区别。

■ 能力目标

1. 能够熟练操作 BIM 软件。
2. 具备识读建筑类 CAD 图纸的能力。
3. 能够进行概念体量的创建。

■ 知识目标

1. 熟悉概念体量创建准备操作。
2. 了解内建体量和可载入体量的概念。
3. 掌握概念体量基础建模方法。
4. 掌握从概念体量创建铁路建筑构件。

■ 案例导入

新建××高铁是中原通向大西北的重要通道，从 2016 年开始建设，至 2020 年建成通车，成为连通我国西北地区与中原、西南、东南地区的重要通道，两地间车程由原来的 9 小时大幅缩短至不到 2 小时，有效促进国内大循环加速形成，对于完善区域路网构成，加强省际间的沟通与联系发挥了重要作用。不仅使本地区更加紧密地融入全国发展格局，而且也更加有效地促进西北、中原、西南、东南地区人才、技术、经济、信息等要素资源的交融互通，实现互补共进高质量发展。作为高速铁路建设的重要组成部分——桥梁工程，其结构形式较为复杂，导致其施工质量控制难度加大，尤其是异形结构施工时，截面尺寸的控制更为困难。而概念体量作为 Revit 软件中异形结构创建的重要工具，极大地提高了高速铁路建设中异形结构的质量控制。

■ 思政点拨

改革开放以来，中国几代铁路人瞄准世界一流水平不懈奋斗，实现了高铁建设历史性进步。截至 2018 年底，中国高速铁路营业里程达到 2.91 万公里，稳居世界第一，并且已孕育形成独具特色的"高铁文化"——产业报国、锲而不舍、改革创新、拥抱世界。中国高铁能够在很短时间内从"并跑"到"领跑"世界先进水平，关键是高铁人从院士到一线工人，都有把国家利益、集体利益放在至高地位的报国情怀。这种情怀激励着高铁人长期忘我工作在车间、实验室和铁路线上，坚决服从国家利益调度指挥，发扬"功成不必在我、不惧失败、永不言弃"的奋斗精神，攥指成拳、群策群力，促使中国高铁走到全球产业制高点。

项目一　概念体量环境

任务 1　项目概况

一、工作任务

在进行项目建模前，需要首先熟悉所建项目的整体概况，包括工程概况（项目简介、任务由来）、自然地理及施工条件（位置交通、地形地貌、气象）、工程地质条件（地层岩性、地质构造、新构造运动和地震）等。本任务主要基于实际高速铁路项目——××高铁进行项目概况的识读及讲解，如图 5.1.1 所示。

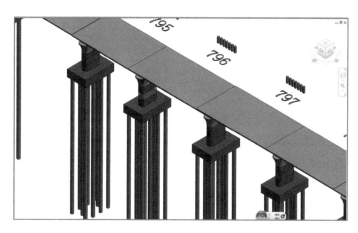

图 5.1.1　高铁桥梁模型示意图

二、相关配套知识

本项目包含路基、桩基、承台、桥墩、框架涵洞、箱梁等构件，其中基础构件均可以用 Revit 软件中的系统族创建，对于异形结构的构件，需要采用概念体量知识来自定义。后续任务会依次讲解到如何利用 Revit 软件进行概念体量各类构件模型创建。

三、应用案例

工程名称：××高速铁路 1 标。
线路总长：51 km。
线路结构：桥梁 7 座，涵洞 52 座，新建车站 2 座，改建车站 2 座，预制架设整孔箱梁 980 孔。

本高铁项目桥墩结构包括支撑垫石、顶帽、墩身。图纸尺寸在距离表达上的单位是 mm，在标高表达上的单位是 m，创建模型时，应严格按照图纸的尺寸进行创建。

（1）桥墩结构图纸

××高铁项目桥墩结构部分图纸主要为正面、侧面、平面、截面、细部详图，墩身高度 20 m，如图 5.1.2~图 5.1.6 所示。

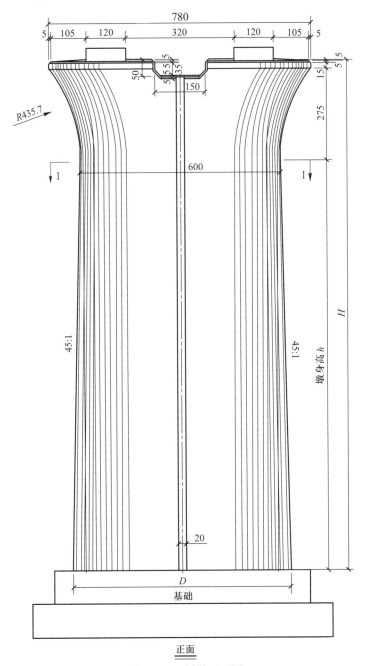

图 5.1.2 桥墩正面图

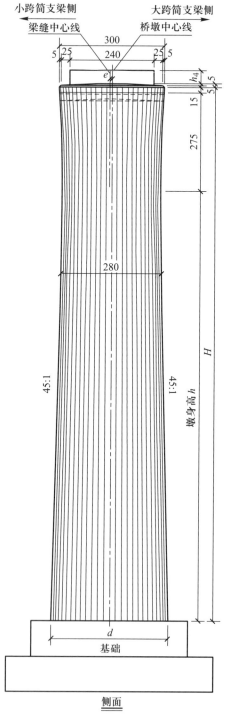

图 5.1.3　桥墩侧面图

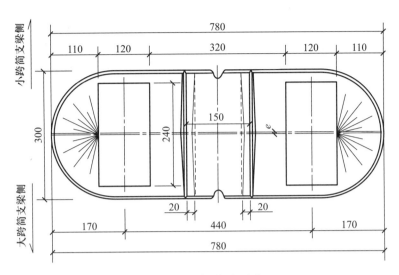

图 5.1.4　桥墩平面图

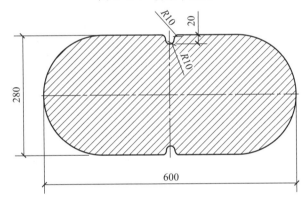

图 5.1.5　1—1 截面图

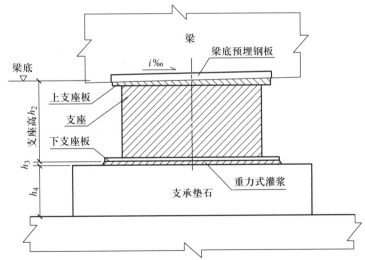

图 5.1.6　支座及支撑垫石高度示意图

（2）模型三维着色图

透过三维模型图，可以更加直观、准确地理解项目的整体概况。在 Revit 中，创建完成模型后，可以根据需要生成任意角度的三维图。××高速铁路 1 标项目整体模型和分部模型如图 5.1.7~图 5.1.13 所示。

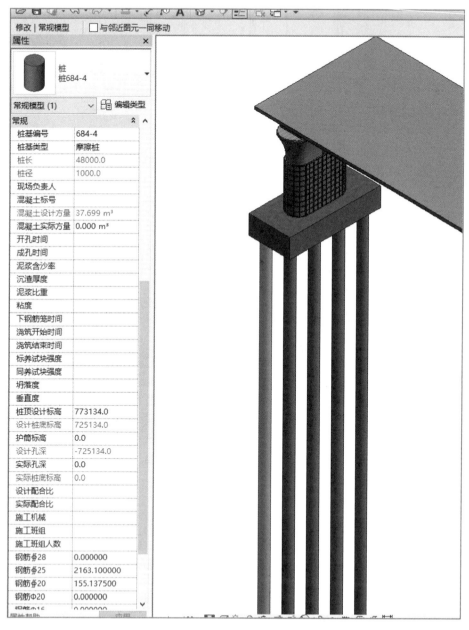

图 5.1.7　桩基模型

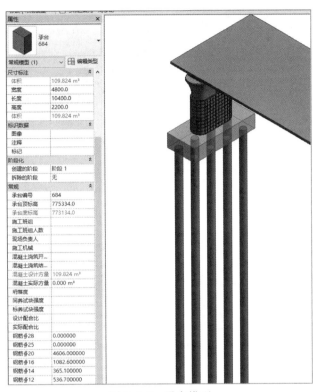

图 5.1.8 承台模型

图 5.1.9 墩身模型

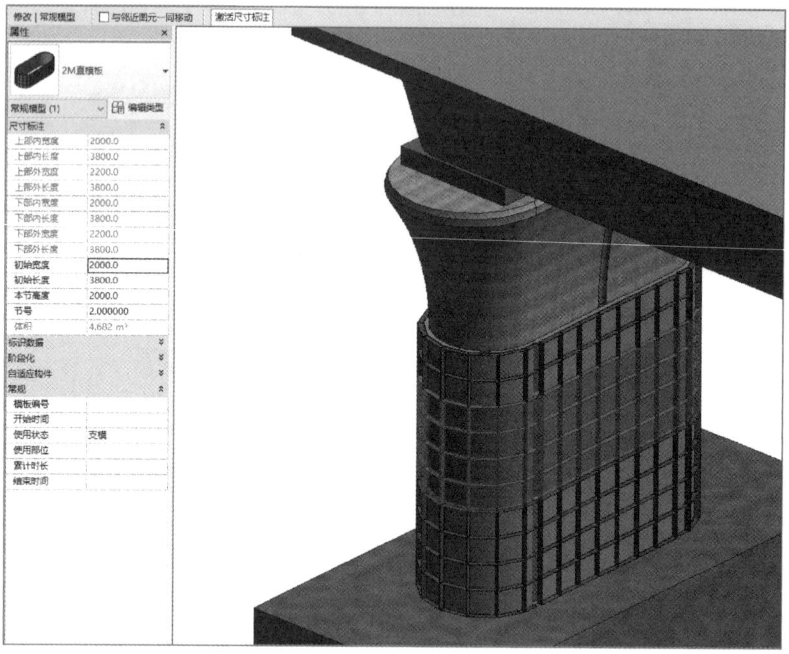

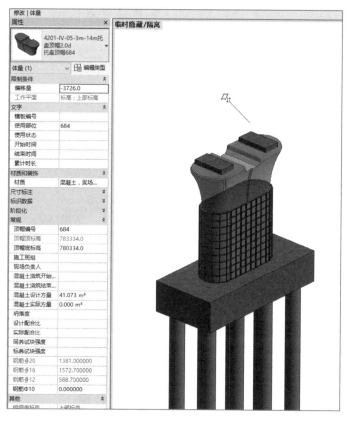

图 5.1.10　模板模型

图 5.1.11　托盘顶帽模型

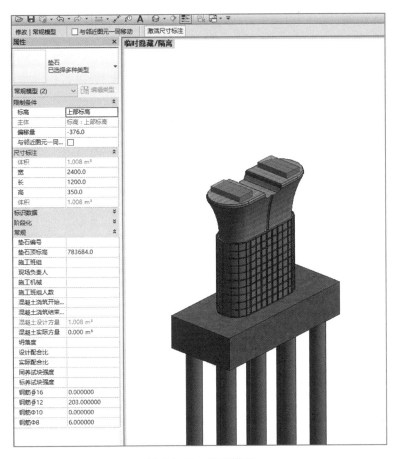

图 5.1.12　垫石模型

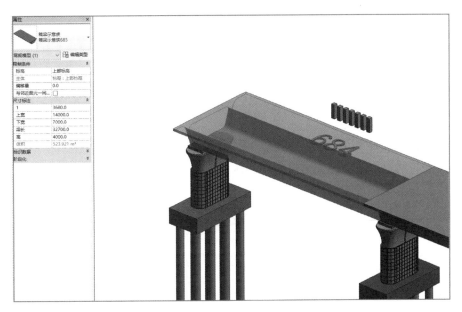

图 5.1.13　上部结构示意模型

任务 2　内建体量环境

一、工作任务

在进行概念体量建模前，需要首先熟悉概念体量的建模环境，本任务主要讲解内建体量的基本概念、作用与建模工作流程，并以内建体量设计环境进行讲解。图 5.1.14 所示为内建体量设计环境示意图。

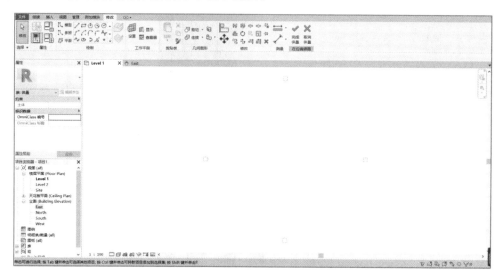

图 5.1.14　内建体量设计环境示意图

二、相关配套知识

1. 内建体量的概念

内建体量是在建筑样板中创建的，以项目特有形式，作为项目文件的一部分存在于项目中，属于项目中的一部分，不能单独保存，文件后缀名是 ".rvt"。

2. 内建体量的作用

内建体量主要用于项目前期概念设计阶段，为建筑师提供简单、快捷、灵活的概念设计模型，用于表达项目独特的体量形状，基本确认建筑形体样式。

3. 内建体量创建方式

Revit Architecture 提供了体量工具用于创建项目的内建体量，通过在项目中内建体量的方式，创建所需的概念体量，此种方式创建的体量仅可用于当前项目中。

三、应用案例

Revit Architecture 提供了体量工具用于创建项目的内建体量，下面以××高铁桥梁为例，说明从空白项目开始进入内建体量环境。

Step 01　启动 Revit Architecture，默认将打开【最近使用的文件】界面。选

择【新建】>【新建项目】>【建筑样板】>【项目】>【确定】命令，Revit Architecture 将以【建筑样板】为样板建立新项目，如图 5.1.15 所示。

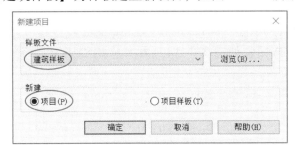

图 5.1.15　选择【建筑样板】新建项目

Step 02　默认将打开 F1 楼层平面视图，如图 5.1.16 所示。

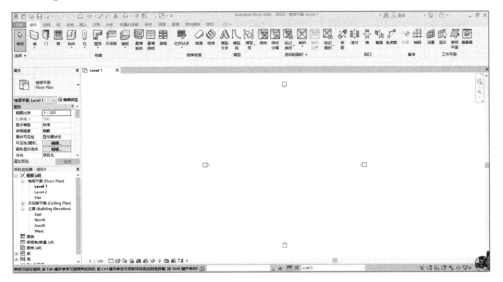

图 5.1.16　Revit F1 层平面视图

Step 03　在项目文件中，选择【体量和场地】>【概念体量】>【内建体量】命令，弹出【体量-显示体量已启用】提示框，单击【关闭】按钮，如图 5.1.17 所示。

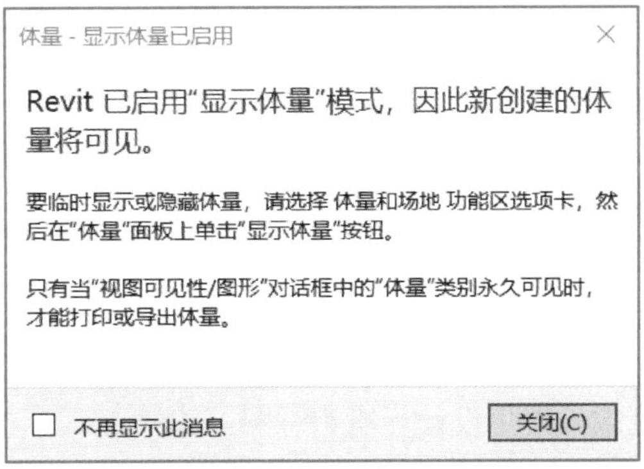

图 5.1.17　【体量-显示体量已启用】提示框

此处提示主要是为了使概念体量在项目中可见。

Step 04　在【名称】对话框中输入内建体量的名称——桥梁墩柱概念体量，单击【确定】按钮，如图 5.1.18 所示，应用程序窗口将显示概念体量设计环境。

图 5.1.18　内建体量命名

Step 05　使用【绘制】面板上的工具创建所需的形状，如图 5.1.19 所示。

图 5.1.19　概念体量设计环境

任务 3　可载入体量环境

一、工作任务

在进行概念体量建模前，需要首先熟悉概念体量的建模环境，本任务主要讲解可载入体量的基本概念、作用与建模工作流程，并以可载入体量设计环境进行讲解，图 5.1.20 为可载入体量设计环境示意图。

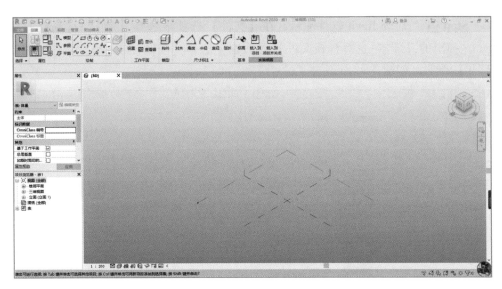

图 5.1.20 可载入体量设计环境示意图

二、相关配套知识

1. 可载入体量的概念

可载入体量是在建筑样板中创建的，通过创建可载入的概念体量族的方式，在族编辑器中创建所需的概念体量，此种方式创建的体量可以像普通的族文件一样，在一个项目中放置多个实例，或在多个项目中重复使用，文件后缀名是".rft"。

2. 可载入体量的作用

作为外部文件，被多个项目和族所使用。

3. 可载入体量与内建体量的区别

两种创建体量形状的方式一致，但在使用时有一定的区别，主要体现在以下两个方面。

（1）使用方式不同

内建体量是直接在项目中创建，只能在当前项目中使用；可载入体量为单独创建，通过【载入族】命令插入项目中，然后通过【放置体量】命令来放置体量。

（2）操作的便捷性不同

内建体量可基于项目的标高轴网或拟建建筑的相对位置关系来进行定位；可载入体量需在体量编辑器中新建标高、参照平面、参照线来进行定位。在实际使用时，多个具有相对位置关系的体量建议采用内建体量的方式来创建，例如做场地规划；单个独立的体量设计或复杂的异形设计建议采用可载入体量来创建。

三、应用案例

1. 创建可载入体量

Revit Architecture 提供了体量工具用于创建项目的可载入体量，下面以××高铁桥梁为例，说明从空白项目开始进入可载入体量环境。

Step 01 启动 Revit 软件平台，在【文件】选项卡选择【族】>【新建】命令，在弹出的【新族-选择样板文件】对话框中选择【公制体量 . rft】文件，单击【打开】按钮，如图 5.1.21 所示。

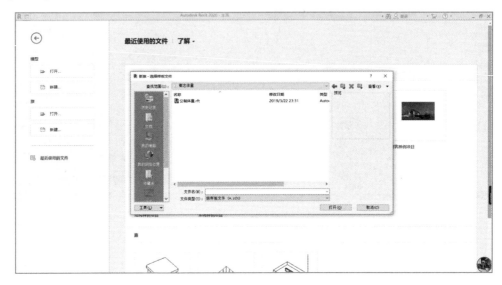

图 5.1.21 打开可载入体量

Step 02 默认将打开三维视图，如图 5.1.22 所示。

图 5.1.22 Revit 可载入体量设计环境

概念体量是三维模型族，其设计环境与项目建模环境、常规族建模环境一起构成了 Revit 的三大建模环境。

2. 了解可载入体量环境

可载入体量设计环境与内建体量类似，其创建过程，也需要使用工作平面、模型线、参照线、参照平面等概念，相应命令的选项卡如图 5.1.23 所示。

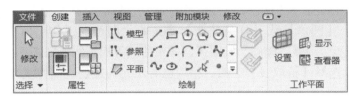

图 5.1.23　【绘制】面板选项卡

（1）工作平面

在绘制模型线、参照线等图元时，需要在一个已经确定的"平面"内进行创建。在绘制图元时，需要根据设计的实际情况，首先选择要绘制的图元所在的平面作为工作平面。

① 工作平面可以采用以下图元中的一种。

a. 表面：可以拾取已有模型图元的表面作为绘制的工作平面。

b. 三维标高：即楼层平面，只有在可载入体量族的概念设计环境三维视图中才可使用。

c. 三维参照平面：即常规参照平面，在平、立、剖视图中显示为线，只有在可载入体量族的概念设计环境三维视图中才能使用。

② 设置工作平面。

a. 显示工作平面。在默认情况下，工作平面在视图中是不显示的，选择【创建】>【设置工作平面】命令，系统可将当前的工作平面显示出来，如图 5.1.24 所示。

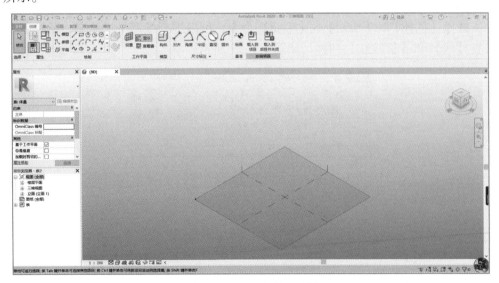

图 5.1.24　工作平面视图

b. 使用【设置】工具设置工作平面。在平、立、剖视图中，可选择【创建】>【工作平面】命令，指定命名的标高或指定参照平面名称，选择其他参照平面或已有图元表面作为参照平面。

（2）模型线

① 选择【创建】>【绘制】>【模型】命令，然后选择其中的【线】【矩形】【内接多边形】【圆形】或【样条曲线】等工具，即可在工作平面中绘制各种直线、矩形、圆形、圆弧、椭圆、椭圆弧、样条曲线等模型线，如图 5.1.25 所示。

② 也可以选择【拾取线】工具，拾取已有图元的边创建模型线。

图 5.1.25　模型线选项卡

（3）参照线

参照线的创建方法与模型线完全一样。

选择【创建】>【绘制】>【参照】命令，然后选择【线】【矩形】【内接多边形】【圆形】或【样条曲线】等工具，即可在工作平面中绘制各种直线、矩形、圆形、圆弧、椭圆、椭圆弧、样条曲线等参照线，如图 5.1.26 所示。

图 5.1.26　参照线选项卡

（4）参照平面

选择【创建】>【绘制】>【平面】命令，可以进行参照平面绘制，其绘制方法有【线】和【拾取线】两种，如图 5.1.27 所示。

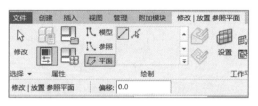

图 5.1.27　参照平面选项卡

项目二　创建体量模型

任务 1　概念体量中定位

一、工作任务

本任务是讲解概念体量定位的操作流程，并基于应用案例——××高速铁路，在进行概念体量建模前，需要首先熟悉所建体量的整体位置，再进行概念体量的定位。

二、相关配套知识

概念体量中定位操作流程：在进入概念体量族编辑状态后，在"公制体量.rte"族样板中提供了基本标高平面和相互垂直且垂直于标高平面的两个参照平面。这几个面可以理解为空间 X、Y、Z 坐标平面，3 个平面的脚垫（图 5.2.1 中箭头所指位置）可理解为坐标原点。在创建概念体量时，通过指定轮廓所在平面及距离原点的相对距离定位轮廓线的空间位置。

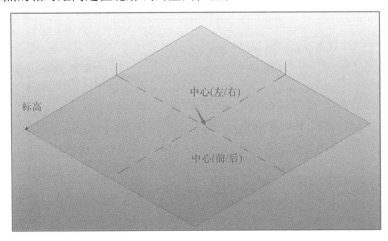

图 5.2.1　概念体量空间坐标关系

要创建概念体量模型，必须先创建标高、参照平面、参照点等工作平面，再在工作平面上创建草图轮廓，最后将草图轮廓转换生成三维概念体量模型。

在创建体量时，项目的默认长度测量单位为毫米。

三、应用案例

Revit Architecture 在创建概念体量时，通过指定轮廓所在平面及距离原点的相对距离定位轮廓线的空间位置。

Step 01   启动 Revit Architecture，进入创建概念体量模式，默认将进入三维视图。选择【创建】>【基准】>【标高】命令，进入【修改｜放置标高】模式。确认勾选选项栏中的【创建平面视图】选项，在三维视图中移动鼠标指针到默认标高之上，当临时尺寸标注显示为 20 m 和 0.295 m 时，单击鼠标指针放置"标高 1"和"标高 2"，如图 5.2.2、图 5.2.3 所示，完成后按 Esc 键两次，退出放置标高模式。

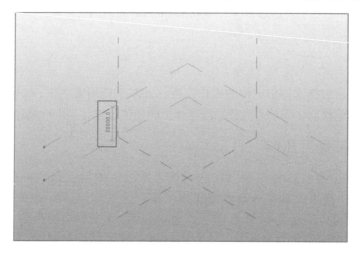

图 5.2.2　放置"标高 1"

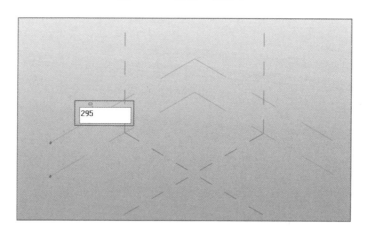

图 5.2.3　放置"标高 2"

Step 02   如图 5.2.4 所示，选择【创建】>【工作平面】>【显示】命令，将以蓝色显示当前激活的工作平面。在视图中单击"标高 1"，"标高 1"将被激活作为当前工作平面。

图 5.2.4　激活工作平面

Step 03　　切换至"标高1"楼层平面视图。如图5.2.5所示，设置【绘制】>【模型】>【线】命令，然后选择【创建】>【工作平面】>【放置平面】>【标高：标高1】命令，其他参数参照图5.2.5所示设置。

图 5.2.5　绘制模式状态

在概念体量中选择草图对象时，Revit Architecure 默认会选择完整的草图轮廓。　在选择时配合使用 Tab 键可以选择指定的轮廓边。

Step 04　　按图5.1.2~图5.1.5所示尺寸在中心参照平面位置绘制桥墩底面。

Step 05　　切换至"标高2"楼层平面视图。使用类似的方式，在"标高2"上绘制图5.1.2~图5.1.5所示的桥墩中部轮廓。

Step 06　　切换至"标高3"楼层平面视图。使用类似的方式，在"标高3"上绘制图5.1.2~图5.1.5所示的桥墩顶部轮廓。

Step 07　　切换至三维视图，按住 Ctrl 键分别选择两个矩形轮廓，选择【形状】>【创建形状】>【实心形状】命令，如图5.2.6所示，Revit Architecture 将根据轮廓位置自动创建三维概念体量模型，如图5.2.7所示。

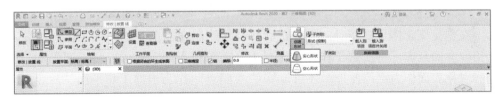

图 5.2.6　创建三维形状

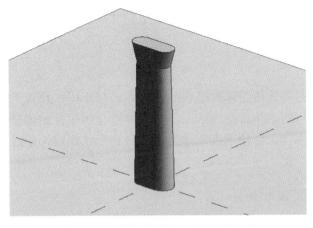

图 5.2.7　双线圆形双固定实体墩模型

Step 08　选择创建实体表面后，Revit 将显示相应坐标系，如图 5.2.8 所示。Revit Architecture 提供了两种坐标系：彩色坐标系及橙色坐标系。彩色坐标系分别用红、绿、蓝代表世界坐标的 X、Y、Z 方向。在该坐标系下，将沿世界坐标方向（即公制体量样板 rfa 族样板中默认的正交参照平面方向与标高方向）移动所选对象；而橙色坐标系表示由所选对象自身方向确定的坐标系，称为局部坐标系，在该坐标系下，将沿垂直于对象或平行于对象的方向移动和修改所选择对象。选择对象后，如果该对象显示橙色坐标系，可以通过按键盘空格键，在局部坐标系与世界坐标系之间进行切换。

图 5.2.8　三维坐标系

在创建概念体量模型时，所有轮廓都必须绘制在当前工作平面上。只需要单击拾取参照点即可将所选工作平面设置为当前工作平面。除可以将参照平面、标高和对象表面作为定位面外，还可以将"参照点"作为当前工作平面。参照点分为自由点、基于主体的点和驱动点 3 种类型。

任务 2　创建各种形状

一、工作任务

本任务主要是讲解概念体量形状的创建方式与作用，并基于应用案例——××高铁桥梁。在进行概念体量建模前，需要掌握概念体量基础建模方法，熟悉概念体量形状创建的方法，会使用概念体量进行各种形状创建，并进行本概念体量的形状创建。

二、相关配套知识

1. 概念体量形状的创建方式

选择【创建】>【绘制】>【模型】命令中的线、矩形、多边形、圆形、弧、

水塔体量创建

样条曲线、通过点的样条曲线、椭圆、半椭圆、拾取线、点图元等 15 种模型线样式，如图 5.2.9 所示。

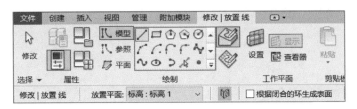

图 5.2.9　选择模型线样式

选择模型线，创建两种类型的体量模型，即实心形状和空心形状，见图 5.2.10。

2. 几何图形的剪切修改

一般情况下，空心形状将自动剪切与其相交的实心形状，多个实心形状可以使用【连接】工具连接成一个构件。其操作是通过选择【修改】>【几何图形】>【剪切】或【连接】命令进行两个或多个形状的剪切与连接，如图 5.2.11 所示。

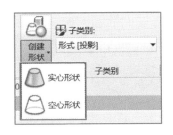

图 5.2.10　创建形状　　　　图 5.2.11　使用或取消几何图形连接

在【剪切】或【连接】下拉列表中可取消形状的剪切或连接。

三、应用案例

【创建形状】工具将自动分析拾取的草图，通过拾取的草图可以生成拉伸、旋转、放样、融合、放样融合等多种形状的对象。这里主要列出常用形状的创建。

1. 创建拉伸模型

拉伸模型是通过在工作平面上绘制的单一开放线条或者单一闭合轮廓创建实心体量生成的模型。

Step 01　单一开放线条拉伸。选择【修改|放置线】>【绘制】>【模型】>【样条曲线】命令（可以根据模型需要选择直线、弧线等），如图 5.2.12 所示，在绘图区域设置好的工作平面中绘制线条，单击此线条，选择【形状】>【创建形状】>【实心形状】命令，即可创建拉伸曲面模型，如图 5.2.13 所示。

体量的创建方法

隧道体量创建

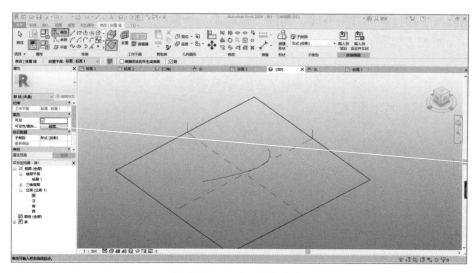

图 5.2.12　创建样条曲线

Step 02　单一闭合轮廓拉伸。选择【修改│放置线】>【绘制】>【模型】命令，在绘图区域设置好的工作平面中绘制闭合轮廓线条，单击此线条，如图 5.2.14 所示。选择【形状】>【创建形状】>【实心形状】命令，即可创建拉伸实体模型，如图 5.2.15 所示。

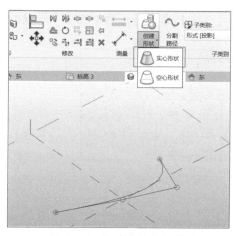

图 5.2.13　创建拉伸曲面模型

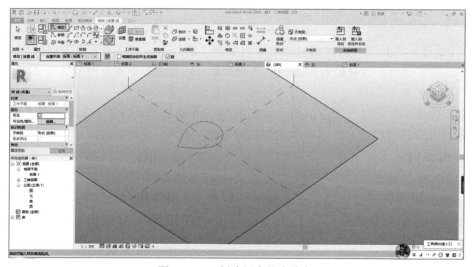

图 5.2.14　创建闭合轮廓线条

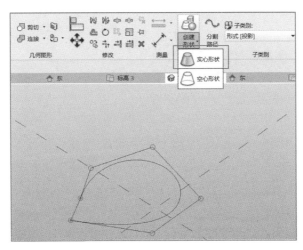

图 5.2.15　创建拉伸实体模型

2. 创建旋转模型

旋转模型是通过在同一工作平面上绘制一条路径和一个轮廓创建实心体量生成的模型。

注意

如果轮廓是开放的，创建生成的是旋转曲面；如果轮廓是闭合的，则创建生成的是旋转实体模型。

（1）开放轮廓

Step 01　选择【修改｜放置线】>【绘制】>【模型】>【直线】命令，如图 5.2.16 所示，在绘图区域设置好的工作平面中绘制一条直线和一 个开放轮廓，单击直线和开放轮廓。

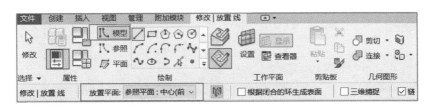

图 5.2.16　绘制直线和开放轮廓

Step 02　选择【形状】>【创建形状】>【实心形状】命令，如图 5.2.17 所示，Revit 将会出现两种可能创建的模型预览，选择曲面模型，即可生成旋转曲面模型。可以看出，此模型是由开放轮廓围绕着直线在所选的工作平面旋转生成的，如图 5.2.18 所示。

（2）闭合轮廓

选择【修改｜放置线】>【绘制】>【模型】>【直线】命令，如图 5.2.19 所示，在绘图区域设置好的工作平面中绘制一条直线和一个闭合轮廓，单击直线和闭合轮廓，选择【形状】>【创建形状】>【实心形状】命令，即可创建旋转实体模型，如图 5.2.20、图 5.2.21 所示。此模型是由闭合轮廓围绕着直线在所选的工作平面旋转生成的。

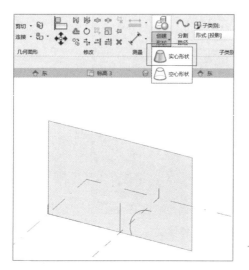

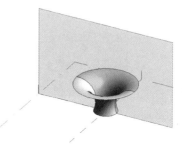

图 5.2.17 创建旋转曲面命令　　　　图 5.2.18 创建旋转曲面模型

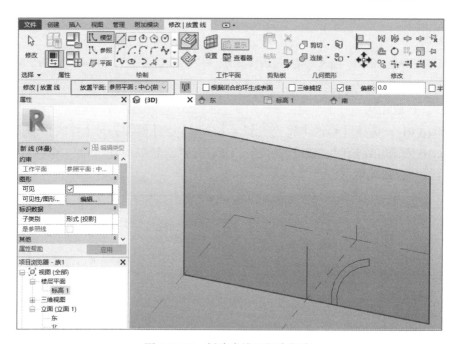

图 5.2.19 创建直线和闭合轮廓

3. 创建放样模型

放样模型是通过在工作平面上绘制一条路径和通过这条路径的轮廓创建实心体量生成的模型。

如果轮廓是开放的，创建生成的是放样曲面；如果轮廓是闭合的，则创建生成的是放样模型。

Step 01 选择【修改｜放置线】>【绘制】>【模型】>【直线】命令，在绘图区域设置好的工作平面中绘制一条路径，如图5.2.22所示。继续选择【绘制】>【参照】>【点图元】命令，在之前绘制的路径中添加参照点，如图5.2.23所示。

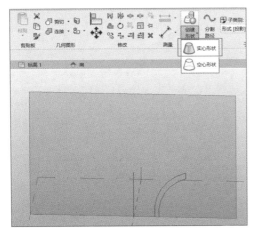

图 5.2.20　创建旋转实体模型　　　　　　图 5.2.21　旋转实体模型

Step 02 单击绘制的参照点，选择【属性】>【图形】>"显示参照平面">"始终"命令，如图5.2.24所示。

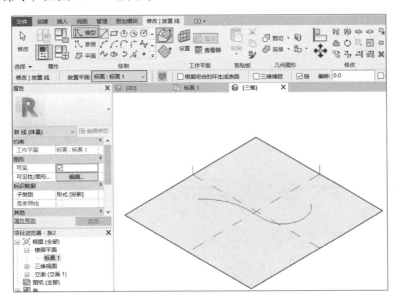

图 5.2.22　绘制路径

Step 03 选择【绘制】>【模型】>【多边形】命令，设置工作平面为参照点垂直于路径的参照面，并在工作平面上绘制一个六边形闭合轮廓，如图5.2.25所示。按下Ctrl键选择路径及六边形闭合轮廓，选择【形状】>【创建形状】>【实心形状】命令，即可创建放样实体模型，如图5.2.26、图5.2.27所示。

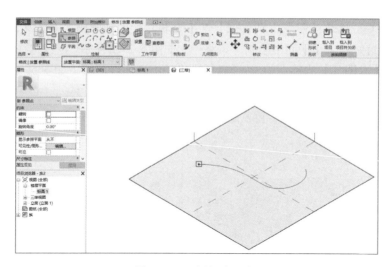

图 5.2.23　添加参照点

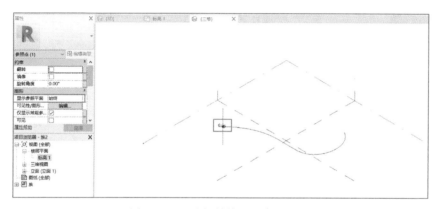

图 5.2.24　选择始终显示参照平面

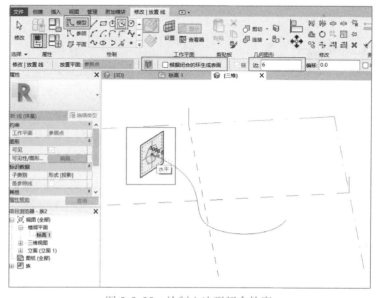

图 5.2.25　绘制六边形闭合轮廓

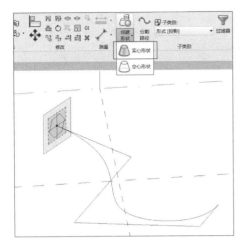

图 5.2.26　创建放样实体模型　　　　　图 5.2.27　完成放样实体模型

4. 创建融合模型

融合模型是通过在多个工作平面上绘制多个轮廓创建实心体量生成的模型。其中开放轮廓生成融合曲面，闭合轮廓生成融合实体模型。

Step 01　选择项目浏览器>【立面视图】>【修改】>【复制】命令，单击"标高 1"，向上拖动到合适的位置，单击即可生成"标高 2"和"标高 3"，如图 5.2.28 所示。

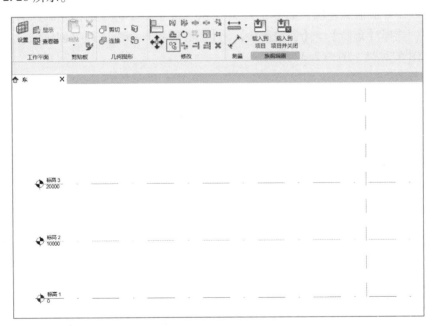

图 5.2.28　复制标高

Step 02　选择【修改 | 放置线】>【工作平面】>【设置】命令，将其设置成当前工作平面，选择【绘制】>【模型】命令，如图 5.2.29 所示，在绘图区域设置好的工作平面中绘制开放曲线轮廓。

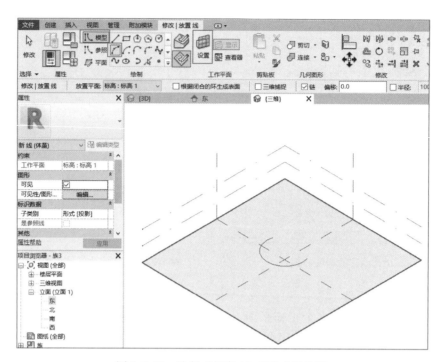

图 5.2.29   绘制 "标高 1" 开放曲线轮廓

Step 03   重复上述步骤,分别设置 "标高 2" 和 "标高 3" 为工作平面,并在其中绘制开放曲线轮廓,如图 5.2.30 所示。按住 Ctrl 键,选择绘制好的三个曲线轮廓,选择【形状】>【创建形状】>【实心形状】命令,即可创建融合曲面模型,如图 5.2.31、图 5.2.32 所示。

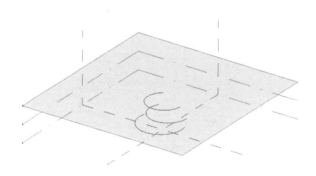

图 5.2.30   绘制 "标高 2" "标高 3" 开放曲线

5. 创建放样融合模型

放样融合模型是通过在一条路径的多个工作平面上分别绘制轮廓,创建实心体量生成的模型。

Step 01   选择【修改|放置线】>【绘制】>【模型】>【起点-终点-半径弧】命令,如图 5.2.33 所示,在绘图区域设置好的工作平面中绘制一条路径,并在路径上添加四个参照点,如图 5.2.34 所示。

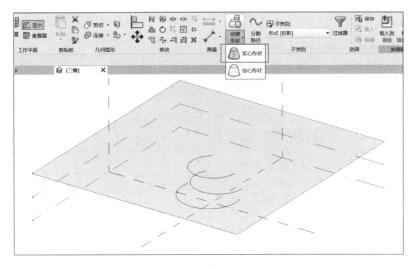

图 5.2.31　创建融合曲面模型

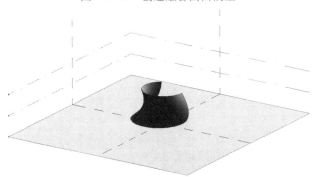

图 5.2.32　完成融合曲面模型

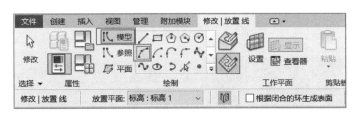

图 5.2.33　绘制路径

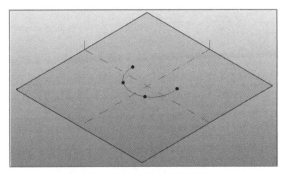

图 5.2.34　绘制路径及参照点

Step 02 选择【绘制】>【模型】>【圆形】命令，设置工作平面为其中一个参照点垂直于路径的参照面，并在工作平面上绘制一个圆形封闭轮廓，如图 5.2.35 所示。重复此项操作，完成另外三个参照点位置的轮廓绘制，如图 5.2.36 所示。

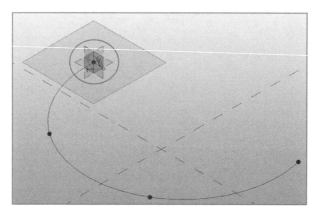

图 5.2.35　绘制圆形封闭轮廓

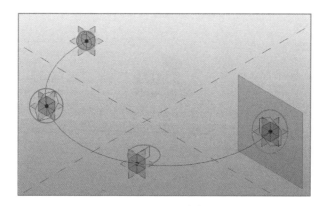

图 5.2.36　绘制其余轮廓

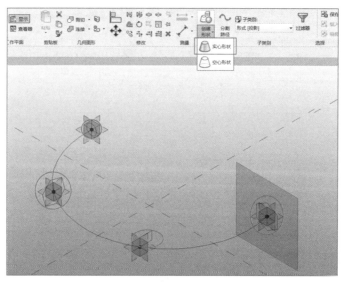

图 5.2.37　创建放样融合实体模型

Step 03　按下 Ctrl 键选择路径以及两个圆形轮廓和两个五边形，选择【形状】>【创建形状】>【实心形状】命令，即可创建放样融合实体模型，如图 5.2.37、图 5.2.38 所示。

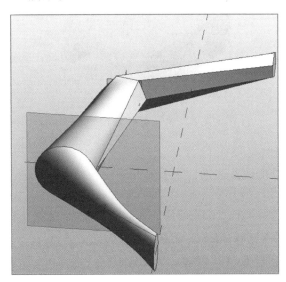

图 5.2.38　完成放样融合实体模型

6. 空心形状

空心模型的创建方法与实体模型是相同的，只是空心形状是用来剪切实体模型的。如果没有实体模型，空心模型的生成是没有意义的。通常空心形状会自动剪切实体模型，如图 5.2.39、图 5.2.40 所示，如果没有自动剪切，可以选择【修改】>【几何图形】>【剪切】命令，进行手动剪切。

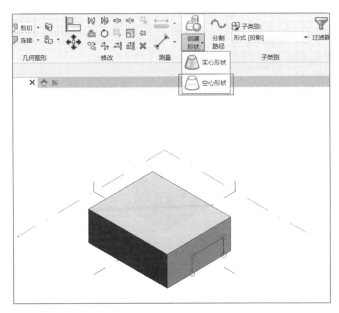

图 5.2.39　创建空心形状

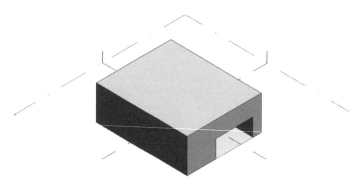

图 5.2.40   剪切实体模型

7. 修改模型形状

体量主要是通过拖拽其表面、边线和角点上三维控件三个方向的箭头来达到修改的目的。

三维控件的坐标系有全局坐标系和局部坐标系之分。全局坐标系是基于 View Cube 的东、西、南、北、上、下六个方向的坐标；局部坐标系是基于形状本身的方位，并且其方位与 View Cube 的方位存在偏差时有前、后、左、右、上、下六个方向的坐标。

在 Revit 中可以通过箭头的颜色来区分全局坐标系和局部坐标系。

① 蓝色箭头表示全局坐标系 Z 轴方向。

② 红色箭头表示全局坐标系 X 轴方向。

③ 绿色箭头表示全局坐标系 Y 轴方向。

④ 橙色箭头表示局部坐标系方向。

下面通过一个曲面体量的例子，说明如何修改体量模型。

Step 01   单击体量，在体量表面会显示三维控件，如图 5.2.41 所示，通过拖拽此三维控件三个方向的箭头，可以控制曲面体量沿着其本身所在的局部坐标系向上、下、前、后、左、右六个方向平行移动。

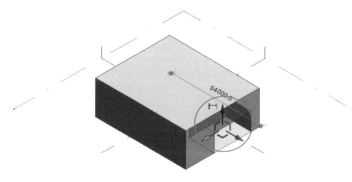

图 5.2.41   体量表面三维控件

Step 02   单击曲面体量中的某一条边线，在曲面边线上会显示三维控件，如图 5.2.42 所示，通过拖拽此三维控件三个方向的箭头，可以控制曲面体量沿着其本身所在的局部坐标系在上、下、前、后、左、右六个方向上发生尺寸和位移的变化。

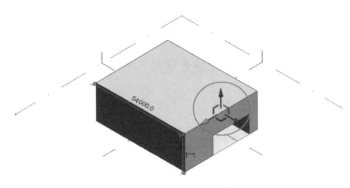

图 5.2.42　曲面边线三维控件

Step 03　单击曲面体量上的某一个角点，在曲面角点上会显示三维控件，如图 5.2.43 所示，通过拖拽此三维控件三个方向的箭头，可以控制曲面体量沿着其本身所在的局部坐标系在上、下、前、后、左、右六个方向上发生形状的变化。

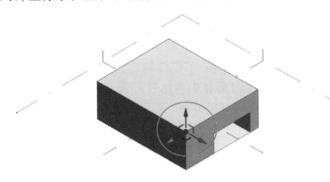

图 5.2.43　曲面角点三维控件

此处列出的各种形状参照 Revit 中族创建的基本命令名称，各个软件对于形状的命令不一定相同，且上述并非列出所有形状。

任务 3　创建体量实体模型

一、工作任务

本任务是讲解概念体量实体模型的创建流程，并基于应用案例——××高速铁路，进行本桥梁模型的实体模型创建，通过该部分内容的学习，能够掌握创建体量实体模型的能力。

二、相关配套知识

1. 概念体量模型的创建方式

Revit 提供了项目内部和项目外部两种创建体量的方式。

项目内部：通过在项目中创建内建体量的方式，创建所需的概念体量，也叫

桥梁体量创建

内建族。此种方式创建的体量仅可用于当前项目中。

项目外部：通过创建可载入的概念体量族的方式，在族编辑器中创建所需的概念体量。此种方式创建的体量可以像普通的族文件一样载入多个项目中。

2. 概念体量形状的创建

选择【创建】>【绘制】>【模型】命令中的线、矩形、多边形、圆形、弧、样条曲线、通过点的样条曲线、椭圆、半椭圆、拾取线、点图元等 15 种模型线样式。

选择模型线，创建两种类型的体量模型，即实心形状和空心形状。

3. 几何图形的剪切修改

一般情况下，空心形状将自动剪切与其相交的实心形状，多个实心形状可以使用【连接】工具连接成一个构件，其操作是通过选择【修改】>【几何图形】>【剪切】或【连接】命令进行两个或多个形状的剪切与连接。

4. 将概念体量载入项目

创建完成体量之后，可以将其载入项目中。选择【修改】>【族编辑器】>【载入到项目】命令，Revit 自动将创建好的体量载入项目中。

单击【载入到项目】工具后，Revit 将自动切换至项目视图，选择【放置】>【放置在工作平面上】，在项目浏览器中双击打开需要放置体量的视图。按空格键可以调整体量的方向，在合适的位置单击，放置体量。

当体量需要被放置在某一构件上时，需在【放置】面板中激活【放置在面上】命令。

三、应用案例

1. 新建概念体量

Step 01 单击 Revit 界面，选择【族】>【新建】命令，Revit 将自动弹出【新族-选择样板文件】对话框，如图 5.2.44 所示。

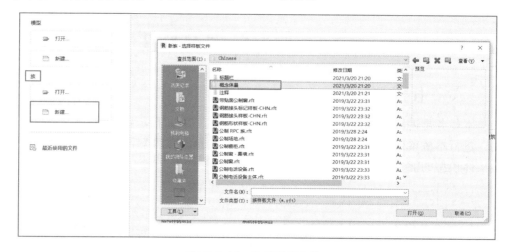

图 5.2.44 选择样板文件

Step 02　　选择"公制体量 .rft"作为族样板文件，如图 5.2.45 所示，单击
【打开】按钮，即可进入概念体量族编辑器中进行操作，如图 5.2.46 所示。

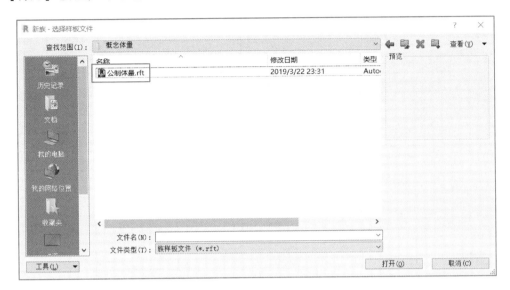

图 5.2.45　选择"公制体量 .rft"

图 5.2.46　概念体量族编辑器

2. 添加标高及参照平面

　　Step 01　　利用项目浏览器进入南立面视图，如图 5.2.47 所示，在 20 000 mm
处添加"标高 2"，在 22 950 mm 处添加"标高 3"。

　　Step 02　　在南立面向两边 3 900 mm 处，复制【中心（左｜右）参照平面】，
如图 5.2.48 所示。

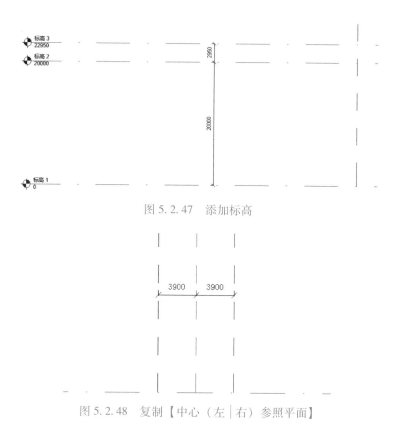

图 5.2.47 添加标高

图 5.2.48 复制【中心（左｜右）参照平面】

3. 创建实体模型

Step 01 设置好参照平面之后，利用项目浏览器进入默认三维视图，如图 5.2.49 所示，选择【修改｜放置线】>【绘制】>【模型】>【线】命令。选择【工作平面】>【设置】命令，在绘图区域中选择"标高 1"作为绘制的工作平面。确认是在工作平面上绘制，并确认选项栏中的【放置平面】为【标高：标高 1】。

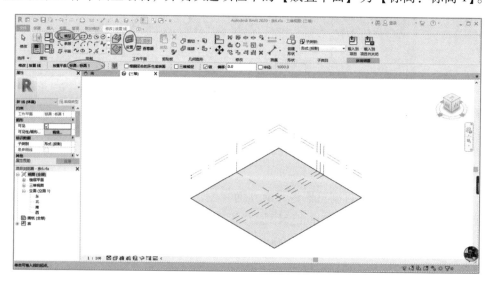

图 5.2.49 桥墩模型默认三维视图显示

Step 02　　切换至"标高 1"楼层平面视图。在绘图区域中按照图 5.1.2~图 5.1.5 中桥墩底面尺寸，绘制半圆弧半径 1 400 mm，桥墩全长 6 890 mm，排水通道为两个半径为 100 mm 的圆弧相连，选择【修改|放置线】>【绘制】>【模型】>【拾取线】命令，绘制桥墩轮廓 1，如图 5.2.50 所示。

Step 03　　选择【工作平面】>【设置】>"标高 2"命令，切换至"标高 2"楼层平面视图。使用类似的方式，绘制半圆弧半径 1 150 mm，桥墩全长 6 000 mm，排水通道为两个半径为 100 mm 的圆弧相连，选择【修改|放置线】>【绘制】>【模型】>【拾取线】命令，在"标高 2"上绘制桥墩轮廓 2，如图 5.2.51 所示。

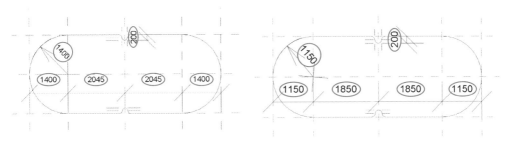

图 5.2.50　"标高 1"视图显示　　　　　　图 5.2.51　"标高 2"视图显示

Step 04　　切换至三维视图，按住 Ctrl 键分别选择两个桥墩平面轮廓，选择【形状】>【创建形状】>【实心形状】命令，如图 5.2.52 所示。Revit Architecture 将根据轮廓位置自动创建桥墩下部三维概念体量模型，如图 5.2.53 所示。

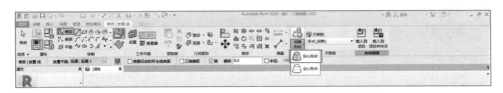

图 5.2.52　创建三维形状

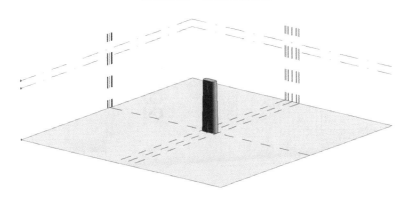

图 5.2.53　双线圆形双固定实体墩下部模型

Step 05　　采用上述方法在"标高 3"创建桥墩轮廓 3，进入三维视图，选中上表面轮廓线和中部轮廓线，如图 5.2.54 所示。

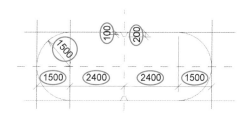

图 5.2.54　"标高 3"视图显示

桥梁墩柱顶帽属于双曲面异形结构，需要按照曲线形状，根据尺寸标准和辅助线创建多层轮廓，然后基于多层轮廓进行体量模型创建。

Step 06　进入立面，绘制几何辅助线，根据图纸绘制半径为 4 357 mm 的南北立面弧线 1 和半径为 23 507 mm 的东西立面弧线 2，如图 5.2.55、图 5.2.56 所示。

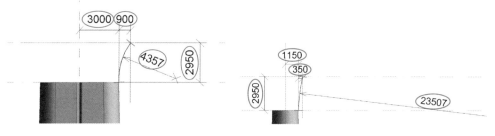

图 5.2.55　南北立面弧线 1　　　　　图 5.2.56　东西立面弧线 2

Step 07　进入南立面创建参照平面 1（位置自定），根据参照平面 1 与弧线 1 的交点，画出水平参照平面 2，如图 5.2.57 所示。

Step 08　根据参照平面 2 与东立面弧线 2 的交点，绘制参照平面 3，并且镜像到另一侧，如图 5.2.58 所示。

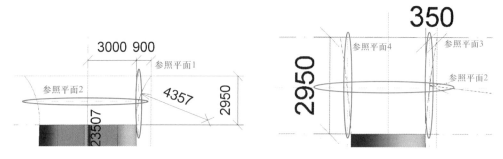

图 5.2.57　南立面参照平面 1 示意图　　　　图 5.2.58　东立面参照平面示意图

Step 09　在参照平面 2 中，确定中间轮廓 4，如图 5.2.59 所示。

Step 10　切换至三维视图，按住 Ctrl 键分别选择轮廓 2、轮廓 3、轮廓 4，如图 5.2.60 所示，并选择【形状】＞【创建形状】＞【实心形状】命令，Revit Architecture 将根据轮廓位置自动创建桥墩下部三维概念体量模型，如图 5.2.61 所示。

Step 11　切换至三维视图，选择轮廓3，选择【形状】>【创建形状】>【实心形状】命令，如图5.2.62所示。Revit Architecture将根据轮廓位置自动创建墩帽顶部三维概念体量模型，如图5.2.63所示。修改顶部形状高度为50 mm，如图5.2.64所示。

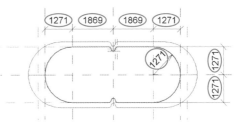

图5.2.59　中间轮廓视图显示

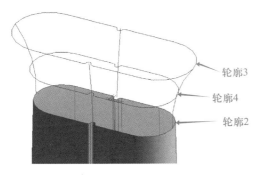

图5.2.60　双曲线桥墩顶帽轮廓图

图5.2.61　双曲线桥墩顶帽模型

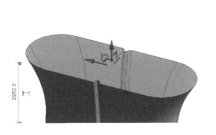

图5.2.62　选择轮廓3

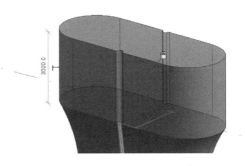

图5.2.63　墩帽顶部形状模型

Step 12　进入南立面，绘制桥墩墩帽顶部凹槽轮廓，如图5.2.65所示。

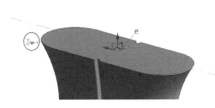

图5.2.64　墩帽顶部形状修改后模型

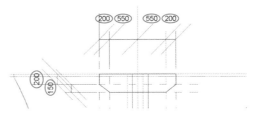

图5.2.65　墩帽顶部凹槽轮廓示意图

Step 13　进入三维视图，选择墩帽顶部凹槽并选择【形状】>【创建形状】>【空心形状】命令，修改其尺寸，使其贯穿墩帽，结果如图5.2.66所示。

Step 14　选择【修改】>【几何图形】>【连接】命令，如图5.2.67所示，依次单击创建完成的桥墩墩帽和墩身形状，将其连接成一个构件，结果如

图 5.2.68 所示。

图 5.2.66 修正后的墩帽顶部模型

图 5.2.67 连接工具示意图

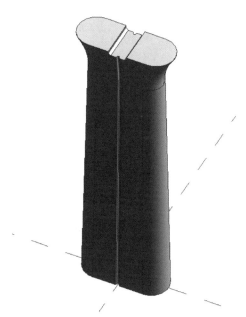

图 5.2.68 双线圆形双固定实体墩模型

项目三　体量在项目中的应用

任务 1　体量创建建筑构件

案例导入

项目三采用模块二的二层民居作为实体案例，该工程为二层小别墅，二楼带一阳台，屋顶为中式屋顶，具体详图见图 2.1.1～图 2.1.9。根据图纸完成概念模型创建（概念体量创新过程不详细介绍），请利用【面模型】选项卡中幕墙系统、面墙、面屋顶、面楼板等命令，完成该项目的楼板、墙体、屋顶及幕墙系统等建筑结构模型创建。为增强二楼阳台的设计效果，要求对其表面进行有理化处理。

思政点拨

Revit Architecture 提供了利用概念设计实现对异形、复杂建筑形体的设计与模型创建，通过学习，学生能够不断增强树立正确的职业观；在概念设计、表面有理化的过程中，不断接受"大国工匠"精神的熏陶，感受设计者追求卓越、绽放精彩的良好风貌。

一、工作任务

本任务是学会基于体量面来创建楼板、墙体、屋顶及幕墙等建筑构件，熟练掌握【建筑选项卡】中幕墙系统、面墙、面屋顶、面楼板等命令；学会利用模块二中的房屋体量模型转换为建筑设计模型的方法，实现由概念设计阶段到初步设计阶段的过渡。图 5.3.1 所示为模块二房屋概念体量模型，图 5.3.2 所示为转化建筑构件后的模块二房屋建筑模型。

二、相关配套知识

用体量面创建的建筑形体不能直接应用绘制命令生成，而是需要通过创建内建体量或外部载入体量，并利用系统幕墙、面墙、面屋顶、面楼板等命令将相应的体量面"转化"为对应的建筑构件。这种建模方法是解决异形、超大形体建筑构件的有效途径，在实际工程项目建模中应用广泛。

在项目设计过程中，利用概念体量模型，使用【面模型】工具生成斜墙、幕墙系统、曲面屋顶等特殊建筑构件，并通过选择复杂造型的体量表面可以创建幕墙系统。幕墙系统类似于幕墙构件，通常是指表面形状较为复杂的幕墙。幕墙系统同样由嵌板、幕墙网格和竖梃组成，在创建幕墙系统之后，可以使用与幕墙相同的方法添加幕墙网格和竖梃。

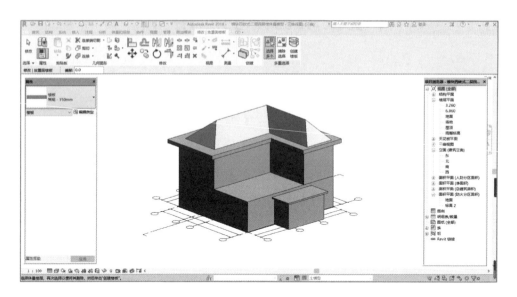

图 5.3.1　模块二房屋概念体量模型

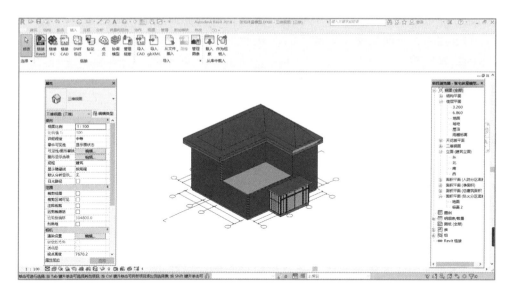

图 5.3.2　转化建筑构件后的模块二房屋建筑模型

三、应用案例

案例选取模块二二层民居，根据设计图 2.1.1~图 2.1.9 创建相应的概念体量模型（创建过程不详细介绍），如图 5.3.3 所示。请利用【面模型】概念体量设计模块完成该建筑的楼板、外墙、屋顶及幕墙设计。主要设计参数见表 5.3.1。

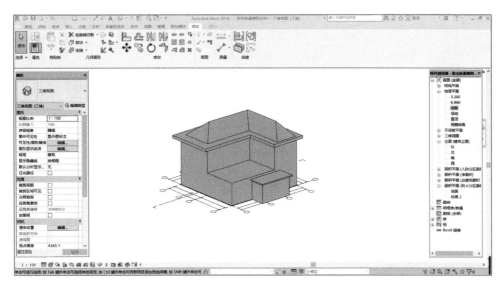

图 5.3.3　二层民居概念体量模型

表 5.3.1　主要建筑结构参数设计

建筑结构		材　　质	厚度/mm
楼　　板		混　凝　土	300
外墙	外部边面层	外墙面砖	5
	保温层	刚性隔热层	10
	衬底	水泥砂浆	15
	结构	混凝土砌块	200
	内部边面层	涂料-白色	10
屋顶	挑檐	常规	400
	屋顶（雨棚）	常规	150
幕墙系统		玻璃幕墙	—

Step 01　单击【文件】>【打开】>【项目】>【桌面】>"模块四/二层民居楼体量模型.rvt"，如图 5.3.4 所示。

根据原文件"二层民居楼体量模型.rvt"路径打开，即存放位置不同，打开路径不同。

Step 02　选择整个民居楼体量模型，在【修改|体量】选项卡中单击【体量楼层】选项，在【体量楼层】对话框中分别选择"地面、3.260、6.860"三个标高，如图 5.3.5 所示。单击【确定】按钮，完成体量楼层的创建。

图 5.3.4 打开原文件模型

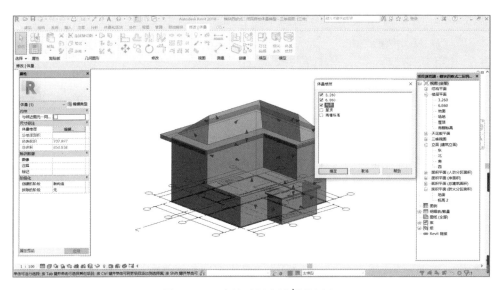

图 5.3.5 选择要创建楼层的标高

Step 03 选择【概念体量】>【面模型】>【楼板】命令,自动切换到【修改|放置面楼板】选项卡,进入【修改|放置面楼板】状态,并在【属性】类型下拉菜单中选择"常规-150 mm"型楼板,如图 5.3.6 所示。

Step 04 单击【选择多个】选项,按住 Ctrl 键依次单击地面、3.260 标高、6.860 标高位置处的体量楼层,选择完成后,单击【多重选择】>【创建楼板】命令,即在以上三个标高位置将体量楼层转化为楼板,其楼板边界为体量楼层边界,生成的面楼板顶面标高与各体量楼层所在标高相同,完成后按 Esc 键退出"放置面楼板"模式,完成房屋楼板创建,如图 5.3.7 所示。

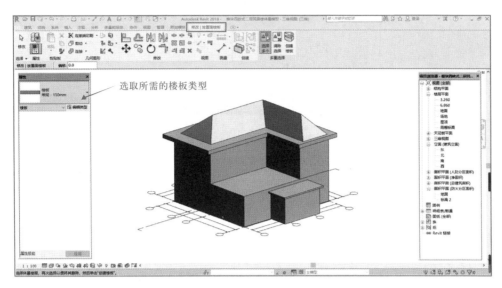

图 5.3.6 "放置面楼板"环境下设置所需的面楼板类型

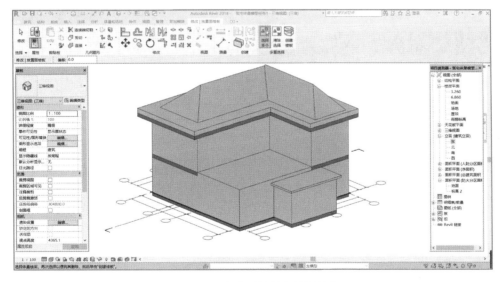

图 5.3.7 完成面楼板向楼板转化

Step 05 选择【面模型】>【墙】命令，自动切换至【放置墙】选项卡。在【属性】栏编辑墙类型，单击【编辑类型】按钮，弹出【类型属性】对话框，在【类型参数】中编辑"结构"，如图 5.3.8 所示。单击【完成】按钮，设置墙体结构类型。

Step 06 在【修改|放置墙】命令下，确认墙绘制方式为【拾取面】。在【修改|放置墙】选项栏中分别设置墙的基准【标高】为"地面"、【高度】为 6.86 mm、【定位线】为"核心层中心线"，如图 5.3.9 所示。依次单击民居楼体量模型垂直方向墙体位置的外表面，将会沿体量模型生成外墙，完成后按 Esc 键退出拾取面墙，完成外墙创建，如图 5.3.10 所示。

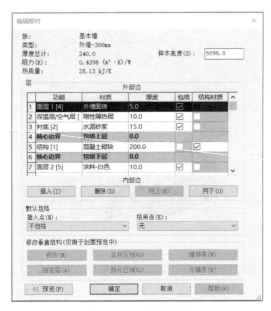

图 5.3.8 外墙编辑

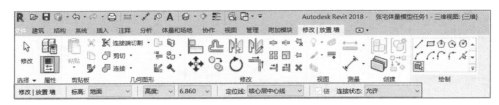

图 5.3.9 外墙定位设置

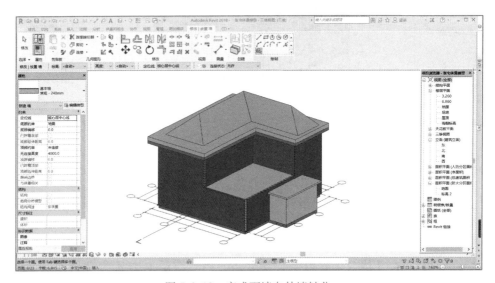

图 5.3.10 完成面墙向外墙转化

Step 07 选择【面模型】>【屋顶】命令，自动切换至【修改 | 放置面屋顶】选项。修改【属性】面板【类型选择器】，选择屋顶类型为"基本屋顶常规 -400 mm"，其他设置为默认状态。单击【修改 | 放置墙】>【选择多个】命令，

选择民居楼体量模型挑檐上部表面后，单击【多重选择】>【创建屋顶】命令，将会沿外体量模型表面轮廓生成房屋的挑檐，完成后按 Esc 键退出放置面屋顶模式，完成屋面挑檐创建，如图 5.3.11 所示。

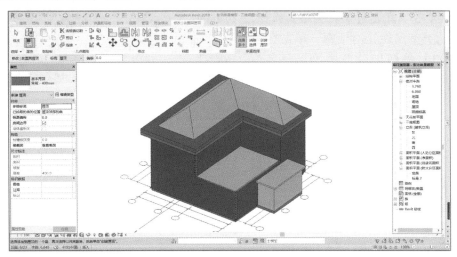

图 5.3.11　完成面屋顶向挑檐转化

默认情况下，生成的挑檐顶面标高与概念体量设计挑檐顶面所在标高相同。若需要调整标高，可在【修改｜放置墙】选项栏中通过设置【标高偏移】量来实现。

Step 08　同样，选择【面模型】>【屋顶】命令，自动切换至【修改｜放置面屋顶】选项卡。修改【属性】面板【类型选择器】，选择屋顶类型为"基本屋顶常规−150 mm"，其他设置为默认状态。单击【修改｜放置墙】>【选择多个】命令，选择民居楼体量模型的屋顶及雨棚表面后，单击【多重选择】>【创建屋顶】命令，将会沿体量模型屋顶表面和雨棚轮廓分别生成屋顶，完成后按 Esc 键退出放置面屋顶模式，完成房屋屋顶及雨棚模型创建，如图 5.3.12 所示。

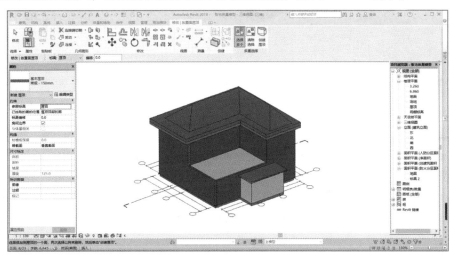

图 5.3.12　完成面屋顶向房顶及雨棚转化

Step 09　选择【面模型】>【幕墙系统】命令，进入【修改|放置面幕墙系统】选项卡。在【属性】栏编辑幕墙类型，单击【编辑类型】按钮，弹出【类型属性】对话框，单击【复制（D）】按钮创建新类型，命名为"1 600×414 mm"（根据图纸尺寸确定）；在【类型参数】中将【网格1】【网格2】中的布局方式均设为"固定距离"，并输入网格参数，单击【确定】按钮，完成幕墙系统族类型设置，如图5.3.13所示。单击【多重选择】>【选择多个】命令，抬取房屋雨棚两侧体量面后，单击【创建系统】按钮生成幕墙系统，完成后按 Esc 键退出"放置面幕墙系统"模式，完成雨棚两侧幕墙网格设置，如图5.3.14所示。

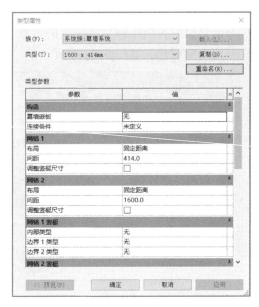

图5.3.13　幕墙系统族类型设置

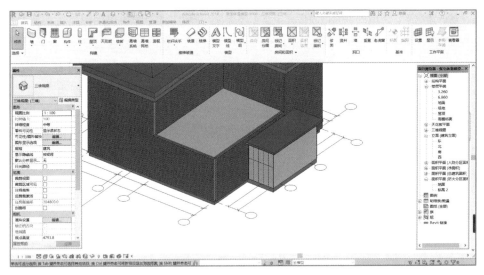

图5.3.14　完成雨棚两侧幕墙网格设置

Step 10　选择【建筑】>【结构】>【竖梃】命令，进入【修改|放置 竖梃】选项卡。在【属性】面板【类型选择器】中分别选择设计要求的竖梃类型，（边界竖梃为"矩形竖梃：30 mm 正方形"；内部竖梃为"圆形竖梃：25 mm 半径"），在幕墙上依次单击要生成竖梃的网格线，完成后按 Esc 键退出【修改|放置竖梃】模式，完成雨棚两侧幕墙结构创建，如图5.3.15所示。

思考

在【属性】面板【编辑类型】中，通过【类型属性】对话框怎样直接完成竖梃类型设置？

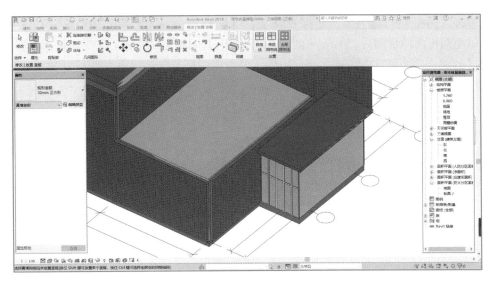

图 5.3.15 完成雨棚两侧幕墙结构创建

Step 11 选择【面模型】>【幕墙系统】命令，进入【修改│放置面幕墙系统】选项卡。在【属性】栏编辑幕墙类型，单击【编辑类型】按钮，弹出【类型属性】对话框，单击【复制（D）】按钮创建新类型，命名为"雨棚正面幕墙系统"；在【类型参数】中将【网格1】【网格2】中的布局方式均设为"固定数量"，如图 5.3.16 所示；单击【确定】按钮，返回【族类型编辑】对话框。在【属性】面

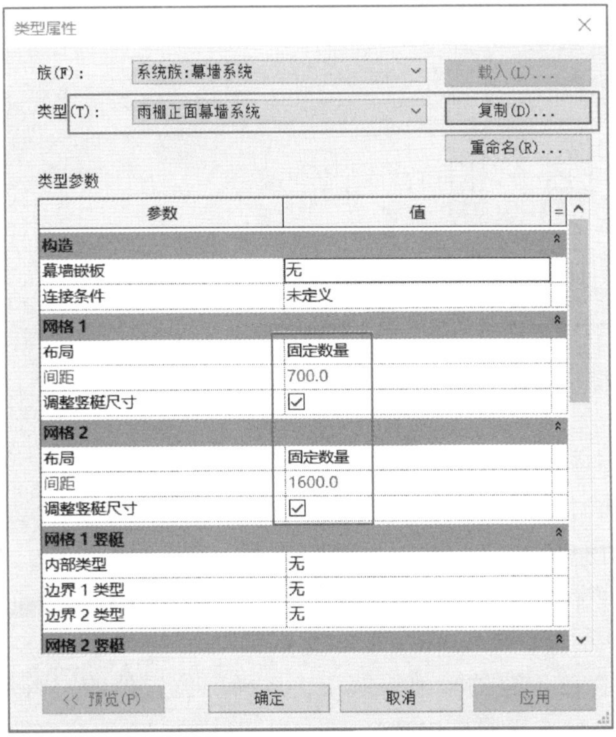

参数	值	=
构造		
幕墙嵌板	无	
连接条件	未定义	
网格 1		
布局	固定数量	
间距	700.0	
调整竖梃尺寸	☑	
网格 2		
布局	固定数量	
间距	1600.0	
调整竖梃尺寸	☑	
网格 1 竖梃		
内部类型	无	
边界 1 类型	无	
边界 2 类型	无	
网格 2 竖梃		

类型属性

族(F)： 系统族：幕墙系统   载入(L)...
类型(T)： 雨棚正面幕墙系统   复制(D)...
                              重命名(R)...

类型参数

图 5.3.16 雨棚正面幕墙系统族类型设置

板中将【网格1】（垂直方向）编号设为2、【网格2】（水平方向）编号设为1；拾取房屋雨棚正面体量面后，单击【创建系统】按钮生成幕墙系统，完成后按 Esc 键退出【放置面幕墙系统】模式，完成雨棚正面幕墙网格划分，如图5.3.17所示。

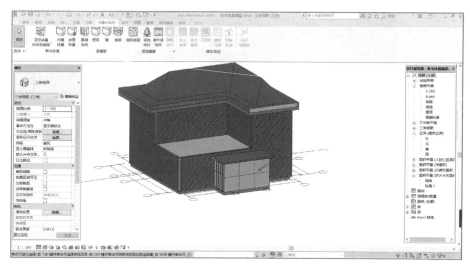

图5.3.17   完成雨棚正面幕墙网格划分

Step 12   根据北立面图，调整雨棚正面幕墙网格布局，如图5.3.18、图5.3.19所示。

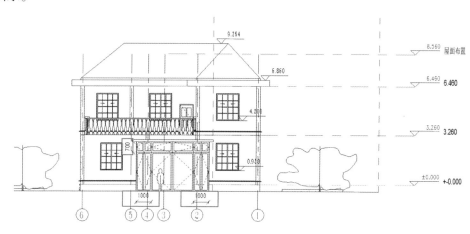

图5.3.18   北立面图

Step 13   单击【插入】>【载入族】命令，分别在浏览器"C:\ProgramData\Autodesk\RVT2018\libraries\China\建筑\幕墙\"族文件夹中，载入"门嵌板_70-90系列双扇推拉铝门.rfa"和"窗嵌板_70-90系列双扇推拉铝窗.rfa"族文件，如图5.3.20所示，载入所需的门、窗嵌板。

Step 14   在已创建的幕墙系统中，选择门位置处的"幕墙嵌板"后，在【属性】面板【类型选择器】中选择 Step 13 载入的"70-90系列双扇推拉铝门"门嵌板类型，完成对幕墙的设置，如图5.3.21、图5.3.22所示。

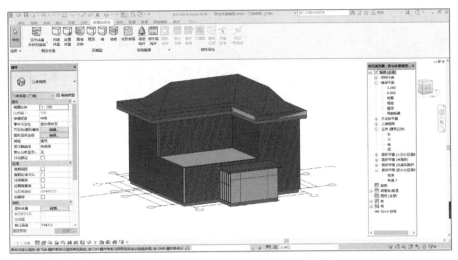

图 5.3.19　完成雨棚正面幕墙网格系统设置

图 5.3.20　载入门、窗嵌板

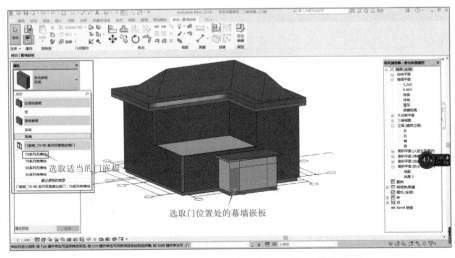

图 5.3.21　选取要替换的幕墙嵌板及设置替换类型

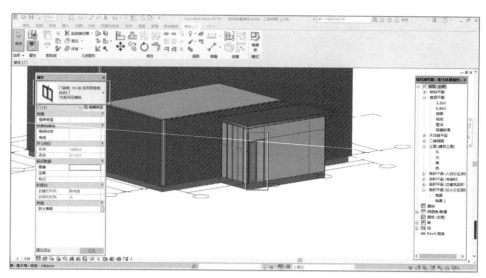

图 5.3.22　完成雨棚正面幕墙局部门嵌板替换

Step 15　同样，按 Step 14 所示的方法，依次完成所有幕墙门、窗设置，如图 5.3.23 所示。

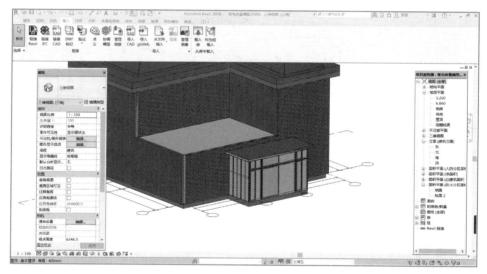

图 5.3.23　完成所有幕墙门、窗设置

任务 2　表面有理化

一、工作任务

本任务是对模块二的房屋二楼阳台进行表面有理化处理。表面有理化是将已创建的概念体量模型中的"面"分割成网格，并在分割后的表面中沿分割网格为概念体量模型指定表面图案，来增强方案的表现能力。本次任务是对二楼阳台进行表面分割后，沿分割网格 45°充填"矩形棋盘（实体）"图案，进一步增强了设

计的美感，如图 5.3.24 所示。另外，表面有理化通常用在异形结构设计中，能够得到有规律的 CAD 三维线框模型，是进行后续结构设计的前提。

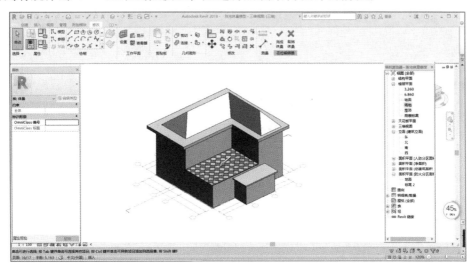

图 5.3.24　模块二：房屋二楼阳台表面有理化处理结果

二、相关配套知识

表面有理化是使用"分割表面"工具对表面进行网格划分的，表面可以通过 UV 网络（表面的自然网络分割）进行分割，也可以根据标高、参照平面、模型线等图元按用户指定的方式分割表面。体量表面分割后，可以按指定的图案充填表面，用于设计和细化复杂建筑表面，增强方案的表现能力。

Revit Architecture 表面有理化是在概念体量模型创建环境下进行的。

1. 分割曲面

要实现有理化曲面，必须先使用【分割表面】工具对表面进行网格划分。

Step 01　新建一个体量（.rvt）项目文件，创建体量模型，上部为一曲面，切换至三维模型，如图 5.3.25 所示。

Step 02　单击体量模型上部曲面，使该曲面处于选择状态，自动切换至【修改 | 形式】上下文选项卡，如图 5.3.26 所示。单击【分割】>【分割表面】命令，进入"分割的表面"编辑模式，自动切换至【修改 | 分割的表面】选项卡。

只有取消体量表面的【透视】模式，才可以显示分割。

Step 03　确认激活【UV 网格和交点】面板中的【U 网格】和【V 网格】模式，修改选项栏中的【U 网格】生成方式为【距离】，输入"3 000.0"作为 U 网格距离值；修改【V 网格】生成方式为【距离】，输入"3 000.0"作为 V 网格距离值，其他参数默认。Revit Architecturel 将以指定的距离沿曲面的 U、V 方向生成网格，结果如图 5.3.27 所示。

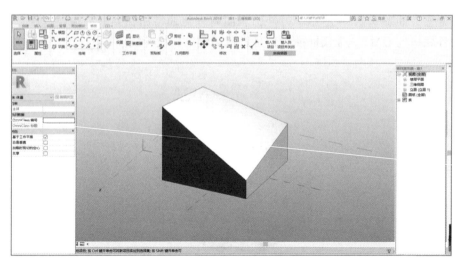

图 5.3.25 创建的体量模型

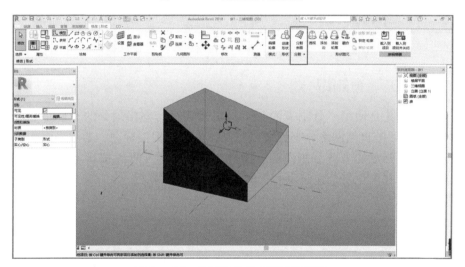

图 5.3.26 体量面分割表面编辑环境

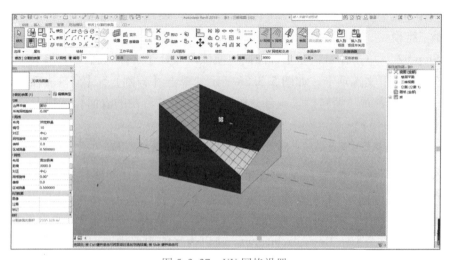

图 5.3.27 UV 网格设置

Step 04　确认曲面处于选择状态，单击曲面中部的【配置 UV 网格布局】图标，进入修改 UV 网格布局模式，如图 5.3.28 所示。该模式下显示了 UV 网格布局由 UV 对正坐标（图 5.3.29 中 A 所示）、U 方向测量网格带（图 5.3.29 中 B 所示）、V 方向测量网格带（图 5.3.29 中 C 所示）组成，UV 网格布局坐标系如图 5.3.29 所示。

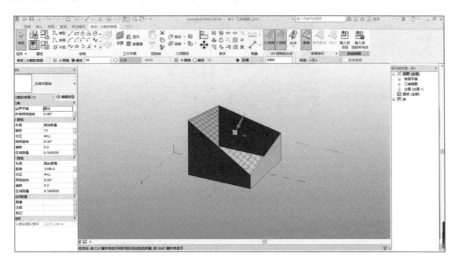

图 5.3.28　配置 UV 网格布局图标

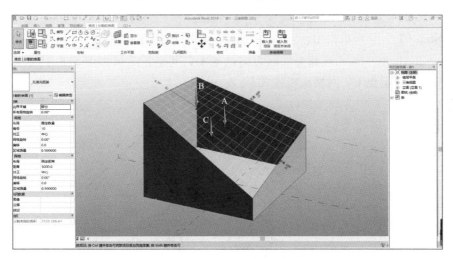

图 5.3.29　UV 网格布局坐标系

Step 05　曲面 UV 网格对正坐标用于定义曲面 UV 网格分割的计算起点。按住并拖动 UV 网格对正坐标，当移动鼠标指针至曲面角位置时（图 5.3.30），松开鼠标左键，Revit Architecture 将自动放置 UV 网格对正坐标至临近角点位置。同时，Revit Architecture 将以曲面角点为基点，以坐标位置为原点重新调整曲面 UV 网格。

Step 06　在划分网格时，Revit Architecture 按 UV 方向测量网格带作为分割测量基准。按住并拖动 VU 方向测量网格带操作夹点，直到图中所示边界位置松开鼠标左键，Revit Architecture 将根据 U 方向测量网格带所在位置，重新按 Step 03 中指定的 3 000 mm 距离计算 U 方向网格数量。

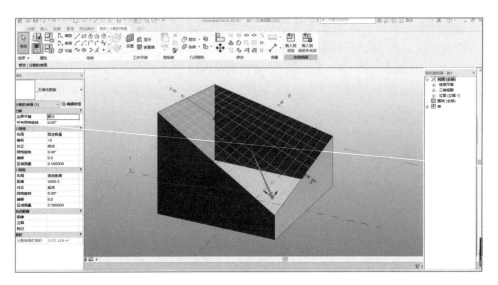

图 5.3.30 移动 UV 网格对正坐标

本操作中按 3 m 间隔生成 U、V 方向网格。Revit Architecture 沿测量网格带的弦长(而非曲线长度)划分 U、V 网格。因此,在曲面上指定不同的网格分隔带位置,由于各网格分格带总长度不同,得到的分隔数量也不同。

Step 07 分别单击 U、V 方向测量网格带的角度值,修改 U、V 网格方向均为 30°,Revit Architecture 将沿曲面方向放置 UV 网格,结果如图 5.3.31 所示,完成后按 Esc 键退出 UV 网格编辑模式。

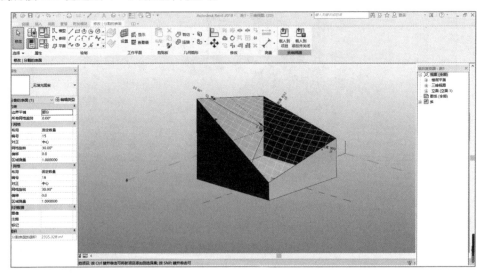

图 5.3.31 UV 网格方向均调整到 30°

Step 08 选择曲面,自动切换至【修改 | 分割的表面】选项卡,如图 5.3.32 所示。单击【UV 网格和交点】面板中的【U 网格】和【V 网格】按钮,可以激活或关闭曲面的 U、V 网格显示。

Step 09　单击【表面表示】面板名称栏右下方的箭头按钮，打开【表面表示】对话框，如图 5.3.33 所示。勾选【表面】选项卡中的【原始表面】【节点】和【UV 网格和相交线】复选框，完成后单击【确定】按钮，退出【表面表示】对话框。

图 5.3.32　UV 网格显示设置

图 5.3.33　【表面表示】对话框

　　在【表面表示】对话框中通过修改【样式/材质】可以弹出【材质】对话框，为曲面表面指定材质。

2. 手动有理化表面设计

　　除使用自动表面填充图案替换分割曲面外，Revit Architecture 还允许手动放置自适应的表面填充图案。自适应表面填充图案允许用户指定填充图案沿表面网格的顶点位置，并根据选定的顶点位置，生成填充图案模型。

Step 01　打开对表面已利用 UV 网格分割的体量模型，切换至默认三维视图。切换至南立面视图，该概念体量表面基于交点划分了分割网格。打开【表面表示】对话框，勾选【表面】选项卡中的【节点】复选框，单击【确定】按钮，显示分割网格的交点，如图 5.3.34 所示。

Step 02　单击【插入】选项卡【从库中载入】面板中的【载入族】按钮，载入浏览器下"C：\ProgramData\Autodesk\RVT2018\libraries\China\建筑\自适应幕墙嵌板 . rfa"族文件。单击【常用】>【模型】>【构件】命令，自动切换至【修改｜放置构件】选项卡，确认【属性】面板【类型选择器】中的当前族类型为"自适应嵌板族：实体嵌板"族类型。在体量表面上角网格内依次拾取网格交点，Revit Architecture 将沿选取的网格点生成嵌板。

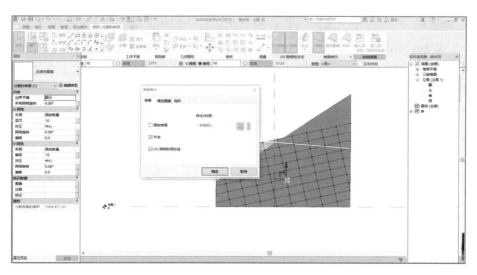

图 5.3.34 体量表面表示设置

Step 03 切换【属性】面板【类型选择器】中的当前族为"自适应嵌板族：玻璃嵌板"。移动鼠标指针至上一步骤中分割的区域右侧，依次拾取分割表面中的顶点，Revit Architecture 将根据所拾取交点生成嵌板。

Step 04 重复上述 Step 02 和 Step 03 的操作，依次沿分割表面拾取交点，就会沿分割表面生成嵌板。

在自适应嵌板族中定义了自适应点，在使用自适应嵌板族时，需指定与嵌板族中自适应点数量相同的分割表面交点。

Revit Architecture 提供了"基于公制幕墙嵌板填充图案 . rft"和"自适应公制常规模型 . rft"两种族样板，分别用于创建表面填充图案和自适应表面填充图案族。其族创建过程、建模方法和流程与体量中建模的方法和流程完全相同。

三、应用案例

完成模块二房屋二楼阳台的有理化设计，要求 UV 网格均为 600 mm，所有网格旋转 45°，表面填充图案族类型为矩形棋盘（实体）。

Step 01 单击【文件】>【打开】>【项目】>【桌面】>"模块四房屋概念设计模型 . rvt"，如图 5.3.35 所示。

根据原文件"模块四房屋概念设计模型 . rvt"路径打开，即存放位置不同，打开路径不同。

Step 02 选择房屋二楼阳台位置体量模型表面，单击【分割表面】选项卡，自动切换至【修改|分割的表面】选项卡，分别选择 U 网络、V 网络的"距离"单选项，输入"3 000"作为 U、V 网格距离值，完成 UV 网格分割，如图 5.3.36 所示。

图 5.3.35　打开原文件模型

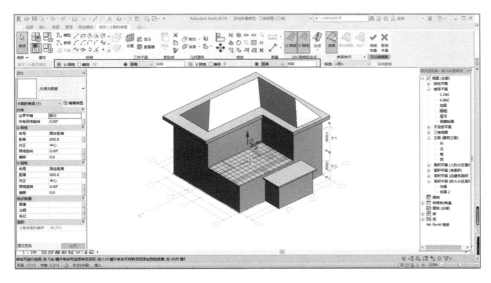

图 5.3.36　UV 网格分割

Step 03　单击【插入】>【载入族】命令，选择浏览器"C：\ProgramData\Autodesk\RVT2018\libraries\China\建筑\按填充图案划分的幕墙嵌板\矩形棋盘表面.rfa"族文件，如图 5.3.37 所示。

Step 04　单击【属性】面板【类型选择器】列表中的"矩形棋盘（实体）.rfa"族类型，Revit Architecture 将用所选择的表面填充图案族填充表面中已划分的网格，结果如图 5.3.38 所示。

Step 05　修改【属性】面板中的【约束】选项中的"所有网格旋转"值为"45°"，单击【应用】按钮应用该设置，Revit Architecture 将以完整的填充图案显示边界位置。该房屋阳台有理化设计完成，如图 5.3.39 所示。

图 5.3.37　载入按填充图案划分的幕墙嵌板

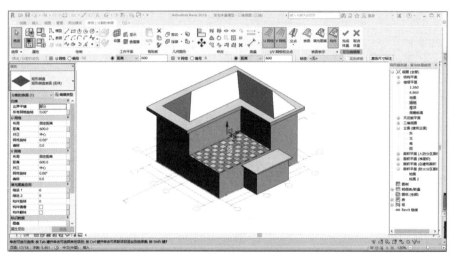

图 5.3.38　按填充图案划分的幕墙嵌板族类型设置

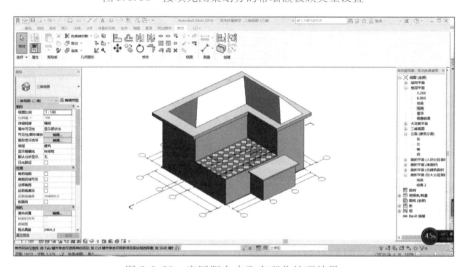

图 5.3.39　房屋阳台表面有理化处理效果

练习题

一、单项选择题

1. 绘制内建体量的选项卡是（　　）。

A. 建筑　　　　　　B. 结构　　　　　　C. 注释　　　　　　D. 体量与场地

2. 只能用于当前项目中的体量类型是（　　）。

A. 概念体量　　　　B. 内建体量　　　　C. 可载入体量　　D. 放置体量

3. 通过可载入的概念体量族方式创建的是（　　）。

A. 公制场规模性　　B. 内建体量　　　　C 可载入体量　　　D. 概念体量

4. 修改【V 网格】生成方式为（　　）。

A. 距离　　　　　　B. 深度　　　　　　C. 标高　　　　　　D. 长度

5. 因体量表面边界处 UV 网格不完整，出现填充图案模型不完整情况，可通过调整【属性】栏中"约束"选项"边界平铺"（　　）实现。

A. 空　　　　　　　B. 部分　　　　　　C. 悬挑　　　　　　D. 全部

二、多项选择题

1. 内建体量的绘制工具类型包括（　　）。

A. 模型线　　　　　B. 参照线　　　　　C. 参照平面　　　　D. 工作平面

2. 工作平面可以采用以下（　　）图元。

A. 表面　　　　　　B. 三维标高　　　　C. 三维参照平面　D. 三维工作平面

3. 概念体量类型包括（　　）。

A. 概念体量　　　　B. 内建体量　　　　C. 可载入体量　　D. 族

4. 【UV 网格和交点】选项卡下包含（　　）编辑。

A. U 网格　　　　　B. V 网格　　　　　C. 表面　　　　　　D. 交点

5. 可以像普通族文件一样载入多个项目中的是（　　）。

A. 基于公制幕墙嵌板填充图案　　　　B. 自适应公制常规模型

C. 公制幕墙　　　　　　　　　　　　D. 公制常规模型

三、简答题

1. 内建体量的创建流程是什么？

2. 模型线的选择流程是什么？

3. 简述设置工作平面的流程。

4. 简述体量模型有理化表面的作用和意义。

5. 除在【体量和场地】选项卡中创建面模型外，还可以在哪些命令下创建？它们有什么区别？

■ 能力目标

1. 能够进行 BIM 属性定义。
2. 能够进行构件标记、标注与注释设置及应用。
3. 能够利用明细表功能对模型进行工程量统计。
4. 能够利用图纸功能对模型进行平、立以及剖面图纸的创建。
5. 能够输出明细表与图纸。
6. 熟练掌握 Revit 软件的成果发布方法。

■ 知识目标

1. 理解 BIM 属性及标记的含义。
2. 掌握明细表的设置方法。
3. 掌握图纸的设置和输出方法。

■ 案例导入

在中国，建筑业正在从传统的发展模式快速向数字化方向转型，BIM 技术应用的直观价值得到广泛的认可。工程量的准确计算与现场施工图纸的优化输出是大部分技术人员的必备技能，传统的方法已经跟不上新时代对信息化的要求。如何提高效率？如何减少人为的错误？借助 BIM 技术的明细表与图纸功能，工程技术人员能够准确、快速地进行工程量的统计与导出，能够按照施工要求完成图纸的创建与输出应用。利用 BIM 技术可以提高工程的信息技术应用水平，做到材料的精细化管理，提高现场的沟通效率，助力企业提质增效。

■ 思政点拨

工程量的准确计算与现场施工图纸的优化输出是大部分技术人员的必备技能，工程量的准确与否关乎整个项目的成本与利益，减少不必要的浪费，培养学生树立新时代的设计思想，爱岗敬业的工匠精神，勤俭节约、精益求精的好习惯，认真负责的工作态度和一丝不苟的工作作风。离开工作场所时，必须做到关闭窗户、关闭电源，杜绝一切安全事故的发生。图纸就是工程施工的法律，适时灌输中外知识产权保护法律法规，使学生认识到严格遵守相关法律的重要性，培养尊重知识产权的诚信精神，严格遵守日常的行为准则、职业规范与职业道德。

项目一　BIM 属性定义

任务 1　构件标记、标注与注释创建

一、工作任务

本任务内容基于前面已经创建好的房建项目——二层民居模型，利用 Revit 的表现形式功能，对模型构件进行标记、标注与注释。在 Revit 中可以对标记、标注与注释等进行设置，使用材质标记可以标识用于图元或图元层的材质类型。Revit 将此信息存储在【材质编辑器】的【说明】字段中。在执行此步骤之前，应为需要标记的那些图元载入必要的材质标记。

二、相关配套知识

1. 标记

标记的主要用处是对构件（如门、窗、柱等构件）或是房间、空间等概念进行标记，用以区分不同的构件或房间。标记分为【按类别标记】【全部标记】【房间标记】【空间标记】等，见图 6.1.1。

图 6.1.1　标记种类

2. 材质标记

材质标记可以标识用于图元或图元层的材质类型。标记和注释记号只能放置在已锁定的三维视图中。

3. 标注

标注分为【对齐】【线性】【角度】【半径】【直径】【弧长】【高程点】【高程点坐标】【高程点坡度】等。其中【对齐】和【线性】都是对距离进行标注；【对齐】尺寸标注用于互相平行的两个图元间的尺寸标注；【线性】尺寸标注用于任意两点间的尺寸标注；【角度】是对图元或构件间的角度进行标注；【半径】【直径】【弧长】是用于对圆形构件或图元的标注；【高程点】【高程点坐标】【高程点坡度】是对构件所处的相对高度、相对坐标、构件坡度进行标注。标注种类见图 6.1.2。

4. 注释

注释主要包括文字注释、文字替换、详图线、区域填充、云线批注等，即对构件或图元进行重点注释，常用的注释类别见图 6.1.3。

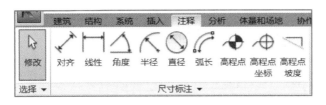

图 6.1.2 标注种类

图 6.1.3 注释类别

三、应用案例

1. 标记、标注的创建

（1）材质标记

① 使用材质标记可以标识用于图元或图元层的材质类型。

② Revit 将此信息存储在【材质编辑器】的【说明】字段中。

③ 在执行此步骤之前，应为需要标记的那些图元载入必要的材质标记。

④ 单击【注释】选项卡【标记】面板（材质标记）。

⑤ 在选项栏上：

若设置标记的方向，选择【垂直】或【水平】。

放置标记后，可以通过选择标记并按空格键来修改其方向。

如果希望标记带有引线，选择【引线】。

高亮显示图元内要标记的材质，然后单击放置标记。

可以将引线的端点移动到新的材质中，则新材质将显示在材质标记中。

在选择之前，可以将鼠标指针移动到材质上，将其高亮显示。 必须将详细程度设置为
"中等"或"精细"来显示材质。 如果材质不可见，标记将不能正确显示。

构件标注创建

⑥ 如果材质标记显示问号，则图元材质的【标识】选项卡的【说明】字段为
空。用户可以双击问号并输入材质的说明，Revit 将自动用该值来完成【说明】
字段。

如果视图中的部分或全部图元没有标记，则通过一次操作即可将标记和符号
应用到所有未标记的图元。

该功能非常有用，例如，当用户在楼层平面视图中放置并标记房间时，以及
要在天花板投影（RCP）视图中查看相同房间的标记时。

在使用【标记所有未标记的对象】工具之前，必须将需要的标记族载入项目中。 此时可
参见载入标记或符号样式。

（2）标记未标记的图元

① 打开要在其中对图元进行标记的视图。

②（可选）选择一个或多个要标记的图元。

③ 如果没有选择图元，【标记所有未标记的对象】工具将标记视图中所有尚未标记的图元。

④ 单击【注释】>【标记】>【全部标记】命令，此时显示【标记所有未标记的对象】对话框。

⑤ 指定要标记的图元。

若标记当前视图中未标记的所有可见图元，可选择【当前视图中的所有对象】。

若只标记在视图中选定的那些图元，可选择【仅当前视图中的所选对象】。

若标记链接文件中的图元，可选择【包含链接文件中的图元】。

⑥ 选择一个或多个标记类别。

通过选择多个标记类别，可以通过一次操作标记不同类型的图元（例如，详图项目和常规模型）。

注意

符号适用于结构图元。

⑦ 若将引线附着到各个标记，可执行下列操作：

Step 01 选择【引线】。

Step 02 输入默认的引线长度作为"引线长度"。

Step 03 选择【水平】或【垂直】作为"标记方向"。

Step 04 单击【确定】按钮。

注意

如果标记类别或其对象类型的可见性处于关闭状态，则会出现一条信息。单击【确定】按钮以允许 Revit 在标记该类别之前开启其可见性。如果指定的视图样板阻止显示标记类别，则会显示一条消息。单击【确定】按钮，然后在【指定视图样板】对话框中启用可见性或在标记类别前删除视图样板。

Revit 将标记选定族类别的图元。

（3）标注

Step 01 打开 Revit 软件，进入建筑样板。双击进入要标注的楼层平面，见图 6.1.4。

Step 02 单击【注释】>【尺寸标注】>【对齐】命令，见图 6.1.5。

Step 03 单击拾取后面的【单个参照点】，将其改选成【整个墙】，见图 6.1.6。

Step 04 单击【选项】按钮，弹出【自动尺寸标注选项】对话框，见图 6.1.7。

标注有三种方式：一是整个标注；二是轴网间的标注；三是轴网、窗标注（标注最多），见图 6.1.8。

构件注释创建

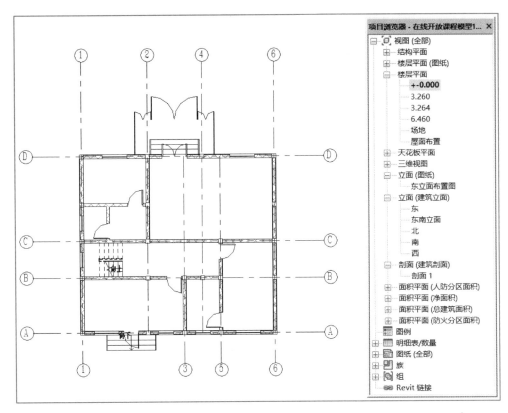

图 6.1.4　楼层平面

图 6.1.5　【对齐】命令

图 6.1.6　选择拾取位置

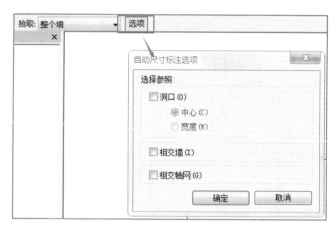

图 6.1.7 【自动尺寸标注选项】对话框

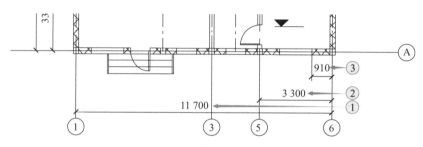

图 6.1.8 标注方式举例

如果是整个标注，在弹出【自动尺寸标注选项】对话框的【选择参照】下面，全都不勾选。单击墙体，可以看到整个标注，见图 6.1.9。

如果是轴网间的标注，在【选择参照】下面，除了【洞口】复选框不勾选，其他都勾选。单击墙体，可以看到轴网间的标注，见图 6.1.10。

如果是轴网、窗标注，在【选择参照】下面，将三个复选框都勾选。【洞口】下面

图 6.1.9 整个标注设置

选择【宽度】单选项。单击墙体，可以看到轴网、窗的标注完成，见图 6.1.11。

2. 注释的创建

在将文字注释添加到图形中时，可以控制引线、文字换行和文字格式的显示。

注意

由于与早期版本的 Windows 相比，Windows 10 在文字处理方式上有所不同，因此，在多个操作系统上打开或使用模型时，可能会存在不一致的问题，例如处理工作共享模型。这些问题只会影响某些字体，并在行间距和文字环绕上发生变化。

我们建议访问工作共享模型的所有工作站都使用启动或升级项目时所用的相同 Windows 版本。

图 6.1.10　轴网间的标注设置

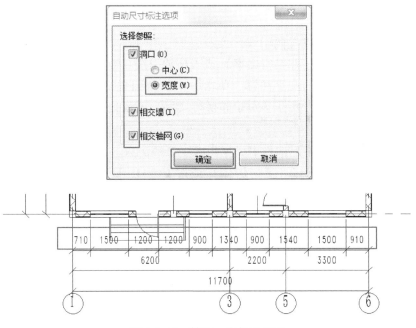

图 6.1.11　轴网、窗标注设置

Step 01　单击【注释】>【文字】命令，此时光标变为文字工具。

Step 02　在【引线】面板上，单击【引线选项】按钮。

提示：当放置带引线的文字注释时，引线的终点会从附近的文字注释中捕捉所有可能的引线附加点。放置没有引线的文字注释时，它会捕捉附近文字注释或标签的文字原点。原点是根据文字对齐方式（左、右或中心）确定的点。

A（无引线）：默认引线；**A**（一段引线）；**A**（二段引线）；**A**（弯曲）。

若要修改曲线形状，则可拖拽折弯控制柄。

Step 03   在【引线】面板上，单击左附着点和右附着点。

默认附着点是左上和右下附着点，但用户可以更改默认值。

⇤≣（左上引线）；⇠≣（左中引线）；⇘≣（左下引线）；≣⇗（右上引线）；≣⇢（右中引线）；≣⇘（右下引线）。

Step 04   在【段落】面板上，单击垂直对齐。

≣（顶部对齐）；≣（居中对齐）；≡（底部对齐）。

Step 05   在【段落】面板上，单击水平对齐。

≣（左对齐）；≣（居中对齐）；≣（右对齐）。

Step 06   执行下列操作之一：

对于换行文字，单击并拖拽以形成文本框。该文本框指定文字注释的宽度，因此文字将在到达注释边界换行。这是大块文本的推荐方法，以避免手动清理换行符。

对于非换行文字，单击一次以放置注释。Revit 会插入一个要在其中输入内容的文本框。

对于具有一段引线或弯曲引线的文字注释，单击一次放置引线端点，绘制引线，然后单击光标（对于非换行文字）或者拖拽引线（对于换行文字）。

对于具有二段引线的文字注释，单击一次放置引线端点，单击要放置引线折转的位置，然后通过单击光标（对于非换行文字）或者拖拽引线（对于换行文字）完成引线。

Step 07   在【字体】面板上，单击文字字体。

B（粗体）或按 Ctrl+B；*I*（斜体）或按 Ctrl+I；U̲（下划线）或按 Ctrl+U；ᵈA̯（全部大写）或按 Ctrl+Shift+A。

Step 08   若要在注释中创建列表，应在【段落】面板上单击【列表样式】。

None（无列表）；⁝≣（项目符号）；⁝≣（编号）；ᵃ⁝≣（字母 - 小写）；ᴬ⁝≣（字母 - 大写）。

Step 09   输入文字，然后在视图中的任何位置单击以完成文字注释。文字注释控制柄仍处于活动状态，以便用户修改注释的位置和宽度。

Step 10   按 Esc 键两次结束命令。

任务 2   创建模型平、立与剖面图

一、工作任务

本任务内容基于前面已经创建好的房建项目——二层民居模型，利用 Revit 的表现形式功能，对模型进行平、立与剖面图的创建。在 Revit 中可以对平、立与剖面图等进行尺寸标注与注释等信息设置，创建所需的 A3 图纸，将已建平、立与剖

面图进行图纸布置与输出。

二、相关配套知识

1. 建筑剖面图

建筑剖面图简称剖面图，它是假想用一铅垂剖切面将房屋剖切开后移去靠近观察者的部分，作出剩下部分的投影图。剖面图用以表示房屋内部的结构或构造方式，如屋面（楼、地面）形式、分层情况、材料、做法、高度尺寸及各部位的联系等。它与平、立面图互相配合用于计算工程量，指导各层楼板和屋面施工、门窗安装和内部装修等。

剖面图的数量是根据房屋的复杂情况和施工实际需要决定的；剖切面的位置，要选择在房屋内部构造比较复杂、有代表性的部位，如门窗洞口和楼梯间等位置，并应贯穿门窗洞口。剖面图的图名符号应与底层平面图上剖切符号相对应。

2. 施工图纸

在 Revit 中可以将项目中多个视图或明细表布置在同一个图纸视图中，形成用于打印和发布的施工图纸。Revit 可以将项目中的视图、图纸打印或导出为 CAD 文件。

三、应用案例

1. 平面与立面图创建

Step 01 打开已经创建好的二层民居模型，在项目浏览器中切换模型至三维视图，如图 6.1.12 所示。

Step 02 创建平面图。复制视图，使用鼠标右键单击项目浏览器的"0.000"楼层平面视图，按图 6.1.13 所示的方法复制一个视图，命名为"0.000平面布置图"。选中复制的视图，然后单击【属性】面板中的【编辑类型】按钮，打开【类型属性】对话框。单击【复制】按钮，命名为"图纸"，如图 6.1.14 所示。单击【确定】按钮后，"0.000平面布置图"平面已经被移动到了一个单独的楼层平面分类下。

微课
平、立、剖视图创建

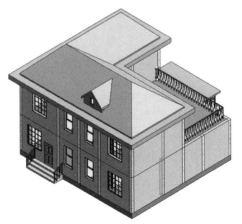

图 6.1.12　三维视图

Step 03 为了保证视图的整洁美观，在出图时可将不需要的图元隐藏。单击【属性】面板中的【可见性/图形替换】按钮，或按 VV 快捷键，打开【可见性/图形替换】对话框。在【可见性/图形替换】对话框中，切换至【模型类别】选项卡，不勾选当前视图中的地形、场地、植物和环境等类别，切换至【注释类别】选项卡，不勾选当前视图中的参照平面等不必要的对象类别，如图 6.1.15 所示。

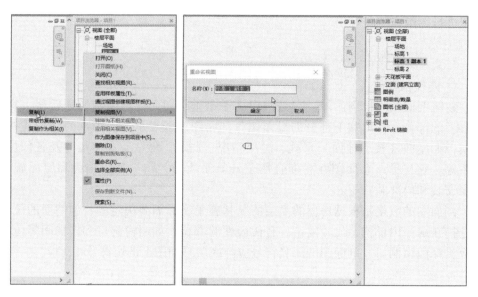

图 6.1.13 复制命名视图

图 6.1.14 修改属性

Step 04 此时门窗均不可见，单击【属性】面板中的【视图范围】按钮，打开【视图范围】对话框，调整【剖切面】偏移为"1 000.0"，【底部】和【视图深度】偏移调整为"-1 500.0"，如图 6.1.16 所示。此时，门窗和底板均可见。

Step 05 为平面布置图添加注释。首先按照图 6.1.17 所示的方法为"F1 平面布置图"添加房间名称。然后添加高程符号，在【注释】选项卡的【尺寸标注】面板中单击【高程点】工具，在【属性】面板的【类型选择器】中选择【高程点三角形不透明（相对）】，按图 6.1.18 所示进行属性设置。设置完成后，在房间空白处双击即可为房间添加高程点，如图6.1.19所示。

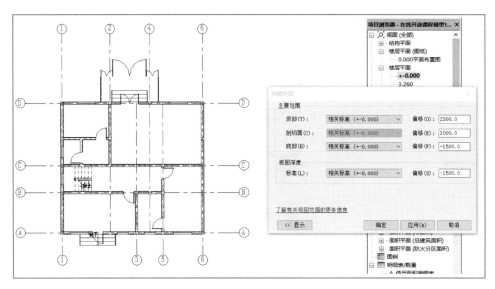

图6.1.15 可见性/图形替换设置

图6.1.16 视图范围调整

Step 06 进行尺寸标注。在【注释】选项卡的【尺寸标注】面板中单击【对齐】工具，一次对各个方向进行尺寸标注，完成后如图6.1.20所示。用上述方法创建其他楼层的平面布置图。

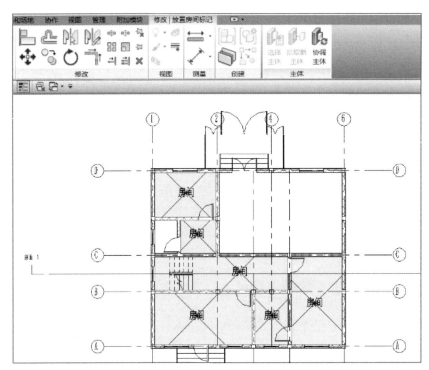

图 6.1.17　添加房间名称

图 6.1.18　添加高程符号

Step 07　创建立面图。复制一个东立面视图,【类型】属性改为"图纸",隐藏不需要的图元,调整标高和轴网的位置,进行尺寸标注,完成后如图 6.1.21所示。用上述方法创建其他立面的立面布置图。

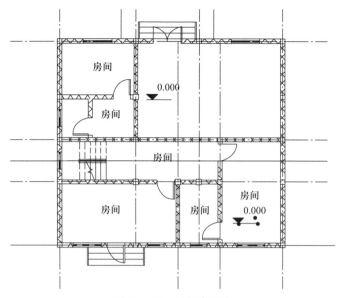

图 6.1.19 添加高程点

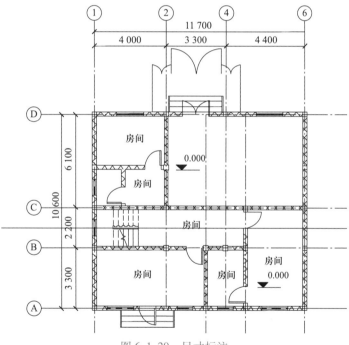

图 6.1.20 尺寸标注

2. 剖面图创建

如何在 Revit 中创建一个剖面图并将其导出到 CAD 图纸？大体可以分为以下几个步骤。

Step 01 创建剖面符号。在平面视图中单击【视图】>【剖面】命令，在平面图中作出需要进行剖切的位置，见图 6.1.22。

Step 02 对剖面深度进行调整，并且修改剖面视图名称，见图 6.1.23。

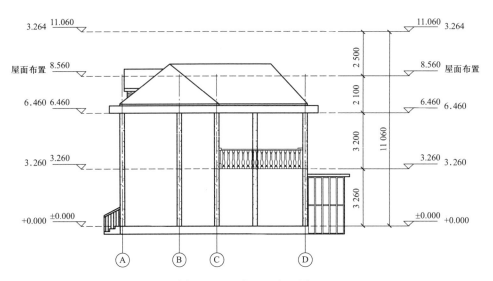

图 6.1.21 东立面布置图

图 6.1.22 创建剖面符号

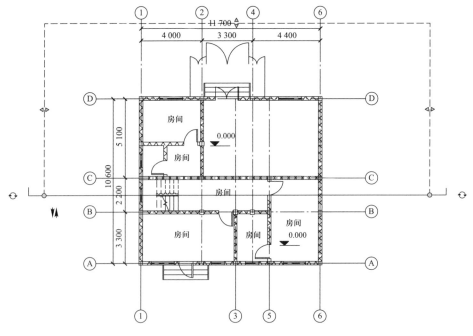

图 6.1.23 剖面深度调整

Step 03　创建剖面图纸。在项目浏览器里使用鼠标右键单击【图纸】分类，单击【新建图纸】按钮，见图 6.1.24。

Step 04　选择需要的图纸尺寸，见图 6.1.25。

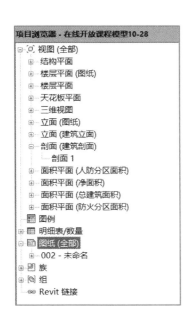

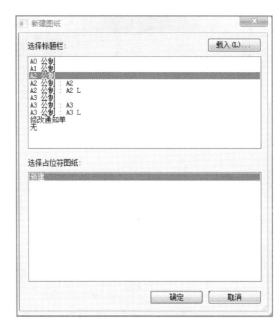

图 6.1.24　创建剖面图纸　　　　　　图 6.1.25　选择图纸尺寸

Step 05　新建完成后，直接在项目浏览器里将建好的剖面图拖进图纸里，见图 6.1.26。

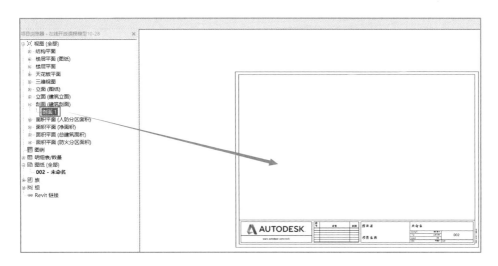

图 6.1.26　将建好的剖面图拖进图纸

Step 06　出图。调整好位置后即可出图，见图 6.1.27、图 6.1.28。

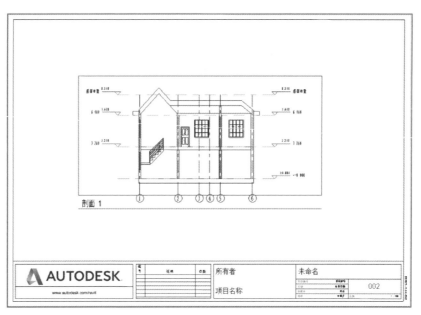

图 6.1.27　图纸布局

图 6.1.28　图纸导出

项目二　创建房间、明细表与图纸

任务 1　创 建 房 间

一、工作任务

本任务内容基于前面已经创建好的房建项目——二层民居模型，利用 Revit 的表现形式功能，对模型进行房间的创建与信息统计。在 Revit 中可以根据使用要求对模型进行房间划分，对房间的面积、体积与功能等信息进行统计分析，实现模型空间的合理划分与优化布局。

二、相关配套知识

1. 创建房间

Revit 室内设计是目前非常流行的室内设计解决方案，可以使用【房间】工具或通过从房间明细表中放置房间来创建房间。

2. 房间边界图元

房间是基于图元（例如墙、楼板、屋顶和天花板）对建筑模型中的空间进行细分的部分。这些图元定义为房间边界图元。Revit 在计算房间周长、面积和体积时会参考这些房间边界图元。

三、应用案例

1. 房间的创建

若要在建筑模型中放置房间，则打开平面视图，并使用【房间】工具。

作为备选方法，在模型设计前，先创建预定义的房间、创建房间明细表，并将房间添加到明细表。稍后在模型准备就绪时可以将房间放置到模型中。

① 打开平面视图。

② 单击【建筑】选项卡>【房间和面积】>【房间】命令。

③ 若随房间显示房间标记，则应确保选中【在放置时进行标记】>【修改︱放置房间】>【标记】命令。

④ 若在放置房间时忽略房间标记，则关闭此选项。

⑤ 在选项栏上执行下列操作：

a. 对于【上限】，指定将从上限处测量房间上边界的标高。例如，向"标高1"楼层平面添加一个房间，并希望该房间从"标高1"扩展到"标高2"或"标高2"上方的某个点，可将【上限】指定为"标高2"。

b. 对于从【上限】标高开始测量的【偏移】，输入房间上边界距该标高的距离。输入正值，表示向【上限】标高上方偏移；输入负值，表示向其下方偏移。

c. 指明所需的房间标记方向。

d. 若使房间标记带有引线，则可选择【引线】工具。

e. 对于【房间】，选择【新建】创建新房间，或者从列表中选择一个现有房间。

⑥ 若查看房间边界图元，单击【修改|放置房间】>【房间】>【高亮显示边界】命令。

⑦ Revit 将以金黄色高亮显示所有房间边界图元，并显示一个警告对话框。若查看模型中所有房间边界图元（包括未在当前视图中显示的图元）的列表，则单击【警告】对话框中的【扩展】按钮。若退出该【警告】对话框并消除高亮显示，则单击【关闭】按钮。

⑧ 在绘图区域中单击以放置房间，见图 6.2.1。

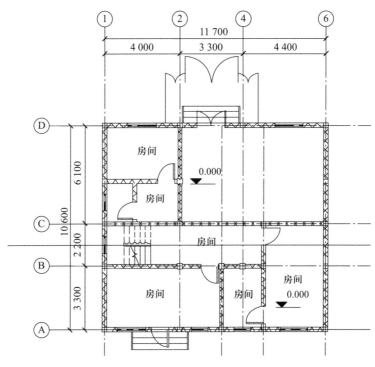

图 6.2.1　放置房间

2. 房间的命名

如果随着房间放置了一个标记，按照下列操作命名该房间。

单击【修改|放置房间】选项卡，在房间标记中，单击房间文字将其选中，然后用房间名称替换该文字。

任务 2　创建明细表

一、工作任务

本任务内容基于前面已经创建好的房建项目——二层民居模型，利用 Revit 的表现形式功能，对模型构件的工程量信息进行明细表统计。在 Revit 中可以根据使用要求对门、窗与构件等的明细表统计信息进行设置，选择不同的字段信息可以统计不同的工程量信息。

二、相关配套知识

1. 明细表

明细表是能显示模型中任意类型图元的列表。明细表以表格形式显示从项目的图元属性中提取的信息，明细表的信息和模型中的信息是密切关联的。

2. 字段

字段用于显示来自构件的图元属性信息。

三、应用案例

● 明细表的创建

Step 01　　打开已经创建好的二层民居模型，在项目浏览器中切换模型至三维视图。

Step 02　　单击【视图】＞【明细表】＞【明细表/数量】命令，如图 6.2.2 所示。

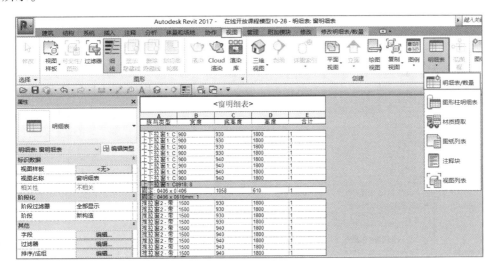

创建门窗明细表

图 6.2.2　明细表创建

Step 03　　选中想要导出的明细对象，如窗、门、墙等，单击【确定】按钮，见图 6.2.3。

Step 04　　在左边的可选栏里面选择需要的参数，单击【添加】按钮，见图 6.2.4。

Step 05　　依次添加【族与类型】【标高】【宽度】【底高度】，如果需要其他参数，可以继续添加，还可以通过【删除】【上移】【下移】等编辑明细表参数和横向排序，见图 6.2.5。

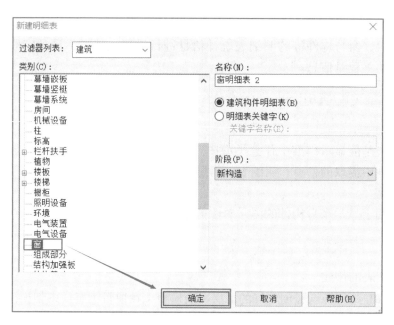

图 6.2.3　类别选择

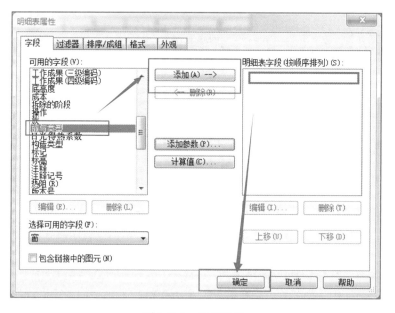

图 6.2.4　字段选择

Step 06　单击【计算值】按钮，打开【计算值】对话框，计算面积，输入名称，将类型改成"面积"，在【公式】栏选择宽度，输入"＊"号，再选择高度，得到"宽度＊高度"的计算公式，单击【确定】按钮，见图 6.2.6。

Step 07　单击上方【排序/成组】选项卡，【排序方式】选择【族与类型】，取消勾选左下角【逐项列举每个实例】复选框，见图 6.2.7。

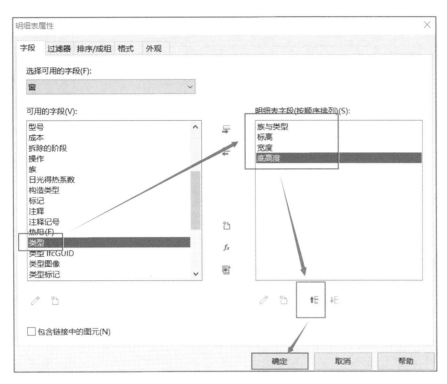

图 6.2.5　编辑明细表参数

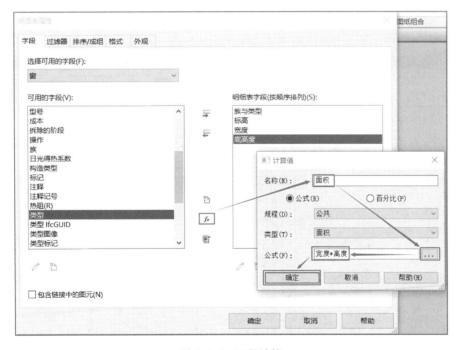

图 6.2.6　面积计算

Step 08　单击【确定】按钮，即可得到初步的明细表，这时面积的单位和精度不符合要求，可以选中"面积"一栏，在菜单栏单击【设置单位格式】选项，见图 6.2.8。

图 6.2.7 【排序/成组】参数设置

微课

创建材料明
细表

图 6.2.8　格式单位参数设置

Step 09　取消勾选【使用项目设置】复选框，调整相关选项，单击【确定】按钮，见图 6.2.9。

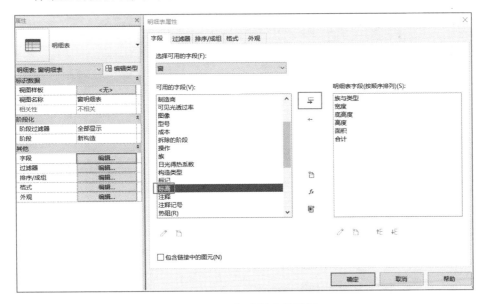

图 6.2.9　格式单位参数设置

Step 10　以上方法生成的明细表是针对整个项目的，如果需要生成单个标准层的明细表，可以通过过滤器设定。办法如下：在【属性】栏中继续添加【标高】参数，见图 6.2.10。单击【过滤器】选项卡，在【过滤条件】里依次选择【标高】>【等于】>"6.460"（标准层的一个标高），单击【确定】按钮，生成只针对 3.260 标准层的窗明细，见图 6.2.11。

图 6.2.10　标准层参数设置

Step 11　Revit 里面的明细表无法直接导出 Excel 表格，只能先导出 txt 格式文件，再用 Excel 打开 txt 文件，保存成 Excel 表格，见图 6.2.12。

Step 12　也可以安装 RevitBus 插件，利用其【明细表导出】功能直接导出 Excel 表格，见图 6.2.13。

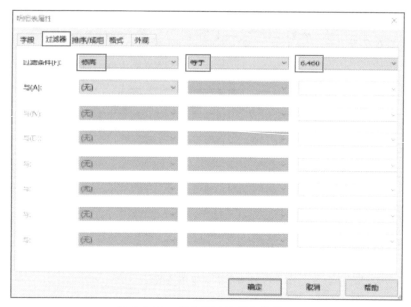

图 6.2.11　标准层过滤器参数设置

图 6.2.12　明细表导出

图 6.2.13 RevitBus 插件

Step 13 生成及导出门明细表、墙柱明细等也是通过类似的办法。有的工程量无法在 Revit 里面直接生成，则需要导出到 Excel 表格里面编辑计算。

任务 3 创建图纸

一、工作任务

本任务内容基于前面已经创建好的房建项目——二层民居模型，利用 Revit 的图纸功能对模型的工程信息进行图纸展示。在 Revit 中可以根据使用要求对模型进行平、立与剖面等的图纸信息设置与输出。

二、相关配套知识

1. 图纸

图纸显示模型中任意类型图元的列表。明细表以表格形式显示从项目的图元属性中提取的信息，明细表的信息和模型中的信息是密切关联的。

2. 字段

字段用于显示来自构件的图元属性信息。

三、应用案例

● 图纸的创建

Step 01 打开【建筑样板】，见图 6.2.14。

三维视图、
详图创建

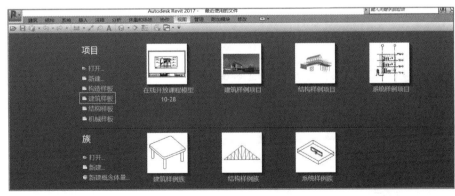

图 6.2.14 打开【建筑样板】

Step 02 单击【视图】菜单，见图 6.2.15。

Step 03 单击【图纸】按钮，见图 6.2.16。

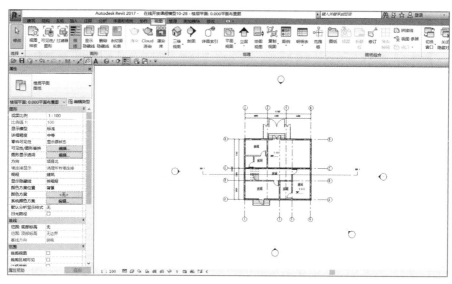

图 6.2.15　单击【视图】菜单

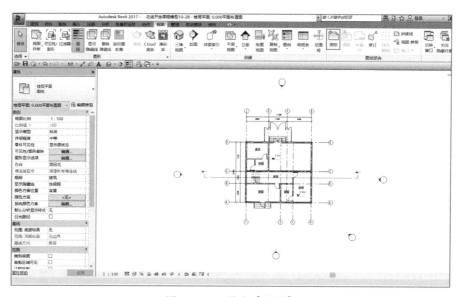

图 6.2.16　单击【图纸】

Step 04　选择一种图纸尺寸，见图 6.2.17。

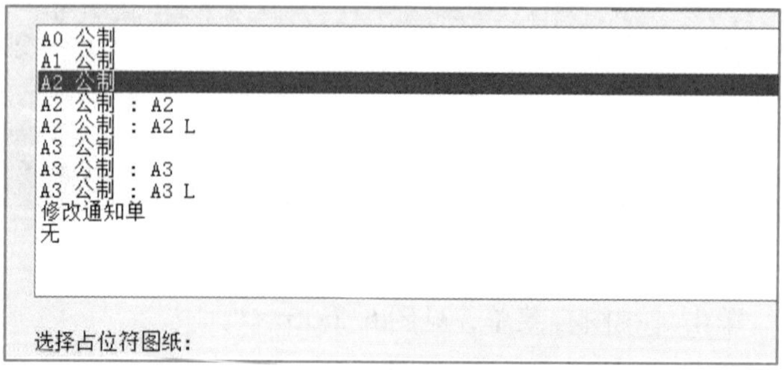

```
A0 公制
A1 公制
A2 公制
A2 公制 : A2
A2 公制 : A2 L
A3 公制
A3 公制 : A3
A3 公制 : A3 L
修改通知单
无

选择占位符图纸：
```

图 6.2.17　图纸尺寸选择

Step 05   如果图 6.2.17 所示列表中没有想要的图纸尺寸，可以单击【载入】
按钮，见图 6.2.18。

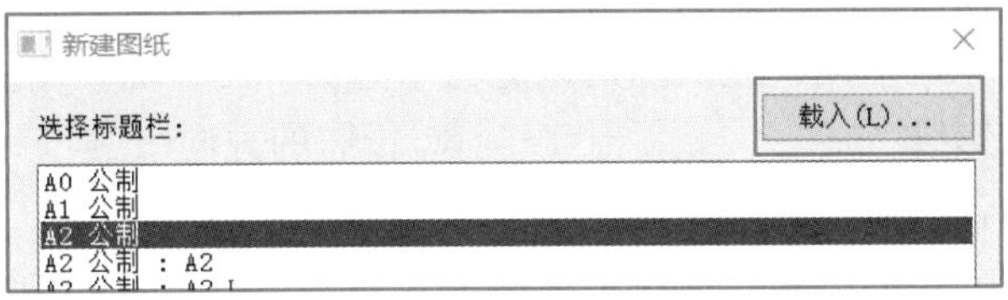

图 6.2.18   图纸载入

Step 06   单击【确定】按钮，生成图纸，见图 6.2.19。

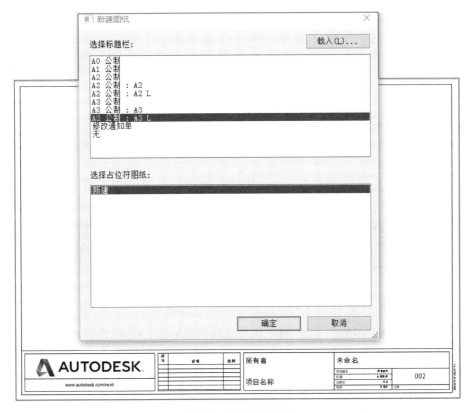

图 6.2.19   图纸生成

练习题

一、单项选择题

1. 把需要详细表达的建筑局部用较大比例画出，称为建筑（   ）。

A. 剖面图   B. 平面图   C. 详图   D. 立面图

2. 原有建筑物和拆除的建筑物在总平面图中的图例表示有什么区别？（   ）

A. 原有建筑物以细实线表示，拆除的建筑物以粗实线表示

B. 原有建筑物以细实线表示，拆除的建筑物以中粗虚线表示

C. 都用细实线表示，拆除的建筑物边线加×表示

D. 原有建筑物以细实线表示，拆除的建筑物以细虚线表示

3. 依据（　　）不同，立面图可以分为东立面、西立面、南立面和北立面图。

A. 投影的投影线　　　　　　　　　　B. 投影的方向

C. 投影的内容详细程度　　　　　　　D. 投影的功能

4. 按照（　　）的原理，建筑工程图纸分为建筑平面图、立面图和剖面图。

A. 三视图　　　　　B. 中心投影　　　　C. 透视图　　　　D. 斜投影

5. 以下不属于 BIM 应用产生的收益和效果的是（　　）。

A. 消除投资预算外变更　　　　　　　B. 造价估算耗费时间缩短

C. 合同价格提高　　　　　　　　　　D. 项目工期缩短

二、多项选择题

1. 常见的工程图纸图例有（　　）。

A. 标题栏　　　B. 会签栏　　　C. 比例尺　　　D. 钢筋　　　E. 定位轴线

2. 下列选项中，属于 BIM 技术相对二维 CAD 技术优势的有（　　）。

A. 模型的基本元素为点、线、面

B. 只需进行一次修改，则与之相关的平面、立面、剖面、三维视图、明细表都自动修改

C. 各个构件是相互关联的，例如删除墙上的门，墙会自动恢复为完整的墙

D. 所有图元均为参数化建筑构件，附有建筑属性

E. 建筑物的整体修改需要对建筑物各投影面依次进行人工修改

3. 建筑工程图纸是用于表示建筑物的（　　）等内容的有关图纸。

A. 内部布置情况　　　　　　　B. 外部形状

C. 装修　　　　　　　　　　　D. 构造　　　　　　　　　E. 造价

4. 下列选项中，属于 BIM 技术的可出图性功能的是（　　）。

A. 建筑平面图的输出　　　B. 建筑立面图的输出

C. 建筑详图的输出　　　　D. 碰撞报告　　　　　　　E. 构件加工图

5. 推进建筑信息模型应用的基本原则是（　　）。

A. 企业主导，需求牵引　　　B. 政策主导，技术升级

C. 行业服务，创新驱动　　　D. 政策引导，示范推动

E. 行业服务，示范推动

三、简答题

1. 明细表可以用来统计哪些模型信息？

2. 如何创建建筑模型的剖面图？

3. 模型视图渲染的设置要点有哪些？

4. 常用的标记有哪些类型？

5. BIM 技术相对二维 CAD 技术优势在哪些方面？

BIM 模型扩展应用

■ **能力目标**

1. 能够查看不同模式下的模型。
2. 能够进行模型日光设置及应用。
3. 能够利用 Revit 软件对模型进行渲染和漫游。
4. 能够输出渲染图像。
5. 熟练掌握 Revit 文件其他格式的输出。

■ **知识目标**

1. 理解渲染及漫游的含义。
2. 掌握材质外观渲染的设置方法。
3. 掌握渲染视图的设置和布景方法。
4. 掌握漫游动画的制作方法。

■ **案例导入**

××市的安居工程二层民居已建成，现需要对民居进行整体装修，正式装修前，为更直观地让居民看到装修后的效果，现要求装修公司给出装修后的效果图，并在民居外墙上张贴政府宣传标语。

■ **思政点拨**

安居工程的装修同时是政府的一项"德政工程"，是非常重要的民生工程，为给居民一个优美舒适的建筑环境，需对居民房屋及周围环境进行装修和美化，渲染效果图使居民能最直观地看到房屋建成后的样子，体现了乡村奔小康的政治理念。在居民外墙上悬挂政府宣传标语，让居民及时准确地了解党的好政策、好方针。

项目一　项目准备

任务 1　模型表现形式的使用及日光设置

一、工作任务

本任务内容基于前面已经创建好的房建项目——二层民居模型，利用 Revit 的表现形式功能，对模型进行展示与表现。在 Revit 中可以对视觉样式、日光路径等进行设置，相同构件在不同的视觉样式及日光设置中显示效果不同，Revit 提供给我们 6 种视觉样式，即线框、隐藏线、着色、一致的颜色、真实和光线追踪，此外，还可通过图形显示选项对模型日光进行设置，模型将有不同的显示效果。

二、相关配套知识

① 日光设置，指定太阳在视图中的位置，通过【日光设置】对话框，可以按日期、时间和地理位置定义日光位置，或者输入方位角和仰角值来查看从日光位置投射的阴影，如图 7.1.1 所示。

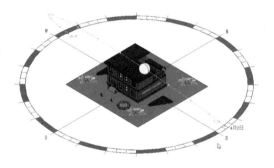

图 7.1.1　模型的日光设置

② 日光路径，用于显示来自地形和周围建筑的阴影是如何影响场地的。

③ 每种日光研究模式都有几个主要的预设。例如至日、昼夜平分时和季节范围。此外，用户还可以创建自己的预设，从而保存特定的日光设置，以便快捷、可重复地访问要研究的日期和时间。

④ 每种日光研究模式都有一个【在任务中】预设。通过该预设，可以为活动视图中的日光指定临时的设置并看到阴影样式的变化。然后，可以将日光设置保存为用户定义的预设。

三、应用案例

1. 模型视觉样式的区别

① 打开已经创建好的二层民居模型，在项目浏览器中切换模型至三维视图。

② 单击视图底部【视觉样式】>【模型图形样式】命令，如图 7.1.2 所示，依次切换【线框】【隐藏线】【着色】【一致的颜色】【真实】和【光线追踪】6 种模式，可得到如图 7.1.3～图 7.1.8 所示显示效果。

图 7.1.2　视觉样式列表

微课

视图渲染的
设置及生成

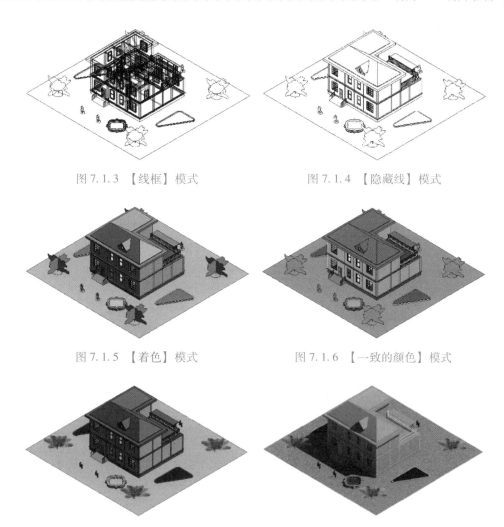

图 7.1.3 【线框】模式　　　　　　　　　图 7.1.4 【隐藏线】模式

图 7.1.5 【着色】模式　　　　　　　　　图 7.1.6 【一致的颜色】模式

图 7.1.7 【真实】模式　　　　　　　　　图 7.1.8 【光线追踪】模式

在【着色】和【一致的颜色】模式下，模型的颜色受到材质浏览器对话框中【图形】选项卡【着色】参数的影响，如图 7.1.9 所示，而【真实】模式下的模型外观是由材质浏览器对话框中的【外观】选项卡决定的，与此处的参数设置无关。若将【使用渲染外观】选中，此时会提取【外观】选项卡中的颜色参数作为模型显示颜色，如图 7.1.8 所示。【光线追踪】视觉样式是真实照片级渲染模式，该模式允许平移和缩放 Revit 模型，在使用该视觉样式时，模型的渲染在开始时分辨率较低，但会迅速增加保真度，从而看起来更具有照片级真实感。

　　【着色】模式和【一致的颜色】模式的区别：【着色】模式考虑了日光投射的影响，模型有暗面和明面之分；而【一致的颜色】不考虑任何光照，模型每个面的颜色亮度都是一样的，区别可参见图 7.1.5 和图 7.1.6 所示。

　　2.【图形显示选项】的设置

　　设置【图形显示选项】对话框中的参数，还可以对 6 种显示模式参数进行进一步调整，以得到更多显示效果。

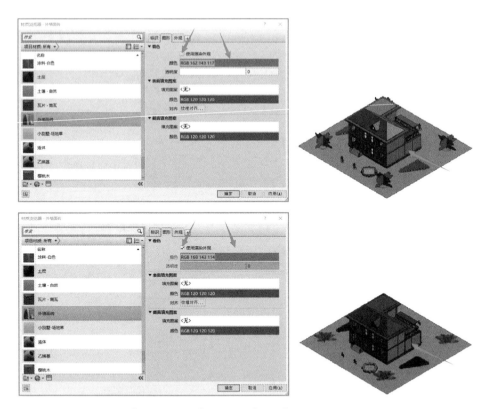

图 7.1.9 【一致的颜色】模式与【真实】模式下的模型颜色对比

① 单击视图底部【视觉样式】>【图形显示选项】命令，打开【图形显示选项】对话框，如图 7.1.10 所示，参数设置共 7 个板块，如表 7.1.1 所示。

表 7.1.1 【图形显示选项】各功能设置

参　数	功　能
模型显示	选择预定义的 5 种视觉样式，【线框】【隐藏线】【着色】【一致的颜色】及【真实】，同时可通过【显示边缘】或者【使用反失真平滑线条】复选框得到更多的视觉样式
阴影	选择【投射阴影】或【显示环境阴影】复选框管理视图中的阴影
勾绘线	勾选【启用勾绘线】复选框，设置【抖动】参数，以指示绘制线中的可变形程度，使每条模型线都具有包含高波度的多条绘制线；设置【延伸】参数，以指示模型线端点延伸超越交点的距离
深度提示	在模型剖面和立面图中，启用【深度提示】，对于【淡入开始/结束位置】，移动双滑块【近】和【远】控件指定渐变色效果的边界。【近】和【远】值代表距离前（近）和后（远）视图剪裁平面的百分比
照明	设置日光的方位及强度，还有阴影的明暗层度
摄影曝光	在使用人造灯光时，使用【启用摄影曝光】参数将满足视觉的色调应用到场景中，这些设置类似于【渲染】对话框中的曝光参数
背景	在三维视图中设置模型显示的背景
另存为视图样板	保存当前【图形显示选项】设置的参数

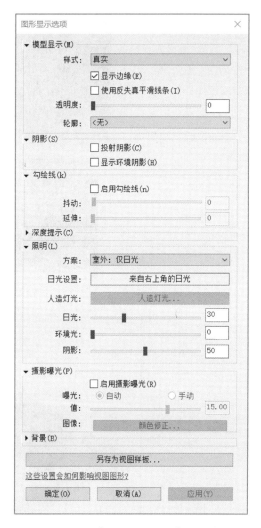

图 7.1.10 【图形显示选项】对话框

② 打开【图形显示选项】>【样式】下拉菜单，可以切换之前所述的 6 种显示模式，如果把【显示边缘】去除，将不再显示模型表面的边缘，如图 7.1.11 所示。

③ Revit2017 中还提供了一种称为【使用反失真平滑线条】的显示模型，简单地讲，就是让模型半透明显示，如图 7.1.12 所示。

④【阴影】板块的参数主要是用来设置视图中模型的阴影显示，其中【投射阴影】较简单，即显示模型在受到日光、人造光等光源投射后所得到的阴影，如图 7.1.13 和图 7.1.14 所示。可以看到，此图中已经显示了投射阴影，但还是感觉图中墙体与楼板脱节，似乎飘在空中，而且画面比较呆板。要避免这种情况，可以打开【显示环境阴影】参数，它是用来描绘物体和物体相交或者靠近的时候遮挡周围漫反射光线的效果，可以解决或者改善漏光、飘和阴影不真实等问题，增强空间的层次感、真实感。如图 7.1.13~图 7.1.16 所示，在开启此参数后，墙体与地面的相交处，以及墙体转角处等部位出现了一些阴影，空间层次感得到增强，阴影更加真实。

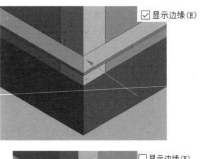

图 7.1.11 显示边缘与不显示边缘模型对比

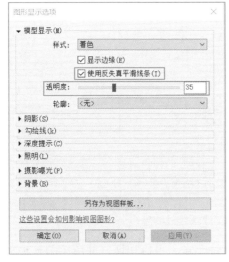

图 7.1.12 【使用反失真平滑线条】的显示模型（透明度为35）

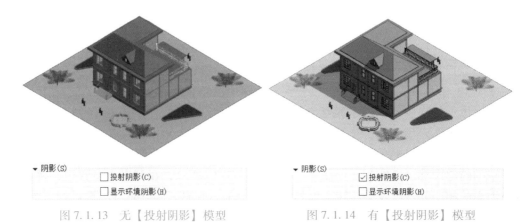

图 7.1.13 无【投射阴影】模型 　　　　　图 7.1.14 有【投射阴影】模型

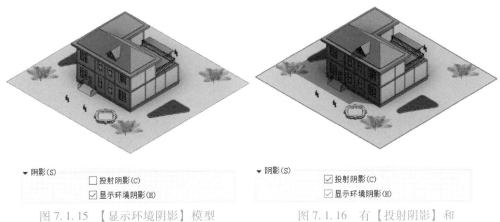

图 7.1.15 【显示环境阴影】模型　　　　图 7.1.16　有【投射阴影】和
【显示环境阴影】模型

在视图控制栏中单击【打开/关闭阴影】按钮 ◔ 也可以快速开关视图中的投射阴影。
Revit 中要正常显示环境阴影，需要打开 Direct 3D 硬件（默认情况为打开）。

⑤【照明】板块中的【日光设置】参数用来设置日光的方位。【日光和阴影强
度】滑块用来控制视图中光和阴影的效果，具体用途如表 7.1.2 所示。

表 7.1.2　照明功能设置

项　　目	功　　能
日光	移动滑块或者输入 0~100 之间的数值，修改直接光的亮度
环境光	移动滑块或者输入 0~100 之间的数值，修改漫反射光的亮度
阴影	在勾选【投射阴影】复选框的前提下，移动滑块或者输入 0~100 之间的数值，即可修改阴影的暗度，此选项只对投射阴影有效

⑥【背景】板块用来在三维视图中设置模型显示的背景，具体各参数的功能如
表 7.1.3 所示，图 7.1.17 和图 7.1.18 所示为在关闭和打开【背景】时的视图效果。

表 7.1.3　背景功能设置

项　　目	功　　能
背景	可选择【无】或者【渐变】，【渐变】会启用填空、地平线和地面的颜色
天空颜色	更改天空的颜色
地平线颜色	更改地平线的颜色
地面颜色	更改地面的颜色

在 Revit2013 及以上版本，【背景】功能得到了增强，除了使用现在的【渐变】，还可以
选择【天空】和【图像】作为背景。

以上案例是图形在三维视图模式下的表现样式，需要注意的是，这里的大部
分设置不只是在三维视图下有效，在平面、立面、剖面视图中也同样有效。可以
针对项目的需求，丰富图纸的表现效果，例如得到具有立体感、材质感的户型平

面图。同时，6 种视觉样式的应用会逐渐消耗计算机资源，启用阴影也会消耗较多内存，所以用户可根据项目实际情况适时选择合适的表达方式。

图 7.1.17　关闭【背景】效果图

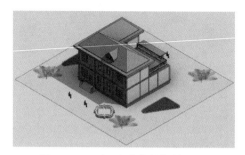

图 7.1.18　打开【背景】效果图

3. 日光设置

① 打开支持阴影显示的二维或三维视图。

② 打开视图控制栏中 ☼ 按钮，单击【打开日光路径】选项，如图 7.1.19 所示。

③ 单击【管理】>【设置】面板>【其他设置】下拉列表>☀（日光设置）命令，或者在视图控制栏上，单击 ☼ （关闭/打开日光路径）按钮，单击【日光设置】选项，如图 7.1.20 所示。

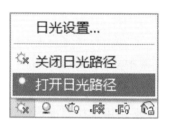

图 7.1.19　【日光设置】选项卡

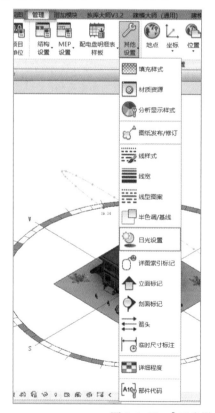

图 7.1.20　【日光设置】途径

④ 在【日光设置】对话框中的【日光研究】下，选择一种模式。若要基于指定的地理位置定义日光设置，请选择【静止】【一天】或【多天】单选项。要基于方位角和仰角定义日光设置，请选择【照明】单选项，如图 7.1.21 所示。

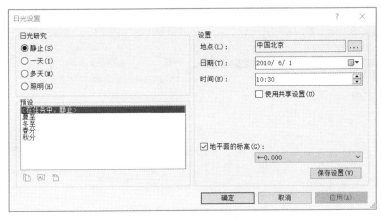

图 7.1.21 【日光设置】面板

⑤ 在【预设】下，选择某一预定义的日光设置（例如夏至或冬至），然后单击【确定】按钮，或者选择【在任务中】预设，然后完成此过程中的剩余步骤以定义日光设置。

⑥ 为所指定的模式指定日光设置。对于【静止】【一天】或【多天】研究，在【设置】中，确认显示的项目位置正确，要修改位置，单击 ... （浏览）按钮，然后通过搜索街道地址或经纬度，或者从【默认城市列表】中选择最近的主要城市，来指定项目位置，如图 7.1.22 所示，输入研究的日期作为【日期】值。对于【多天】研究，输入开始日期和结束日期，输入研究的时间作为【时间】值，如图 7.1.23 所示。对于【一天】研究，输入开始时间和结束时间，或者勾选【日出到日落】复选框，如图 7.1.24 所示。

图 7.1.22 修改【日光设置】的地址

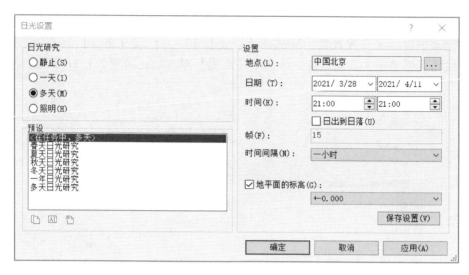

图 7.1.23 【多天】设置界面

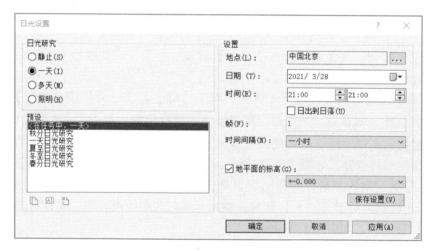

图 7.1.24 【一天】设置界面

对于【多天】研究，若要查看一段日期范围内同一时间点的日光和阴影样式，应为开始时间和结束时间输入相同的值。也可以通过将【时间间隔】指定为【一天】来实现这一目的。

对于【照明】研究，输入【方位角】和【仰角】值，如图 7.1.25 所示。【方位角】是相对于正北的方位角角度，单位为（°）。方位角角度的范围从 0°（北）到 90°（东）、180°（南）、270°（西）直至 360°（回到北）。【仰角】是指相对地平线测量的地平线与太阳之间的垂直角度。仰角角度的范围从 0°（地平线）到 90°（顶点）；如果要相对于视图的方向来确定日光方向，勾选【相对于视图】复选框；如果要相对于模型的方向来确定日光方向，清除【相对于视图】复选框。

⑦ 要在地平面上投射阴影，勾选【地平面的标高】复选框，然后选择要显示阴影的标高。

勾选【地平面的标高】复选框时，软件会在二维和三维着色视图中指定的标高上投射阴影。清除【地平面的标高】复选框时，软件会在地形表面（如果存在）上投射阴影。

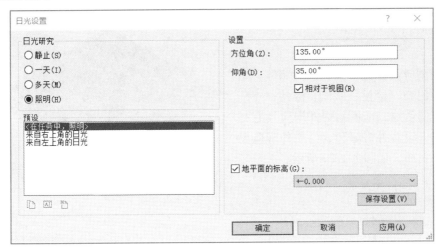

图 7.1.25　【照明】设置界面

渲染视图中不使用地平面。要在渲染视图中投射阴影，应在项目中为地平面建模。

⑧ 要在活动视图中测试日光设置，单击【应用】按钮。

注：对于【一天】和【多天】研究，日光位于动画的第一个帧，在视图中看到的阴影是从该日光位置投射的。

⑨ 完成操作后，单击【确定】按钮，结果如图 7.1.26 所示。

⑩（可选）将当前的日光设置保存为预设。

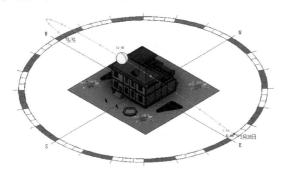

图 7.1.26　【日光设置】后的模型

任务 2　设定材质的渲染外观

一、工作任务

大部分建筑构件在创建完毕后均可进行照片渲染，以观察方案的情况，方便建筑师及时查找可能出现的问题并进行处理。在 Revit 中要得到真实的外观效果，需要在渲染之前为各个构件赋予材质。Revit 提供了内容丰富的材质库，这些材质均针对建筑师进行过优化，几乎无需对材质进行过多的参数设置便能得到逼真的渲染效果。

二、相关配套知识

模型应具有完整性，包括墙体、结构柱、门窗、楼板、屋顶、楼梯、外部环境等的创建，且各结构件均应具有材质信息，设置外观颜色，材质外观应贴近实际材质，如图 7.1.27 所示。

图 7.1.27　模型材质设置

三、应用案例

1. 赋予墙体材质的渲染外观

① 打开已经创建好的房建项目二层民居模型，在项目浏览器中选择【三维视图】列表，双击【3D】，切换至三维模式，单击🏠按钮，切换至主视图。选择墙体，本任务以一层东面墙为例进行演示，前面章节我们已经对墙体材质进行了设置。

② 打开墙体【类型属性】对话框，单击【类型参数】表中的【结构】一栏后的【编辑】按钮，打开墙体【编辑部件】对话框，如图 7.1.28 所示，单击层列表中的第一行【面层 1[4]】材质按钮，打开材质浏览器对话框，如图 7.1.29 所示。

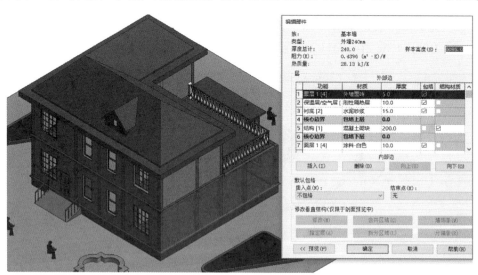

图 7.1.28　墙体材质设置

③ 定位至本项目墙外层面所用材质【外墙面砖】，打开【材质浏览器】下方的【资源浏览器】，单击打开【外观库】，选择【石料】选项，点选资源名称为"不均匀的小矩形石料"（以此为例进行演示）的材质，单击该材质后方的⇄按钮，替换掉原来的材质，如图 7.1.30 所示，返回【图形】选项卡中，勾选【使用

【渲染外观】复选框，如图 7.1.31 所示，对设置好的参数进行应用和保存，完成渲染外观材质设置。

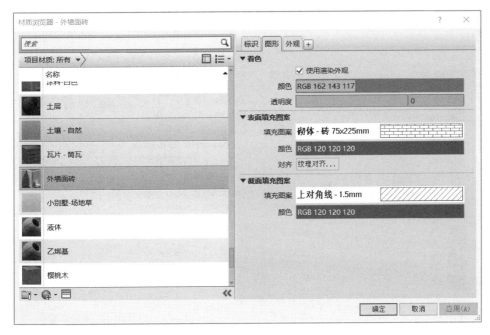

图 7.1.29 墙体外面层材质设置

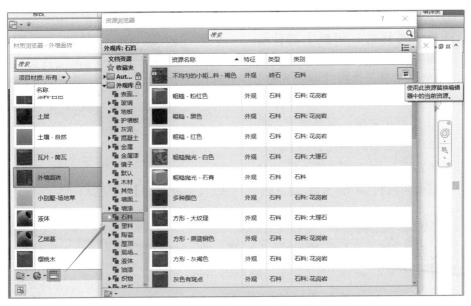

图 7.1.30 墙体外面层替换新材质

④ 按照此方法，选择合适的屋顶渲染外观材质，对模型所有屋顶进行渲染外观材质设置，模型显示如图 7.1.32 所示。

2. 贴花

使用【贴花】工具可以在模型表面或者局部放置图像并在渲染的时候显示出

来。例如，可以将贴花用于标志、绘画和广告牌，贴花可以放置到水平表面和圆柱形表面上，对于贴花对象，也可以指定反射率、亮度和纹理（凹凸贴图）。下面将使用贴花工具对二层民居模型一层东面墙体放置悬挂一政府宣传条幅。

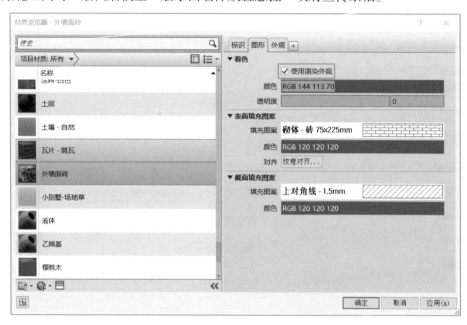

图 7.1.31 勾选【使用渲染外观】复选框

① 如图 7.1.33 所示，单击【插入】选项卡【链接】面板中的【贴花】工具下拉列表，在列表中选择【贴花类型】工具，弹出【贴花类型】对话框。

② 在【贴花类型】对话框中，单击左下角的【创建新贴花】按钮，弹出【新贴花】对话框，输入贴花名称为【宣传条幅】，单击【确定】按钮，返回【贴花类型】对话框。

图 7.1.32 屋顶材质设置

图 7.1.33 【贴花】选项卡

③ 单击【源】右侧的文件浏览按钮，选择【宣传条幅】图片文件所在位置，如图 7.1.34 所示。

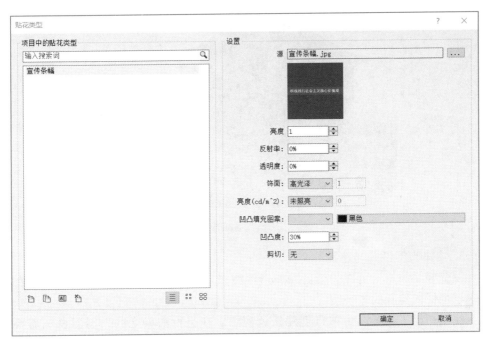

图 7.1.34 【贴花类型】对话框

④ 在 Revit 中贴花，如果不做设置，将显示为矩形图片。对于带有四边倒角的图片，需要设置【剪切】参数。

完成贴花类型的创建后，就可以在项目中放置贴花。

⑤ 切换至默认三维视图，适当缩放视图至一层东面墙，单击【插入】选项卡【链接】面板中的【贴花】工具下拉列表，在列表中选择【放置贴花】工具，自动切换至【修改|贴花】上下文选项卡，在【属性】对话框中选择当前贴花类型为【宣传条幅】，设置选项栏中的贴花宽度、高度值，如图 7.1.35 所示。

图 7.1.35 【贴花】放置及尺寸设置

⑥ 移动鼠标指针至一层东面墙体适当位置放置贴花，在模型视图中贴花显示一个占位符（带两条交叉线的方框），按 Esc 键两次。退出【贴花】工具，完成贴花放置。保存该文件，最终效果如图 7.1.36 所示。

【贴花】在"模型视图"模式下显示为【图】符号，只有在真实模式或者渲染后，才能正确显示贴花内容。

图 7.1.36 【贴花】效果

3. 渲染视图设置和布景

设置好材质后，可以为项目添加透视图及布景。使用【相机】工具可以在项目中添加任何位置的透视图。

使用相机工具可以为项目创建任意视图。在进行渲染之前，根据表现需要添加相机，以得到各个不同的视点。

① 接上一小节内容。切换至第一层楼层平面图，单击【视图】选项卡中的【三维视图】工具下拉列表，在列表中选择【相机】工具。勾选选项栏中的【透视图】复选框，设置【偏移量】为"1 750.0"，即相机的高度为 1 750 mm，如图 7.1.37 所示。

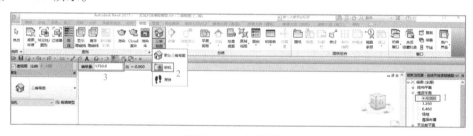

图 7.1.37 相机设置

② 移动鼠标指针至绘图区域中，在图 7.1.38 所示位置单击鼠标左键，放置相机视点，向右上方移动鼠标指针至【目标点】位置，单击鼠标左键生成三维透视图。

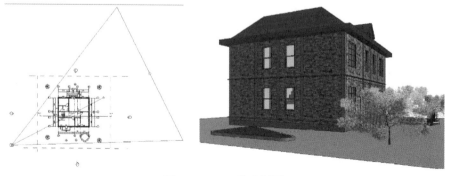

图 7.1.38 三维透视图

被相机三角形包围的区域就是可视的范围，其中三角形的底边表示远端的视距，如果在图 7.1.39 所示的【图元属性】对话框中不勾选【远剪裁激活】复选框，则视距变为无穷远，将不再与三角形底边距离相关。在该对话框中，还可以设置相机的视点高度（相机高度）、目标高度（视线中点高度）等参数。同时常常在透视图中显示视图范围裁剪框，按住并拖动视图范围框的 4 个蓝色圆点可以修改视图范围。

③ 使用相同方式根据需要在项目中添加其他相机，生成如图 7.1.40 所示的 4 个三维透视图，同时，在一层房间中加入桌椅、床等家具设备，请用户自行放置到房间内。

范围	⌃
裁剪视图	☑
裁剪区域可见	☑
远剪裁激活	☑ ⟵
远剪裁偏移	58819.2
剖面框	☐
相机	
渲染设置	编辑…
锁定的方向	☐
透视图	☑
视点高度	1750.0
目标高度	1750.0
相机位置	指定
标识数据	⌃
视图样板	<无>
视图名称	三维视图 2

图 7.1.39　相机属性设置

注意

如果相机在平面或者立面等二维视图中消失后，可以在项目浏览器中相机所对应的三维视图上单击鼠标右键，从弹出的菜单中选择【显示相机】选项，即可在视图中重新显示相机。

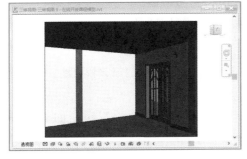
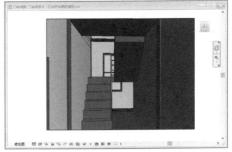

图 7.1.40　模型不同地点透视图

用相机确定好三维透视图后，为了防止不小心移动相机而破坏了确定的视图方向，可以将三维视图保存并锁定，方法是单击底部视图控制栏中的 按钮，在弹出的菜单中单击【保存方向并锁定视图】命令，三维视图被锁定后，将不能改变视图方向，如果要改变锁定的三维视图方向，可以再次单击底部视图控制栏中的 按钮，在弹出的菜单中单击【解锁视图】命令。解锁后就可以任意修改视图方向，修改满意后，可以再次保存视图，如果修改不满意，需要返回保存之前的视图，可以单击底部视图控制栏中的 按钮，在弹出的菜单中单击【恢复方向并锁定视图】命令，进行还原。

4. 渲染设置及图像输出

（1）渲染优化方案

创建好相机后，可以启动渲染器对三维视图进行渲染。为了得到更好的渲染效果，需要根据不同的情况调整渲染设置，例如，调整分辨率、照明等，同时为了得到更好的渲染速度，还需要进行一些优化设置。

Revit Architecture 的渲染消耗时间取决于图像分辨率和计算机 CPU 的数量、速度等因素。使用以下方法可以让渲染过程得到优化。

一般来说分辨率越低，CPU 的数量越多和频率越高，渲染速度越快。根据项目或者设计阶段的需要，选择不同的设置参数，在时间和质量上达到一个平衡，如果有更大场景和需要更高层次的渲染，建议用户将文件导入 3DMAX 等其他软件中渲染或者进行云渲染。

以下方法对提高渲染性能有帮助：

① 隐藏不必要的模型图元。

② 将视图的详细程度修改为粗略或者中等，通过在三维视图中减少细节的数量，可以减少要渲染的对象的数量，从而缩短渲染时间。

③ 仅渲染三维视图中需要在图像中显示的那一部分，忽略不需要的区域。例如可以通过使用剖面框、裁剪区域、摄影机裁剪平面或渲染区域来实现。

④ 优化灯光数量，灯光越多，需要的时间越多。

（2）室外渲染

首先以室外视图为例，介绍在 Revit Architecture 中进行渲染的一般过程。

① 接上一小节内容，打开二层民居模型，切换至【室外】透视图模式，单击视图控制栏中的【渲染】 按钮，打开【渲染】对话框。

【渲染】对话框中各参数功能和用途说明如图 7.1.41 所示。

在【渲染】对话框中，【日光设置】参数取决于当前视图采用的【日光和阴影】中的日光设置。

② 按照图 7.1.41 中所示参数设置完成以后，单击【渲染】按钮即可进行渲染，渲染完成效果如图 7.1.42 所示，单击【保存到项目中】按钮可以将渲染结果保存到项目中。

（3）室内渲染

室内渲染的过程与室外渲染相同，但在进行室内渲染时必须设置室内照明方式。室内渲染中有三种照明形式：室内日光渲染、室内灯光渲染、室内灯光与日光混合渲染。下面继续以二层民居项目为例介绍如何进行室内日光渲染和室内灯光渲染。

首先从室内日光渲染开始。

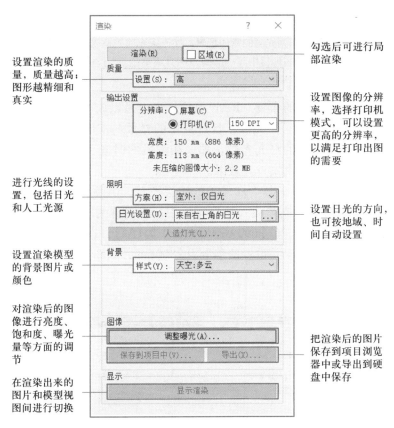

设置渲染的质量，质量越高，图形越精细和真实

勾选后可进行局部渲染

设置图像的分辨率，选择打印机模式，可以设置更高的分辨率，以满足打印出图的需要

进行光线的设置，包括日光和人工光源

设置日光的方向，也可按地域、时间自动设置

设置渲染模型的背景图片或颜色

对渲染后的图像进行亮度、饱和度、曝光量等方面的调节

把渲染后的图片保存到项目浏览器中或导出到硬盘中保存

在渲染出来的图片和模型视图间进行切换

图 7.1.41 【渲染】对话框

① 打开模型，在项目浏览器视图中，双击【三维视图】下的【楼梯】视图，打开已经预设好的室内透视三维视图。

② 打开【渲染】对话框，如室外渲染操作步骤一样，对室内渲染参数进行设置，需要注意的是在【渲染】对话框的【照明】栏中，选定【方案】为【室内：仅日光】，其余参数同上一小节设置。

③ 单击【渲染】按钮即可进行渲染，结果如图 7.1.43 所示。渲染完成后，单击【保存到项目中】按钮，将渲染结果保存到项目中。

图 7.1.42 渲染效果图

图 7.1.43 室内楼梯渲染图

对于无法直接使用日光作为光源的室内场景，如无采光口的室内房间，可以选择仅室内灯光作为渲染光源。以二层民居项目中某一房间为例介绍室内灯光渲染的方法和过程，包括灯光的布置及设置、渲染参数的设置两个部分。

首先需要做的是灯光的布置。Revit 中的灯光也是以族的形式存在的，导入一个灯具族就相当于导入了一个光源，且灯具里的参数与实际灯具参数具有同等意义，即如果设置了灯具族的灯光参数，那么在渲染的时候，Metal Ray 渲染器就会最大限度地模拟出灯具的真实发光效果。

① 在项目浏览器中，双击"±0.000"楼层平面，切换至该楼层平面视图，利用"族库大师"下载灯具族并载入项目文件中，族名称为"带罩三管荧光灯（暗灯槽-抛物面正方形）"，选择【600×600 mm（4 盏灯）】，在"±0.000"楼层平面某房间中心位置放置两个，并设置偏移量为 2800 mm，如图 7.1.44 所示。

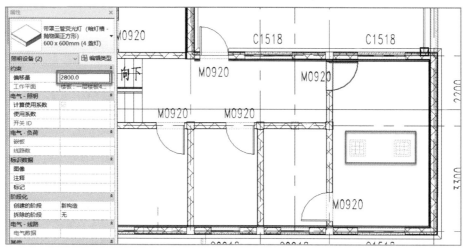

图 7.1.44　平面灯具放置

② 打开【类型属性】对话框，进一步调节灯具颜色、初始亮度等参数，如图 7.1.45 所示。

图 7.1.45 中"光源定义（族）"参数显示为"矩形+球形"，分别表示光源的发光形状和光线的分布情况。光源的发光形状及光源所发射光线的分布均可在创建灯具族的时候进行设置，如图 7.1.46 所示。其中，【光线分布】表示光源（灯具）所发散出来的光线外形，例如筒灯，其光源形状是圆形的，而光线分布可以设置为锥形。光源的【光线分布】共有四种类型：球形、半球形、聚光灯、光域网。如果灯具所发散出来的光线形状不是前三种或者希望光线分布更加贴近实际灯具，那么可以通过设置光线分布为【光域网】来自定义任何可能的分布。【光域网】是通过一个角 IES 的文件来制定的，一般为灯具厂商提供的一个文本文件，它描述了灯光从照明设备发出来时所形成的形状及此形状上点的亮度。

③ 在项目浏览器中，双击【三维视图】>【一楼房间】视图，打开已经预设好的室内三维视图。打开【渲染】对话框，设置照明【方案】为【室内：仅人造光】，其余参数设置方法同前面所述。

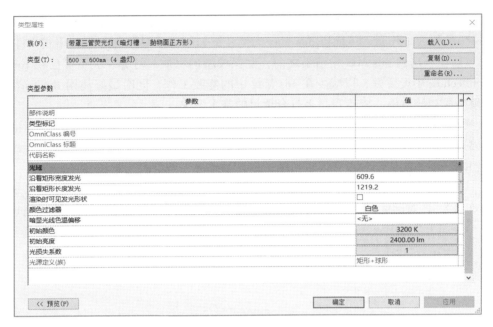

图 7.1.45　灯具属性设置

④ 设置好后单击【渲染】按钮即可进行渲染。渲染完成后，将渲染结果选择保存到项目中，如图 7.1.47 所示。完成后保存该文件。

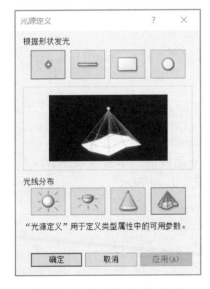

图 7.1.46　【光源定义】设置

图 7.1.47　室内灯光渲染效果

5. 导出渲染

Revit Architeture 提供了能够满足建筑师需求的基本渲染功能，根据项目的需要，它可以导出到其他软件中进行渲染。目前 Revit Architecture 支持较好的渲染软件有 Artiantis、3ds Max、Lumion 等。Artiantis、Lumion 在 Revit Architecture 中安装好插件后即可方便地导出，而对于 3ds Max，则可以直接导出为 FBX 格式的文件。

该文件中除包含模型信息外，还将包括渲染的材质、相机的设置等信息，减少 3ds Max 中的修改工作量。下面以 3ds Max 为例介绍如何将模型导出为 FBX 格式文件。

① 在导出到 3ds Max 中渲染之前，确保模型的材质、灯光、天空等已在 Revit Architecture 中设置好，以减少在 3ds Max 中的修改工作，同时最好使用 Revit 渲染引擎生成初始渲染，以检查是否符合项目的基本要求。

② 在项目浏览器中打开所需要导出的三维视图。为了减少导出后的渲染时间，可以通过规定视图属性隐藏三维视图中不需要的构件，同时选择所需的详细程度，如粗略、中等或精细，设置得越精细，模型量越大，渲染时间越长。

③ 单击【应用程序菜单】按钮，在列表中选择【FBX】命令，打开【导出 3ds Max(FBX)】对话框，选择保存的路径并指定文件名，即可将模型导出为 FBX 格式。

④ 打开 3ds Max，选择之前保存的 FBX 文件导出即可。

任务 3　漫 游 动 画

一、工作任务

在 Revit 中，为了更好地展示和校验建筑的外观形态、内部构造和布局，让项目展示更加真实，更加身临其境，可以使用【漫游】工具制作漫游动画，以动画的形式展示模型。

二、相关配套知识

漫游前，应确保模型的完备性，包括墙体和屋顶外观材质和周围环境的设置，材质外观应贴近实际材质为宜。

三、应用案例

下面使用【漫游】工具在二层民居项目建筑物的外部创建漫游动画。

① 接上一小节内容，切换至 "±0.000" 楼层平面视图，单击【视图】>【三维视图】命令，在列表中选择【漫游】工具，如图 7.1.48 所示。

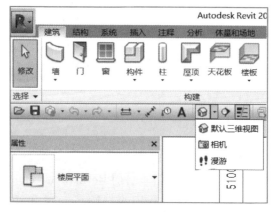

图 7.1.48　漫游工具

② 在出现的【修改|漫游】选项卡中勾选选项栏中的【透视图】选项，设置【偏移量】，即视点的高度为 1 750 mm，设置基准标高为"±0.000"，如图 7.1.49 所示。

图 7.1.49　漫游高度设置

③ 移动鼠标指针至绘图区域中，如图 7.1.50 所示，依次单击放置漫游路径中关键相机位置，在关键帧之间，Revit Architecture 将自动创建平滑过渡，同时每一帧也代表一个相机位置，也就是视点的位置。如果某一关键的基准标高有变化，可以在绘制关键帧时修改选项栏中的基准标高和偏移值，可形成上下穿梭的漫游效果。完成后按 Esc 键完成漫游路径，Revit 将自动新建【漫游】视图类别，并在该类别下建立【漫游 1】视图。

④ 路径绘制完毕以后，一般还需要进行适当的调整。在平面图中选择漫游路径，进入【修改|相机】选项卡，单

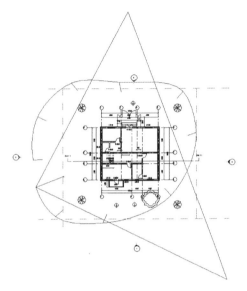

图 7.1.50　漫游路径设置

击【漫游】面板中的【编辑漫游】工具，漫游路径将变为可编辑状态。如图 7.1.51 所示，选项栏中提供了 4 种方式用于修改漫游路径，分别为控制活动相机、编辑路径、添加关键帧和删除关键帧。

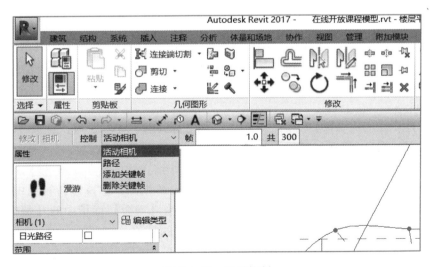

图 7.1.51　漫游控制

⑤ 在不同的编辑状态下，绘图区域的路径会发生相应变化，如果修改控制方式为【活动相机】，路径会出现红色小圆点，表示关键帧呈现相机位置及可视三角范围，如图 7.1.52 所示。

⑥ 按住并拖动路径中的相机图标或单击图 7.1.53 所示【漫游】面板中的控制按钮，可以使相机在路径上移动，分别控制各关键帧处相机的视距、目标点高度、位置、视线范围等。

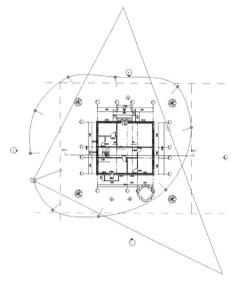

图 7.1.52   关键帧设置

图 7.1.53   漫游编辑板面

在【活动相机】编辑状态下，如果位于关键帧时，能够控制相机的视距、目标点的高度、位置、视线范围，但对于非关键帧，只能控制视距和视线范围。另外请注意，在整个漫游过程中，只有一个视距和视线范围，不能对每一帧进行单独设置。

⑦ 如果对漫游路径不满意，可以设置选项栏中的【控制】方式为【路径】，进入路径编辑状态，此时路径会以蓝色圆点表示关键帧，在平面图中拖动关键帧，调整路径在平面上的布局，切换到立面视图中，按住并拖动关键帧夹点调整关键帧的高度，即视点高度。使用类似的方式，根据项目的需要可以为路径添加或减少关键帧。

⑧ 打开【实例属性】对话框，单击其他参数分组中【漫游帧】参数后的按钮，打开【漫游帧】对话框，如图 7.1.54 所示，可以修改【总帧数】和【帧/秒】值，以调节整个漫游动画的播放时间，漫游动画总时间=总帧数÷帧率（帧/秒）。

⑨ 整个路径和参数编辑完成以后，切换至漫游视图，选择漫游视图中的剪裁边框，将自动切换至【修改|相机】选项卡，单击【漫游】面板中的【编辑漫游】按钮，打开漫游控制栏，单击【播放】回放完成的漫游。

⑩ 预览满意后，单击【应用程序菜单】按钮，在列表中选择【导出】>【漫游和动画】>【漫游】命令，在出现的对话框中设置导出视频文件的大小和格式，设置完毕后，确定保存的路径即可导出漫游动画，保存文件。

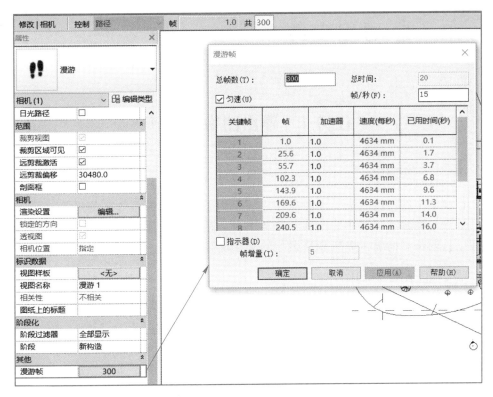

图 7.1.54　漫游帧数设置

使用漫游工具，可以更加生动地展示设计方案，并输出为独立的动画文件，方便非 Revit 用户使用和播放漫游结果。在输出漫游动画时，可以选择渲染的方式输入更为真实的漫游结果。

项目二 导出文件

任务1 导出图像与动画

一、工作任务

在模型中进行过渲染与漫游操作之后，为了更方便模型效果的展示，可以将渲染效果与漫游动画导出为图像与视频文件。通过视频或图片格式文件即可了解工程项目的基本情况，提高 BIM 模型的交互价值。

二、相关配套知识

像素：是指由图像的小方格组成的，这些小方格都有一个明确的位置和被分配的色彩数值，小方格颜色和位置就决定该图像所呈现出来的样子。

图片格式：是计算机存储图片的格式，常见的存储的格式有 bmp、jpg、png、tif、gif、pcx、tga、exif、fpx、svg、psd、cdr、pcd、dxf、ufo、eps、ai、raw、WMF、webp、avif 等。

视频格式：是视频编码方式，可以分为适合本地播放的本地影像视频和适合在网络中播放的网络流媒体影像视频两大类，常见的视频格式有 AVI、MP4、DAT、DVR、VCD、MOV、SVCD、VOB、DVD、DVTR、DVR、BBC、EVD、FLV、RMVB、WMV、3GP。

视频分辨率：用于度量图像内数据量多少的一个参数，通常表示成 ppi，一个视频是由无数的相同分辨率图片组成，分辨率的大小决定了视频的清晰度，分辨率越高，视频质量也就越高。

三、应用案例

本小节在项目一的任务 2 和任务 3 所讲到的渲染效果图和漫游动画基础上，将图像与动画文件进行导出保存。

1. 导出图像

单击【应用菜单栏】按钮，在列表中选择【导出】>【图像和动画】>【图像】选项，在出现的对话框中设置导出图像的名称、导出范围、图像尺寸等具体参数，如图 7.2.1 所示。设置完成后，单击【确定】按钮，即可导出图像文件，如图 7.2.2 所示。

2. 导出动画

打开需要导出动画的【漫游】视图，单击【应用菜单栏】按钮，在列表中选择【导出】>【图像和动画】选项，在出现的对话框中设置导出动画的长度/格式，设置完成后，单击【确定】按钮，如图 7.2.3 所示。选择保存路径后，单击【保存】按钮即可导出动画。

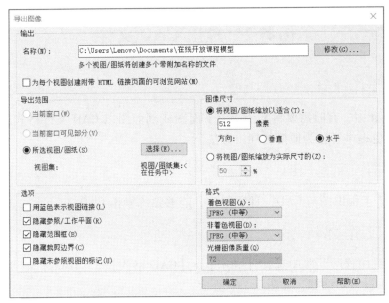

图 7.2.1　导出图像设置

图 7.2.2　导出图像

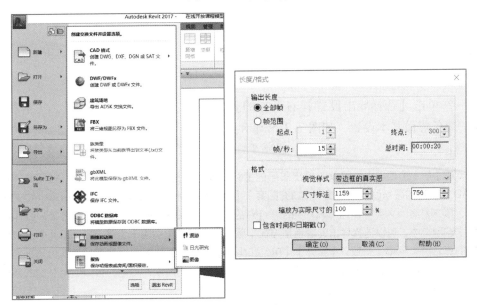

图 7.2.3　导出动画

任务 2　导 出 CAD 文件

一、工作任务

在 Revit 中，有时需要将某个楼层平面图或剖面图以 CAD 文件格式进行导出，Revit 软件也提供了较为便捷的导出方法。

二、相关配套知识

具备"工程识图与 CAD"课程基础，能够熟练操作 CAD。

三、应用案例

微课

模型文件管理
与数据转换

① 在应用程序菜单中选择【导出】>【CAD 格式】>【DWG】命令，单击后会弹出导出设置对话框，如图 7.2.4 所示。

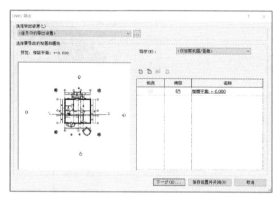

图 7.2.4　CAD 格式文件导出

② 单击【选择导出设置】右下方的 按钮，对导出图纸的图层、文字和字体、颜色等做基本设置，如图 7.2.5 所示。

◆注意

在【层】选项卡中，可以对导出图层的名称、颜色进行设置，其中"颜色"栏需要填写 CAD 索引色的编号值；在【线】【填充图案】【文字和字体】选项卡中，可以将 Revit 中的线型、填充图案、文字字体与 CAD 中的进行对应，可以自动对应，也可以手动选择；在【颜色】选项卡中，可以选择导出的颜色是与在【层】中设置的索引色一致还是在 Revit 中直接设置的真彩色（RGB）一致；【实体】【单位和坐标】【常规】选项卡通常保持默认设置即可。如果在当前项目要创建一种基本设置，方便本项目每次导出图纸时使用，可以使用左侧的新建导出设置按钮，来保存一个设置样板。

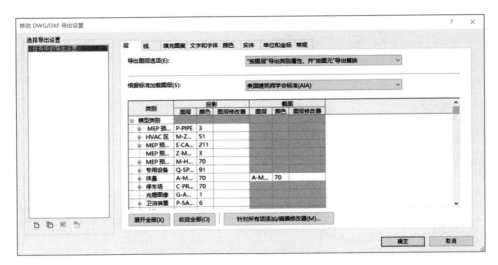

图 7.2.5　导出设置

③ 设置完成单击【确定】按钮保存设置，并返回【DWG 导出】对话框，导出时，可以设置是导出单张还是多张图纸一起导出。若导出多张图纸，勾选需要导出的图纸后，需要单击【下一步】按钮，如果单击【保存设置并关闭】按钮，只会保存之前所做的导出设置，如图 7.2.6 所示。

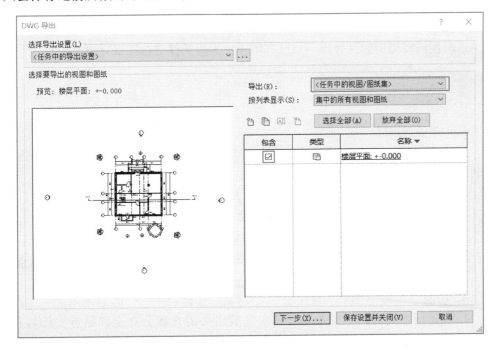

图 7.2.6　选择需要导出图纸

④ 设置图纸导出的保存路径、名称、CAD 版本后，就完成了图纸的导出。通常在这步中，还会取消勾选【将图纸上的视图和链接作为外部参照导出】复选框，如图 7.2.7 所示，保存 CAD 格式文件。

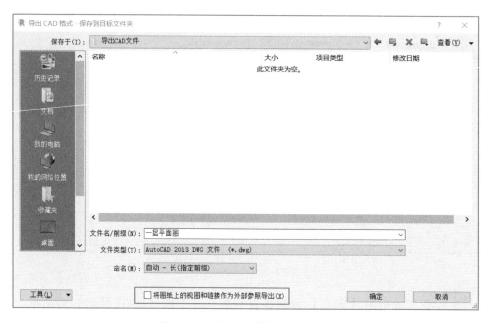

图 7.2.7　设置图纸导出保存路径

以上就是使用 Revit 的原生功能导出图纸的方式及效果，可以发现，采用原生的出图，只有在布局视图中，图纸显示才是完好的，在模型视图中，就会发生混乱的情况。

这时候需要借助插件导出，如可利用建模大师插件进行图纸导出。

练习题

一、单项选择题

1. 在 Revit 中，贴花如果不做设置，将显示什么形状的图片，对于带有四边倒角的图片，需要设置（　　）参数。

A. 矩形，修剪　　　B. 矩形，剪切　　　C. 随机，修剪　　　D. 随机，剪切

2. 在进行文件保存时，文件最大备份数为（　　）。

A. 5　　　　　　　B. 10　　　　　　　C. 20　　　　　　　D. 30

3. 若要给某一建筑 2 楼房间某一部位进行效果渲染，相机应放置在哪一平面？（　　）

A. 场地　　　　　　B. 一楼楼层　　　　C. 二楼楼层　　　　D. 三楼楼层

4. 在进行渲染时，如果希望灯具所发散出来的光线分布更加贴近实际灯具，那么可以通过设置光线分布为（　　）来自定义任何可能的分布。

A. 球形　　　　　　B. 半球形　　　　　C. 聚光灯　　　　　D. 光域网

二、多项选择题

1. 下列选项中，哪些属于 Revit 的视觉样式？（　　）

A. 线框模式　　　　　　B. 真实模式　　　　　　C. 隐藏线模式

D. 一致的颜色模式　　　E. 着色模式

2. Revit 中对视图进行渲染需要哪几个步骤（　　　）

A. 结构层材质设置　　　B. 面层材质设置　　　　C. 相机设置

D. 渲染参数设置　　　　E. 输出效果图

3. 在【日光设置】对话框的【日光研究】下，若要基于指定的地理位置定义日光设置，应选择（　　　）。

A. 静止　　　　　　　　B. 动态　　　　　　　　C. 一天

D. 多天　　　　　　　　E. 照明

4. 下列各式中，属于图片存储格式的有（　　　）。

A. bmp　　　　　　　　B. gif　　　　　　　　　C. psd

D. ai　　　　　　　　　E. mp4

5. 室内渲染的照明形式有（　　　）。

A. 室内日光　　　　　　B. 室内灯光　　　　　　C. 室外日光

D. 室内灯光及日光混合　　　　　　　　　　　　E. 室外日光及室内日光

三、简答题

1. 要进行建筑室内渲染，需要经过哪些主要步骤？

2. 若对一栋二层民居室内进行漫游，如何进行参数设置？

3. 如何把 Revit 中某些视图导出为 CAD 文件？

4. Revit 视觉样式中【着色】模式和【一致的颜色】模式有何区别？

5. 如何提高 Revit 的渲染性能？

参考文献

［1］本书编委会.中国建筑业 BIM 应用分析报告（2020）［M］.北京：中国建筑工业出版社，2020.

［2］BIM 工程技术人员专业技能培训用书编委会.BIM 建模应用技术［M］.中国建筑工业出版社，2018.

［3］廖小烽，王君峰.Revit2013/2014 建筑设计火星课堂［M］.北京：人民邮电出版社，2017.

［4］刘智敏.建筑信息模型（BIM）技术与应用［M］.北京：北京交通大学出版社，2020.

［5］陆泽荣，叶雄进.BIM 建模应用技术［M］.北京：中国建筑工业出版社，2018.

［6］赵伟卓，徐媛媛.BIM 技术应用教程（Revit Architecture 2016）［M］.南京：东南大学出版社，2018.

［7］孙仲健.BIM 技术应用：Revit 建模基础［M］.北京：清华大学出版社，2018.

［8］柴美娟.BIM 建筑信息模型——Revit 操作教程［M］.北京：清华大学出版社，2019.

［9］姜曦.BIM 导论［M］.北京：清华大学出版社，2017.

［10］李恒.Revit 2015 中文版基础教程［M］.清华大学出版社，2015.

［11］中华人民共和国住房和城乡建设部.建筑给水排水设计标准：GB 50015—2019［S］.北京：中国计划出版社.2019.

［12］中华人民共和国住房和城乡建设部.建筑设计防火规范：GB 50016—2014［S］.北京：中国计划出版社.2014.

［13］中华人民共和国住房和城乡建设部.民用建筑供暖通风与空气调节设计规范：GB 50736—2016［S］.北京：中国建筑工业出版社，2012.

［14］中华人民共和国住房和城乡建设部.民用建筑电气设计标准：GB 51348—2019［S］.北京：中国建筑工业出版社，2019.

［15］中华人民共和国住房和城乡建设部.建筑工程设计信息模型制图标准：JGJ/T 448—2018［S］.北京：中国建筑工业出版社，2018.

［16］王冉然，彭雯博.BIM 技术基础——Revit 实训指导［M］.北京：清华大学出版社，2018.